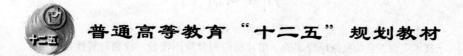

普通高等教育“十二五”规划教材

自动化专业课程实验指导书

主　编　金秀慧　孙如军
副主编　卫江红　邓广福　贺廉云　王志娟

北京
冶金工业出版社
2015

内 容 简 介

本书共12章。主要内容包括：电路原理实验、模拟电子技术实验、数字电子技术实验、自动控制原理实验、单片机原理及应用实验、检测与转换技术实验、电力电子技术实验、PLC原理及应用实验、电机及拖动基础实验、过程控制工程基础实验、现代控制理论基础实验和微型计算机控制技术实验。

本书为高等院校自动化专业的实验教学用书，也可供相关专业的师生和技术人员参考。

图书在版编目(CIP)数据

自动化专业课程实验指导书/金秀慧，孙如军主编．—北京：冶金工业出版社，2015.8

普通高等教育"十二五"规划教材

ISBN 978-7-5024-6947-4

Ⅰ.①自…　Ⅱ.①金…　②孙…　Ⅲ.①自动化—高等学校—教学参考资料　Ⅳ.①TP2

中国版本图书馆CIP数据核字(2015)第198699号

出 版 人　谭学余

地　　址　北京市东城区嵩祝院北巷39号　邮编　100009　电话　(010)64027926

网　　址　www.cnmip.com.cn　电子信箱　yjcbs@cnmip.com.cn

责任编辑　贾怡雯　美术编辑　吕欣童　版式设计　孙跃红

责任校对　李　娜　责任印制　李玉山

ISBN 978-7-5024-6947-4

冶金工业出版社出版发行；各地新华书店经销；固安华明印业有限公司印刷

2015年8月第1版，2015年8月第1次印刷

787mm×1092mm　1/16；14.5印张；345千字；221页

36.00元

冶金工业出版社　投稿电话　(010)64027932　投稿信箱　tougao@cnmip.com.cn

冶金工业出版社营销中心　电话　(010)64044283　传真　(010)64027893

冶金书店　地址　北京市东四西大街46号(100010)　电话　(010)65289081(兼传真)

冶金工业出版社天猫旗舰店　yjgycbs.tmall.com

（本书如有印装质量问题，本社营销中心负责退换）

前　言

目前，自动化专业在教学中使用的实验指导材料多是单门课程的讲义形式。为了规范各门课程的实验讲义，并且方便学生使用，编写涵盖专业全部课程的实验指导书是非常必要的。

本书共12章，涵盖了自动化专业主要课程的实验，参照国内有关实验教学和研究成果，按照“基础层次—提高层次—综合性设计性实验”三个层次进行编写。各门课程都按照大纲要求，设置了适量的基础实验；针对大学生科技竞赛的需要，在原有验证性实验的基础上，增加了相应的创新性实验和综合性实验，以求全面提高学生的动手能力；教材加入了一定比例的仿真实验项目，旨在运用现代网络技术，与传统实验室实验相结合的教学手段，提高实验教学的水平。

本书由德州学院机电工程学院金秀慧教授和孙如军教授担任主编；由德州学院机电工程学院卫江红、邓广福、贺廉云、王志娟老师担任副主编；参编的有德州学院机电工程学院教师陈洁、赵辉宏、王芳、孙秀云、许保彬、崔玉玲、王鹏、王伟等。

由于水平所限，书中存在缺点和错误，诚请广大读者批评指正。

编　者

2015年5月

目　录

1 电路原理

1.1 电工仪表的使用

1.1.1 实验目的

学会指针式万用电表、电流表、电压表、数字式万用电表、兆欧表等的使用，测量电表内阻及误差。

1.1.2 实验原理

（1）仪表量程的选用规则：在被测量小于仪表量程的前提下，量程选的应尽可能小，同时还要兼顾仪表内阻对测量的影响（电压表内阻应远大于被测电路的等效内阻，电流表则反之）。

（2）仪表精度的选用规则：一般先考虑仪表内阻对测量的影响，然后再考虑选用高精度的仪表。

（3）禁止用仪表的电阻挡及电流挡测电源的内阻及短路电流或电压。

（4）电流表内阻的测量：如图 1-1 所示，R_a 为直流电流表 A 的内阻，开关 S 断开时调 R_d 使数字电流表满偏转 I，合上开关 S 并保持总电流 I 不变，调节 R 使直流电流表 A 的读数为 $I/2$，此时电流表内阻 $R_a = R$。

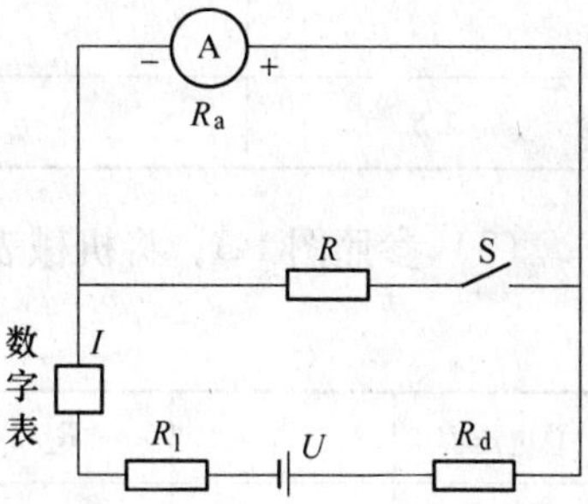

图 1-1 电流表内阻测量电路

（5）电压表内阻的测量：如图 1-2 所示，S 接通时，调节 R_f 使电压表 V 满偏为 U_1，断开 S 调节电阻 R，使 V 半偏 $U_1/2$，则 $R_V = R$。

（6）由仪表内阻引起的测量误差（也称方法误差）：如图 1-3 所示，S 断开时 U_{R2} =

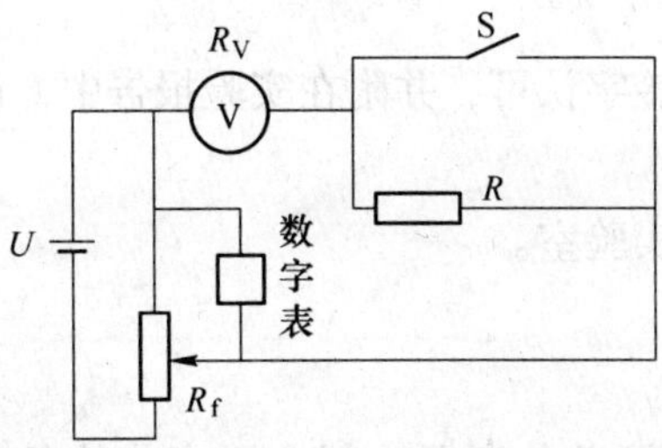

图 1-2 电压表内阻测量电路

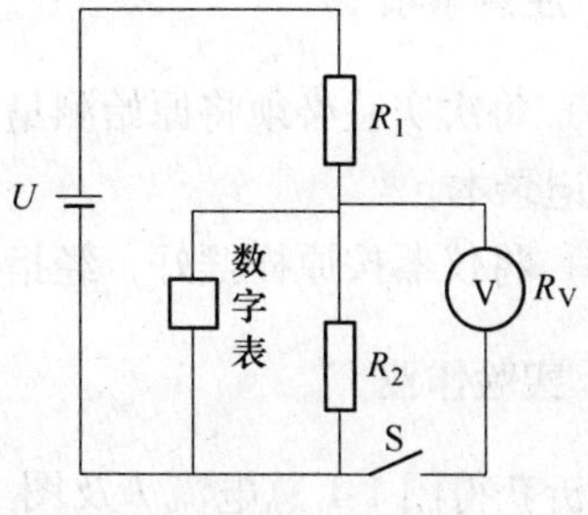

图 1-3 测量误差

$\frac{R_2}{R_1 + R_2} \cdot U$, S 接通时降为 U_B，则绝对误差为 $U_差 = U_B - U_{R2}$，相对误差为 $\frac{U_差}{U_{R2}} \times 100\%$。

1.1.3 实验材料

机械及数字万用表、电源、电阻箱、滑线变阻器（R_f）、开关、兆欧表等。

1.1.4 实验内容与步骤

（1）参照图 1-1，用分流法测量机械万用表 0.5mA 及 5mA 挡内阻，注意 S 接通时交替调节 R_d 及 R，使 I 不变且机械表为 $I/2$。将测量数据记入表 1-1。

表 1-1 实验数据

量程/mA	S 断开时 I	S 接通时 $I/2$	$R = R_a$	R_1/kΩ	数字表直测 R_a
0.5				3	
5				0.3	

（2）参照图 1-2，测机械万用表 1V 及 2.5V 量程内阻，将测量数据记入表 1-2。

表 1-2 实验数据

量程/V	S 接通时 U_1	S 断开时 $U_1/2$	$R = R_V$	数字表直测 R_V
1				
2.5				

（3）参照图 1-3，将机械表调至 2.5V 挡，测量数据记入表 1-3。

表 1-3 实验数据

总电压 U	R_1	R_2	数字表 U_{R2}	计算值 U_{R2}	机械表 U_B	绝对误差 $U_差$	相对误差
	50kΩ	50kΩ					

（4）数据处理及结论。

（5）练习各种电工仪表的使用。

1.1.5 注意事项

（1）每次实验必须将原始测量数据交指导教师签字认可，并附在实验报告中，认真填写实验记录本。

（2）将仪器按原样摆好，经指导教师许可离开实验室。

1.1.6 实验作业

分析获得图 1-1 总电流 I 及图 1-2 电压 U_1 不随开关的断开、闭合而变化的条件是什么。如期写出实验报告。

1.2 叠加原理与戴维宁定理

1.2.1 实验目的

（1）自设计验证戴维宁定理和叠加原理的方法并验证。

（2）掌握有源两端网络等效参数的测量方法。

1.2.2 实验原理

任何一个线性有源两端网络，都可用一个理想电压源 E_0 和内阻 R_0 的串联等效电路代替，其中 E_0 等于开路电压，R_0 等于所有独立源均置零（内阻保留）时从输出端看进去的总电阻，其等效电源的电动势 E_0 和内阻 R_0 可用计算法以及实验测量法分别得出。

常用的测量方法有：开路电压、短路电流法；半电压法；欧姆表法。

叠加原理：A、B 相连，对 R_2 支路有 $I_2 = I_2^{(1)} + I_2^{(2)}$。

1.2.3 实验材料

电源、电阻、电源表、电流表、导线、万用表等。

1.2.4 实验内容与步骤

（1）计算图 1-4 中以 A、B 两点为输出端的 E_0、R_0，要有计算过程。

（2）用实验的方法得出 E_0、R_0（要求用上述多种方法）。

（3）自设计一种可验证戴维宁定理正确性的实验方法并进行实验。

（4）要求当场写出各实验过程的实验步骤、表格，将作为原始数据对待，并且经教师审查认可后才可进行实际操作（各实验过程可分别独立进行，即教师审查一部分做一部分）。

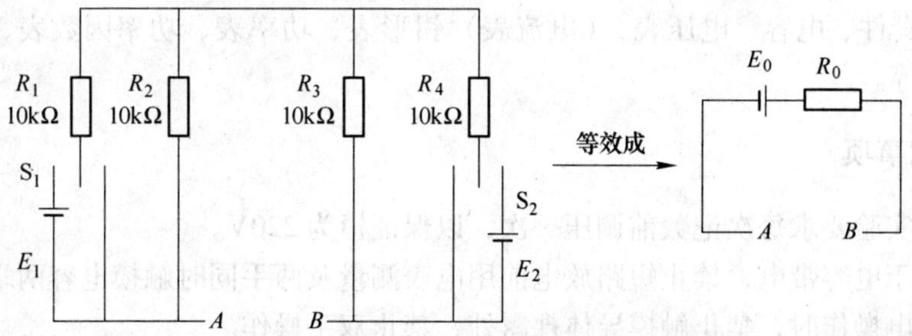

图 1-4 实验 1.2 电路图

1.2.5 注意事项

实验报告中除上述内容以外，还应包含自选仪器、自设计的完整实验步骤、表格、数据处理、误差产生的原因及详细全面的结论。

1.2.6　实验作业

（1）是否还有其他实验方法确定 E_0、R_0，说明实验方法，画出具体电路。

（2）要减小测量误差，各电阻箱的阻值大小（非精度）、两电源及电压、电流表内阻的选取应遵循什么原则？

（3）通常实际电源是禁止短路的，但本等效电源为什么能短路？

1.3　功率因数研究

1.3.1　实验目的

（1）掌握日光灯电路原理及接线，研究功率因数。

（2）学会电功率表、功率因数表等的使用。

1.3.2　实验原理

（1）日光灯原理如图 1-5 所示。

（2）功率因数的提高：S 接通前 $\cos\varphi = \dfrac{P}{I_{灯} \cdot U}$；S 接通后 $\cos\varphi' = \dfrac{P}{I_e \cdot U}$。电容 C 大小合适时：$I_e < I_{灯}$，$\cos\varphi' > \cos\varphi$。

（3）电度表接线：1、3 进，2、4 出。

（4）电功率表（或功率因数表）的电压线圈 U 与负载并连、电流线圈 I 与负载串联，并且不得超过电压线圈的额定电压及电流线圈的额定电流，带星号的两端子连在一起为进端。

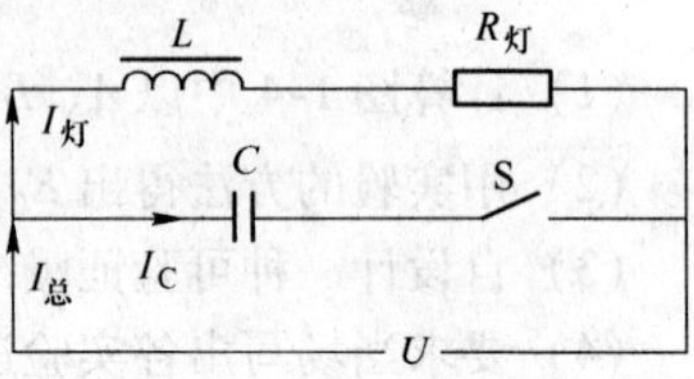

图 1-5　日光灯原理图

1.3.3　实验材料

日光灯套件、电容、电压表、（电流表）钳形表、功率表、功率因数表、电度表、秒表、调压器等。

1.3.4　注意事项

（1）本实验要求每次记数前调压一次，以保证恒为 220V。

（2）由于电容带电，禁止短路放电前用电表测量及两手同时触摸电容两端。

（3）带电操作时，禁止触摸导体裸露处，禁止双手操作。

（4）经教师检查后才可通电。

（5）实验完毕，将仪器按原样摆好，每次实验必须将原始测量数据交指导教师签字认可并贴在实验报告中，认真填写实验记录本，教师许可后离开实验室。

1.3.5　实验内容与步骤

（1）研究功率因数。根据图 1-6 连接电路，并将测量数据记入表 1-4。

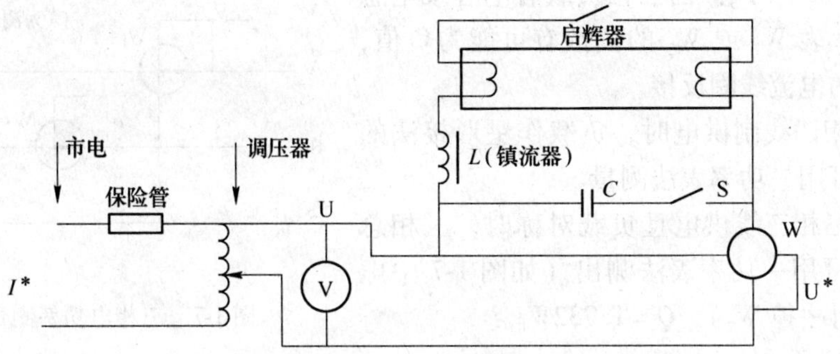

图 1-6　研究功率因数电路图

表 1-4　实验数据

状态 \ 测量值		U	$I_{灯}$	$I_{总}$	I_C	P	$\cos\varphi$ 计算	$U_{灯}$	U_L	亮度变化	$\cos\varphi$ 表读数
S 断					0						
S 通	4μF										
	1.5μF										
	10μF										

（2）由上述实验数据作出全面结论。

（3）设计性实验内容（可选做）。

1）检验电度表的好坏，自设计电路和方案。

2）自设计日光灯调光电路，要求电路简单、使用方便、成本低、性能可靠、附加耗电小。

1.3.6　实验作业

画出电容 C 取 4μF 时的电流相量图，并通过相量图说明功率因数补偿原理。如期完成实验报告。

1.4　三相电功率的测量

1.4.1　实验目的

（1）用一功率表法及两功率表法测量三相负载的总有功功率并用伏安法验证。

（2）测量三相负载的总无功功率。

（3）进一步熟悉各种仪器的使用。

1.4.2　实验原理

（1）三相三线制供电时，三相负载作 Y 或 △ 接法时，不管对称与否，总有功率 $P=$

$W_1 + W_2 = P_1 + P_2 + P_3$。当三相负载有电容或电感情况下，功率表 W_1 或 W_2 的读数有可能为负值，应将功率表的电流线圈反接。

（2）三相四线制供电时，负载作星形接法的总有功功率可用一功率表法测量。

（3）当三相三线供电且负载对称时，三相总无功功率 Q 可用一功率表法测出（如图 1-7 中虚线所示，此时去掉 W_2），$Q = 1.732W_1$。

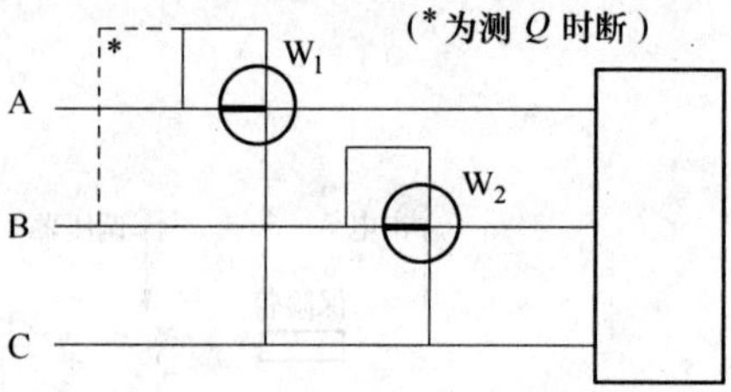

图 1-7　三相电功率测量电路

1.4.3　实验材料

三相调压器、灯泡、电流表、电压表、电功率表、钳形表、电容。

1.4.4　实验内容与步骤

（1）按表中要求的数据进行测量。要求自行设计实验电路、正确选择仪表量程、写出实验步骤、分析误差产生的原因。

（2）用三个 4μF 电容分别并联在三个 60W 灯泡上，用一功率表法测量其总无功功率，要求每个电容两端的电压为 220V。断开灯泡后再测一次。

（3）三相四线制供电时，自设计用一功率表法测量三相负载的总有功功率的实验电路及方法，表格可参照表 1-5（可定性地做，列表测数据为选做内容）。

（4）依据实验数据作出详尽结论。

表 1-5　实验数据

状态＼项目		W_1	W_2	I_1	V_1	计算 P_1	I_2	V_2	计算 P_2	I_3	V_3	计算 P_3	结论
380V，Y 接法	全 60W 灯												
	P_1 换成 25W 灯												
220V，△接法	全 60W 灯												
	P_1 换成 25W 灯												
		并 C	并 C	—	—	—	—	—	—	—	—	—	—

1.4.5　注意事项

表 1-5 中所列“并 C”为在 P_1 灯泡上并联 8μF 的电容，“P_1 灯泡”为接两个功率表 I 端子的负载。

1.4.6　实验作业

（1）试找出其他测无功功率（三个等值电容作三角形连接时）的方法。

（2）两功率表法测功率时，某功率表的读数为何不是某一相负载的功率？

（3）如期完成实验报告。

1.5 串联谐振电路仿真分析

1.5.1 实验目的

（1）进一步熟悉在 PSpice 仿真软件中绘制电路图，掌握符号参数、分析类型的设置和 Probe 窗口的简单设置。

（2）学习用仿真实验方法来研究串联谐振电路的响应特性，了解电路元件参数对响应的影响，观察、分析串联谐振电路中各变量的输出轨迹及其特点，以加深对串联谐振的认识与理解。

1.5.2 实验原理

在正弦交流稳态电路中，负载为 R、L、C 串联，当负载中的感抗与容抗相等时，电路进入谐振状态，此时，电路中的阻抗最小 $Z=R$，电流最大，电阻端电压与电源电压同相位，幅值相等，电感端电压与电容端电压反相。谐振条件为 $f=\dfrac{1}{2\pi\sqrt{L\cdot C}}$。

1.5.3 实验材料

微机、PSpice 仿真软件。

1.5.4 注意事项

（1）电源电压的频率与 L、C 的参数必须满足谐振条件。

（2）在进行分析类型设置时，瞬态分析终止的时间（final time）应大于电源的周期，一般取 5 个周期。

1.5.5 实验内容与步骤

（1）双击 PSpice 图标，打开仿真软件，新建空白文档，绘制电路图，如图 1-8 所示，并保存文件。

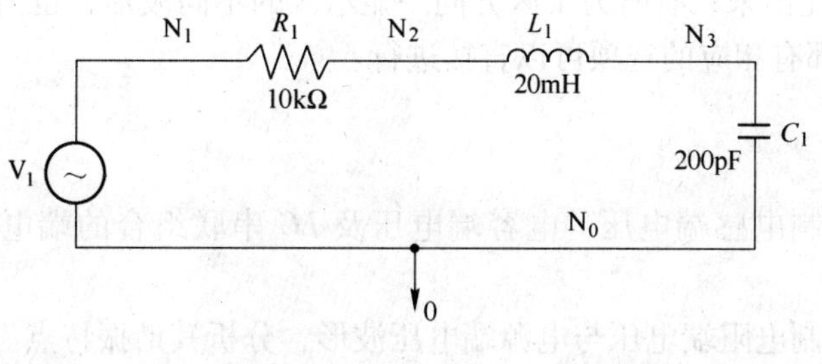

图 1-8 串联电路谐振电路

（2）修改元件参数。正弦电压源取用元件 VSIN，双击符号弹出元件参数对话框，设置如下。

VOFF：偏置电压（电压初值），单位为V，标准正弦电压应设为0；

VAMPL：峰值振幅，单位为V，在此设为10；

FREQ：频率，单位为Hz，在此设为79.6k；

TD：延迟时间，单位为s，缺省值为0；

DF：阻尼因子，单位为1/s，缺省值为0；

PHASE：初相位，单位为（°），缺省值为0。

（3）为导线命名。

（4）分析类型的设置。在菜单栏中打开 Analysis 中 Setup 对话框，选中 Transient（瞬态分析：即变量随时间的变化分析）选项，并打开 Transient 对话框。

Print Step：时间计算间隔，设为0.02ns；

Final Time：瞬态分析终止的时间，设为62.83μs；

No-Print Delay：允许的最大时间计算间隔，设为0.02ns；

Step Ceiling：开始保存分析数据的时刻，设为0；

Detailed Bias Pt：是否详细输出偏置点的信息；

Skip intial transient solution：是否进行基本工作点的运算。

（5）运行仿真程序。

（6）进行 Probe 窗口的设置。

1）增加坐标轴：在 Probe 中可以观察变量的波形，有时需要在同一 Probe 窗口中显示多个变量的波形，可以通过增加 *X* 轴或增加 *Y* 轴的方法来实现。在 Probe 窗口，选择 Plot →Add Plot 可以增加一个新坐标系；选择 Plot→Add Y Axis 可以在同一 *X* 轴上增加一刻度不同的 Y 轴。在两个坐标系中分别观察并记录实验内容所要求的各点波形。

2）观测波形各点的数据：在 Probe 窗口，选择 Tools→Cursor→Display，活动显示区中会出现十字交叉线，同时，屏幕右下角出现曲线数据显示框，数据框中有三行数据，A1、A2 为两个数据指针，dif 为 A1 与 A2 的差值。利用鼠标或键盘可使十字交叉线左右移动，两个数据指针中的一个始终跟踪着十字交叉点的位置，并将其位置坐标随时记录在数据框中，另一个指针中数据不变，代表十字交叉点的最初位置，差值 dif 随十字交叉点的移动而不断变化。

在许多情况下，常常需要迅速地找到波形的最大值、最小值等特殊点，有时还需要在波形上将这些点标注出来；有时为了区分同一显示区的不同波形，也需对波形的名称进行标注，在 Probe 中都有相应的选项可以直接进行。

1.5.6 实验作业

（1）观察并绘制电感端电压、电容端电压及 *LC* 串联组合的端电压波形，分析谐振特点。

（2）观察并绘制电阻端电压与电源端电压波形，分析其谐振特点。

（3）观察并绘制电流与电源端电压波形，分析其谐振特点。

（4）任意改变电容或电感的参数，再分析各点的波形。

（5）根据串联谐振电路的电气特点分析电路的选择性。

1.6　一阶动态电路仿真分析

1.6.1　实验目的

（1）进一步学习在 PSpice 仿真软件中绘制电路图，掌握激励符号的参数配置、分析类型的设置。深入理解 Probe 窗口的设置。

（2）学习用仿真实验的方法来研究动态电路的响应，了解电路元件参数对响应的影响。

（3）观察、分析一阶电路响应的状态轨迹及其特点，以加深对一阶电路响应的认识与理解。

1.6.2　实验原理

（1）零状态响应分析：

1）测量 U_R、U_C、i 三变量的瞬态波形，分析其变化原理。

2）将 R 改为全局变量，采用参数扫描分析，观察电阻变化对响应的影响，并记录波形变化情况。

（2）全响应分析：

1）测量 i_L、u_L 瞬态波形。

2）将 R_2 或 R_3 改为全局变量，采用参数扫描分析，观察电阻变化对响应的影响，并记录波形变化情况，说明原理。

1.6.3　实验材料

微机、PSpice 仿真软件。

1.6.4　注意事项

设置仿真分析参数时需要考虑到电路的时间常数。

1.6.5　实验内容与步骤

（1）双击 PSpice 图标，打开仿真软件，新建空白文档，绘制一阶动态电路图，如图 1-9 所示，并保存文件。

（2）电路参数设置如图 1-9 所示。

（3）仿真分析参数设置：

1）瞬态分析设置。在 Schematics 主菜单下，用鼠标单击分析（Analysis）中的设置（Setup），选中 Transient 设置，将其时间间隔（Print Step）设为 20μs，长度（Final Time）设为 1ms。Step Ceiling 是软件内部计算时间间隔，不用更改。

2）参数扫描分析。参数扫描分析通常与其他分析类型（如直流分析、交流分析、瞬态分析等）配合使用，它可以使电路中的某一元件的值按一定方式变化，目的是分析电路参数变化时，输出特性曲线或特性参数如何发生变化。它的参数表与直流扫描分析的参数

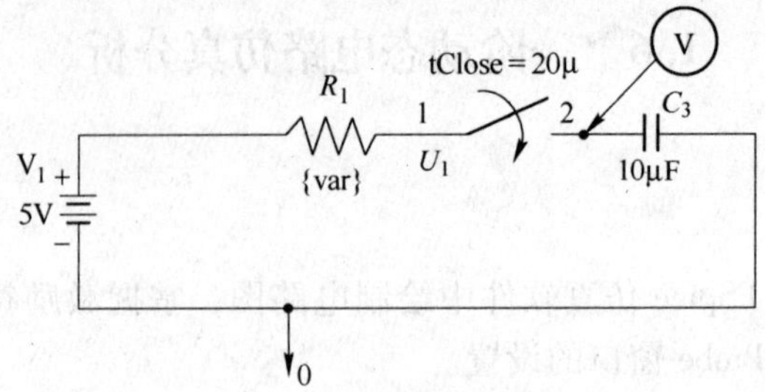

图 1-9 零状态响应瞬态分析电路

表基本类似，各参数含义也相同。不同之处在于，它用于电路中所有分析类型，而直流扫描分析仅用于直流分析。在 Parametric 中，扫描变量仍为全局变量 var，可以选择线性扫描，线性扫描的起点设为 2，终点为 20，步长为 4。

（4）分别运行瞬态分析和直流扫描分析，记录波形。

（5）新建空白文档，绘制电路如图 1-10 所示，并保存文件。

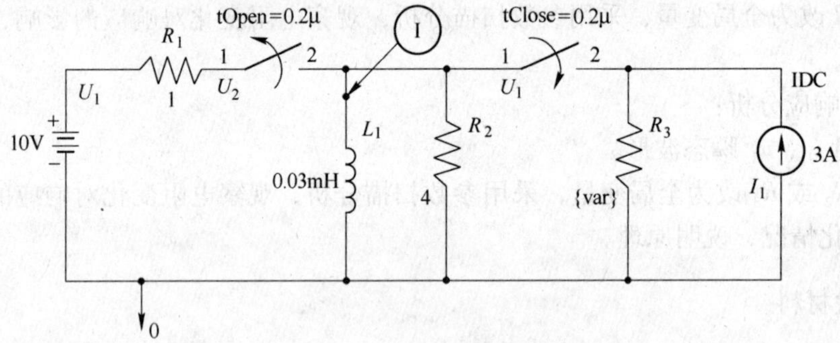

图 1-10 一阶全响应动态电路

（6）电路参数设置，如图 1-10 所示。

（7）仿真分析参数设置：

1）瞬态分析设置。选中 Transient 设置（在选项前的小框内打钩），将其时间间隔（Print Step）设为 20μs，长度（Final Time）为 0.1ms。

2）参数扫描分析。参数扫描分析可以使电路中的某一元件的值按一定方式变化，目的是为了分析电路参数变化时，输出特性曲线或特性参数如何发生变化。在 Parametric 中，扫描变量仍为全局变量 var，可以选择线性扫描，线性扫描的起点设为 1，终点为 10，步长为 2。

（8）分别运行瞬态分析和直流扫描分析，记录波形。

1.6.6 实验作业

根据实验所测得各响应波形，分析其动态过渡原理，并根据参数扫描分析结果分析参数变化对输出响应的影响，写明实验结论，如期完成实验报告。

1.7 三相交流电路的电压与电流关系研究

1.7.1 实验目的

（1）研究三相负载作星形连接（或作三角形连接）时，在对称和不对称情况下线电压与相电压（或线电流和相电流）的关系。

（2）比较三相供电方式中三线制和四线制的特点。

（3）学习用仿真实验方法来研究三相电路的稳态响应特性，了解电路元件参数及结构对响应的影响，观察、分析三相电路中各变量的输出轨迹及其特点，加深对三相电路的认识理解。

1.7.2 实验原理

（1）对称三相电路：

1）观察电源端三个相电压与六个线电压波形。

2）对于线路阻抗忽略不计时，负载的线电压等于电源的线电压。

3）观察 Y/Y 接法时相电压与线电压的关系，线电流与相电流的关系。

4）若 Y/Y 接法，则负载中点 N′和电源中点 N 之间的电压为零，观察有无中性线对电压、电流的影响。

5）采用 Y/△接法时相电压与线电压的关系，线电流与相电流的关系。

（2）不对称三相电路：分别记录有（无）中性线时电压电流波形，分析 Y/Y 接法时中性线的有无对负载电压、电流的影响。

1.7.3 实验材料

微机、PSpice 仿真软件。

1.7.4 注意事项

三相电源的参数设置需注意其对称性，尤其三电源的初相位设置。

1.7.5 实验内容与步骤

（1）双击 PSpice 图标，打开仿真软件，新建空白文档，绘制三相对称电路图，如图 1-11 所示，并保存文件。

（2）修改元件参数。

正弦电压源取用元件 VSIN，双击符号弹出元件参数对话框，其中设置如下。

VOFF：偏置电压（电压初值），单位为 V，标准正弦电压应设为 0；

VAMPL：峰值振幅，单位为 V，在此设为 220；

FREQ：频率，单位为 Hz，在此设为 50；

TD：延迟时间，单位为 s，缺省值为 0；

DF：阻尼因子，单位为 1/s，缺省值为 0；

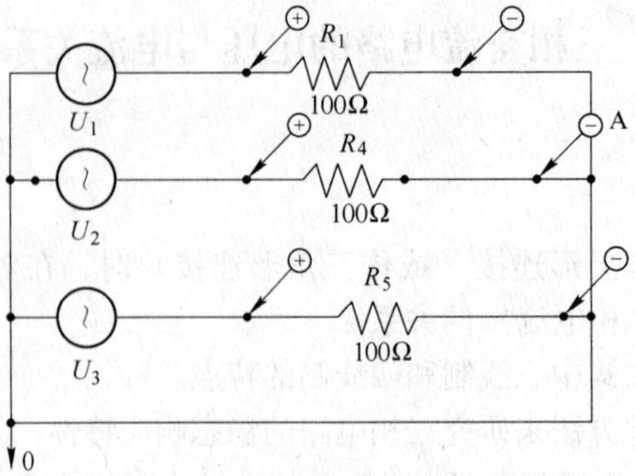

图 1-11 Y/Y 接法

PHASE：初相位，单位为（°），U_1 为 0；U_2 为 -120；U_3 为 120。

（3）为导线命名。

（4）分析类型的设置。在菜单栏中打开 Analysis 中 Setup 对话框，选中 Transient（瞬态分析：即变量随时间的变化分析）选项，并打开 Transient 对话框。

Print Step：时间计算间隔，设为 20μs；

Final Time：瞬态分析终止的时间，设为 0.1s；

No-Print Delay：允许的最大时间计算间隔，设为 20μs；

Step Ceiling：开始保存分析数据的时刻，设为 0；

Detailed Bias Pt：是否详细输出偏置点的信息，选中；

Skip intial transient solution：是否进行基本工作点的运算，选中。

（5）运行仿真程序。进行 Probe 窗口的设置，记录或拷贝波形，利用最大值观察法记录相电压与线电压的数据，从而得出二者的关系。

（6）绘制三相对称电路图，如图 1-12 所示，并保存文件。参数设置同上，测量实验原理（1）中的 5)，记录波形与数据关系。

（7）绘制三相不对称电路图，如图 1-13 所示，并保存文件。参数设置同上，观察并记录电压电流波形及数据。

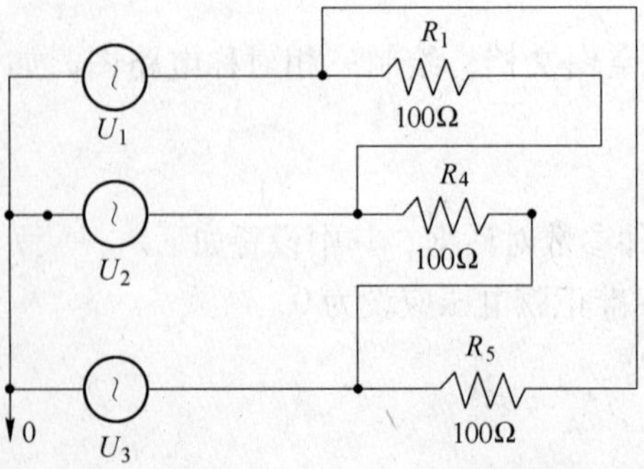

图 1-12 Y/△接法

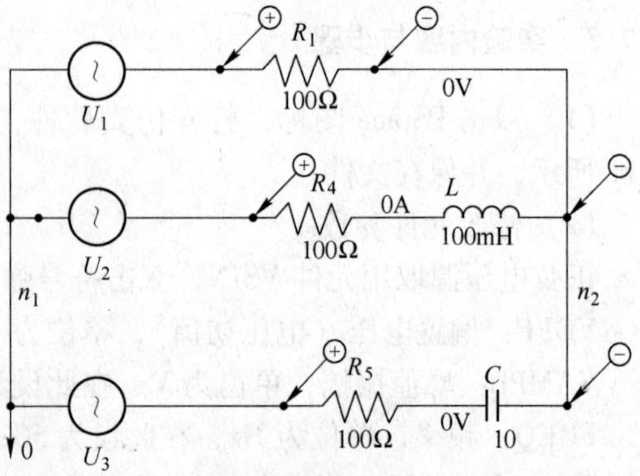

图 1-13 无中性线电路图

（8）绘制三相不对称电路图，如图 1-14 所示，并保存文件。参数设置同上，观察并记录电压电流波形及数据。

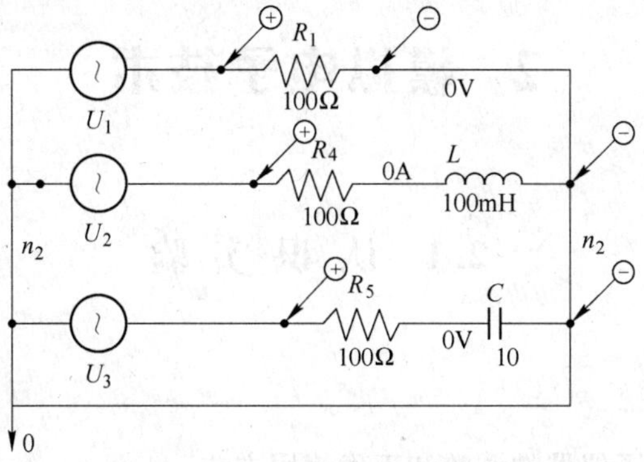

图 1-14　有中性线电路图

（9）验证课本中例题及课后习题。

1.7.6　实验作业

根据实验所测得各点波形，分析三相电路在不同连接状态、不同负载情况下的变量特点，找出规律，写明实验结论，将电路图和实验波形图粘贴到实验报告中。

2 模拟电子技术

2.1 认识实验

2.1.1 实验目的

学习、掌握常用电子仪器的调整和正确使用方法。

2.1.2 实验说明

示波器、函数信号发生器、直流稳压电源、交流毫伏表及数字万用表是电子技术实验常用的几种仪器。交流毫伏表用来测量正弦信号电压的大小。根据模拟电子线路信号频率的范围（20Hz～1MHz）和幅度的范围（1mV～100V），选用 YB2173 型交流毫伏表。函数信号发生器选用 YB1634，用来产生频率为 1Hz～1MHz，最大幅度为 5V 的正弦信号。为各种实验电路提供正弦交流信号。直流稳压电源选用 YB1711 型，其作用是为各种实验提供直流电源。示波器是一种用来观测各种周期电压（或电流）波形的仪器，使用的型号为 YB4320/20A 型。其原理、技术指标及使用方法参见仪器说明。

2.1.3 预习要求

（1）复习有关仪器的原理、指标、调试及使用方法。

（2）了解实验基本内容和步骤。

（3）预习报告中所列有关内容和待填表格，在实验前需交实验指导教师批阅。

2.1.4 实验内容

2.1.4.1 函数信号发生器 YB1634 及 YB2173 型交流毫伏表的使用

（1）信号频率的调节方法。按下面板下方“频率范围”波段开关配合右上方三个“频率调节”旋钮，可以输出 1Hz～2MHz 范围内任意的正弦信号、矩形信号和三角信号等。当“输出衰减”旋钮为 0dB 时，调节输出细调使表头指示为 1V 并将“频率范围”、“频率调节”旋钮分别调到“×1”、“×0.1”挡。

（2）将函数信号发生器 YB1634 频率调至 1kHz，并调节“输出细调”旋钮，使表头指示保持为满刻度（5V）。用交流毫伏表直接测量信号发生器，在不同“输出衰减”位置时输出电压并记入表中。

（3）测量一个 $f=1.5\text{kHz}$ 幅度为 1mV 的信号，YB1634 和 YB2173 的旋钮应置于何位置才能显示方便，用实验证明，将信号发生器调到 1V 位置，然后将输出衰减开关打到 0dB、20dB、60dB 的位置，用交流毫伏表测量其输出电压，从 YB2173 表头指示值与实际输出的关系，体验并总结“输出衰减”的功能及其灵活应用。

总结交流毫伏表 YB2173 精确读值的正确使用方法。

2.1.4.2 示波器的使用（以 YB4320 为例）

（1）示波器的调整示波器接通电源，待预热后顺时针调节“辉度”旋钮，将触发方式开关置 AUTO，并使 Y 轴、X 轴位移旋钮置中，银屏上显示出一条扫描基线，调“聚焦”旋钮使基线细而清晰。

（2）练习并掌握下列旋钮的作用调整 YB4320 输出 2V、1kHz 信号，作为示波器输入信号。调节示波器有关旋钮，使屏幕上显示清晰而稳定、幅度为 4 格的三个完整波形，按表 2-1 逐一了解各旋钮功能，注意每次动一个旋钮，作完后恢复原状，再作另一个旋钮。

表 2-1 实验数据

待调频率	频率范围	LED 显示值/kHz
20Hz	20Hz	
450Hz	2kHz	
10kHz	20kHz	
35kHz	200kHz	
520kHz	2MHz	

（3）用示波器测量信号幅度调整 YB4320 信号发生器 $f=1.5$kHz，表头指示为 4V。示波器“微调”旋钮至“校准”位置，适当改变 V/div 的位置，测试表的内容。

（4）示波器测量信号周期及频率先校准 TIME/div 灵敏度（扫描速度“微调”旋钮置“校准”位置），YB4320 输出为 3V。按表记录。

（5）用李沙育图形测频率。用示波器测频率方法很多，如李沙育图形法、亮度调制法等。以李沙育图形法最简单，最准确。其方法是：将已知频率的标准信号加到 CH1 输入端，被测信号加到 CH2 输入端，TIME/div 置“X-Y”位置。根据两信号之比不同，李沙育图形法的形状不同，可求出被测信号。若在荧光屏上作互相垂直两直线 x、y，且 x、y 不与图形相切，也不通过任一交点，则李沙育图形与 x、y 交点数 N_x、N_y 之比就是两信号频率之比：$f_y/f_x=N_y/N_x$。

（6）测量周期法。此法就是利用上述时间测量的方法，测出信号周期 T，按公式 $f=1/T$，计算出频率 f，本法容易引入仪器精度的读数误差，适宜大致估测频率情况，虽然精度不如其他方法，但因其简便实用，在测量中经常采用。

2.1.5 实验报告

（1）根据实验记录，列表整理、计算实验数据，描绘观察到的波形图。

（2）通过本实验总结如何正确使用示波器。

2.1.6 思考题

（1）简述示波器“辉度”、“Y 轴 X 轴位移”、“聚焦”旋钮的原理及作用，并在实验中体会。

（2）若想用被测信号作触发信号，使用触发扫描方式，并用通道1（CH1）单显示，试写出有关旋钮应置何位置。

（3）预测一个1kHz、1V的信号，应选用何种仪表测量？

2.2 放大电路的静态测量

2.2.1 实验目的

（1）学会测量和调试放大器的静态工作点。

（2）掌握测量放大器的电压放大倍数、动态范围和幅频特性的方法。

（3）了解负载和静态工作点对放大器性能的影响。

（4）进一步熟悉示波器、函数信号发生器、低频毫伏表使用方法。

2.2.2 实验原理

单级阻容耦合放大器能将频率从几十赫兹到几百千赫兹的低频交流信号进行不失真地放大，是放大器中最基本的放大器。虽然实用线路中极少用单级放大器，但是它的分析方法、计算公式、电路的调试技术和放大器性能的测量方法等，都具有普遍意义，适用于多级放大器。典型的射极偏置阻容耦合放大电路如图2-1所示。R_C 为晶体管的直流负载；交流负载由 R_C 与外接负载 R_L 组成，R_{B1}、R_{B2}、R_E 组成电流负反馈式偏置电路，射极旁路电容 C_E 用来消除 R_E 产生的交流负反馈。此电路只要满足条件 $I_R \gg I_B$ 和 $U_B \gg U_{BE}$ 则基极电压近似为：

$$U_B \approx I_R R_{B2} = \frac{V_{CC} R_{B2}}{R_{B1} + R_{B2}}$$

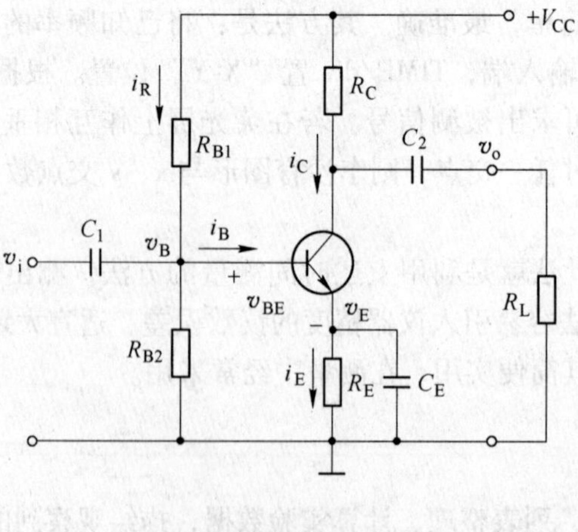

图2-1 阻容耦合放大器

由此求得静态集电极电流为 $I_C \approx I_E = \dfrac{U_E}{R_E} = \dfrac{U_B - U_{BE}}{R_E} \approx \dfrac{U_B}{R_E}$，可见，$U_B$、$I_C$ 几乎与晶体管的参数无关，可以看作是恒定的，从而抑制了温度对静态工作点的影响，达到自动稳定静态工作点的目的。当电路中其他参数不变时，增大 R_{B1} 的阻值将引起 U_B 值的减小，静态集电极电流 I_C 随之变小，导致工作点下移；反之，R_{B1} 值减小，工作点上移。通常都采用改变 R_{B1} 大小来调整静态工作点。

在选择偏置电路元件参数时，既要满足静态工作点稳定的条件，又要兼顾电路其他方面的性能。通常，为了稳定静态工作点，取 $I_R = (5 \sim 10) I_B$，$U_B = (5 \sim 10) U_{BE}$。由此可得偏置电路的元件参数为 $R_{B2} = U_B / I_R$，$R_{B1} = (V_{CC} - U_B) / I_R$，$R_E = U_E / I_E \approx (U_B - U_{BE}) / I_C$。

2.2.2.1 静态工作点的合理设置

放大器的基本任务是不失真地放大信号。当有信号输入时，晶体管各级的电流和电压是直流分量和交流分量的叠加，叠加后的信号波动范围如果进入晶体管特性的非线性区域（截止区或饱和区），则放大器的输出信号波形将产生非线性失真。因此，要使放大器正常工作，必须合理设置静态工作点。为了获得最大不失真的输出信号，静态工作点应选在晶体管输出特性曲线上交流负载线的中点（图 2-2 中的 Q 点）。工作点若选得太高（图 2-2 中的 Q'点），就会引起饱和失真；若选得太低（图 2-2 中的 Q''点），就会产生截止失真。对于小信号放大器，由于输出信号幅度小，从减小晶体管的功耗、降低噪声和提高输入阻抗出发，工作点 Q 往往不选在交流负载线的中点，而是选得低一些。

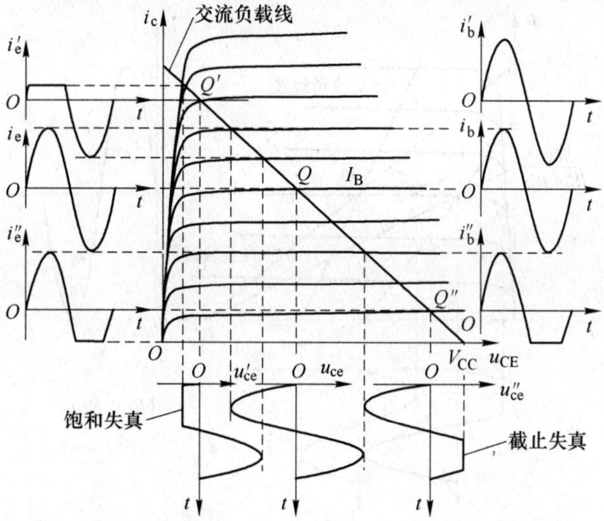

图 2-2 静态工作点位置对输出波形的影响

2.2.2.2 电压放大倍数 A_v

A_v 是衡量放大器电压放大能力的参数。在输出波形不失真的前提下，其值为放大器的输出电压与输入电压有效值（或峰值）之比。对于图 2-1 所示的单管阻容耦合放大器，在中频段可用下式计算 A_v 的理论值。

$$A_v = -\frac{U_o}{U_i} = -\frac{h_{fe}(R_C // R_L)}{h_{ie}}$$

式中，h_{fe}为晶体管的共射电流放大系数；h_{ie}为晶体管的输入电阻。对于小功率管，h_{ie}值可用下式估算：

$$h_{ie} = 200 + (1 + h_{fe})26/I_E$$

2.2.2.3 放大器的动态范围

放大器所能输出的最大不失真（指饱和失真或截止失真）电压的峰-峰值称为放大器的动态范围，用 U_{OP-P}表示。动态范围的大小与静态工作点的设置密切相关。当工作点选在交流负载线的中点时，动态范围最大，工作点越偏离交流负载线的中点，动态范围越小，如图 2-2 所示。通常前置放大器不必考虑动态范围，而对末级放大器则要求有足够大的动态范围。

2.2.2.4 负载阻值对放大器性能的影响

R_C 即是放大器的直流负载，又是交流负载的一部分（交流负载 = $R_C//R_L$）。因此，R_C 的大小既能影响静态工作点，又会影响放大器的动态特性。

（1）在电路其他参数不变的情况下，随着 R_C 值的增大，静态工作点趋向饱和区（图 2-3 中 Q_1 趋于 Q_2），同时交流负载线的斜率减小，因此输出信号可能产生饱和失真，如图 2-3 所示。如果输入信号较小，工作点本来选得较低，R_C 值的略微增大，不但不会引起失真，反而能提高电压放大倍数。相反，R_C 值越小，交流负载线的斜率就越大，动态范围随之变小，电压放大倍数也相应减小，但不会产生失真。

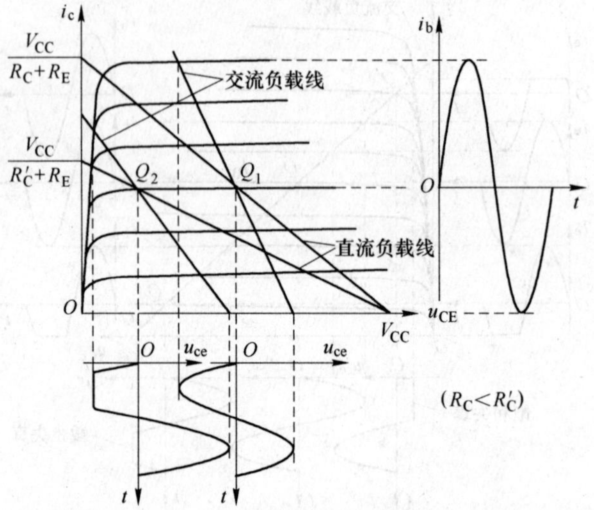

图 2-3 R_C 值对放大器性能的影响

（2）负载电阻 R_L。放大器的负载一般是确定不变的。放大器输出端开路时，交流负载 = $R_C//R_L$，这时放大器的动态范围和电压放大倍数都要减小。在 $R_L \gg R_C$ 的情况下，R_L 的接入对放大器的动态范围和电压放大倍数几乎没有影响。

2.2.2.5 频率特性

图 2-1 的阻容耦合放大器电路中，耦合电容 C_1、C_2 及射极旁路电容 C_E 的存在，使 A_v 随信号频率的降低而减小；又因分布电容的存在及受晶体管截止率 f_{hfe} 的限制，使 A_v 随信号频率的升高而减小；只有在中频段，这些电容的效应可以忽略，A_v 有最大值且与频率无关，记为中频放大倍数 A_{vM}，高于或低于中频区域，A_v 都要减小。描述 A_v 与 f 关系的曲线

称为阻容耦合放大器幅频特性，如图 2-4 所示。图中 $A_v=0.707A_{vM}$ 所对应的频率 f_H 和 f_L，分别称为上限频率和下限频率。BW 称为放大器的通频带，其值为 $BW=f_H-f_L$。

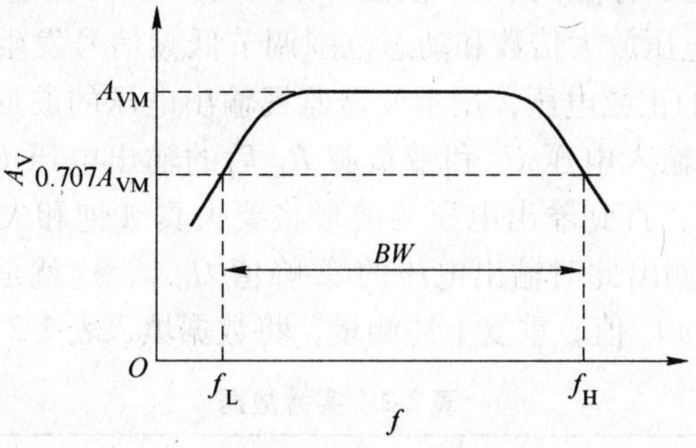

图 2-4 放大器的幅频特性

2.2.3 实验仪器

示波器、函数信号发生器、低频毫伏表、万用电表。

2.2.4 实验内容

（1）按图 2-5 接线，组成测量系统并粗调放大器，使其处于正常工作状态。

1）按图 2-5 连接仪器，并注意：①为了避免不必要的机壳间相互感应引起的干扰，必须将所有仪器的接地端连接在地线上，简称“仪器共地”。②直流稳压电源接入放大电路实验板之前，先将稳压电源的输出电压调至图 2-5 中所标定的 V_{CC} 值。然后关断电源，再与放大电路实验板连接，电源的极性千万不能接反。

2）粗调放大器的静态工作点：①先断开低频信号发生器的输出线，后将放大器的输入端短路（为什么?）。在此情况下，用万用电表的直流电压挡测量晶体管的集一射电压 U_{CE}，若 $U_{CE}=V_{CC}$，说明晶体管处于截止状态；若 $U_{CE}<0.5$V，表示晶体管处于饱和状态。②调节 R_P，U_{CE} 随之改变，说明静态工作点可调，放大器能正常工作。通过测量集电极负

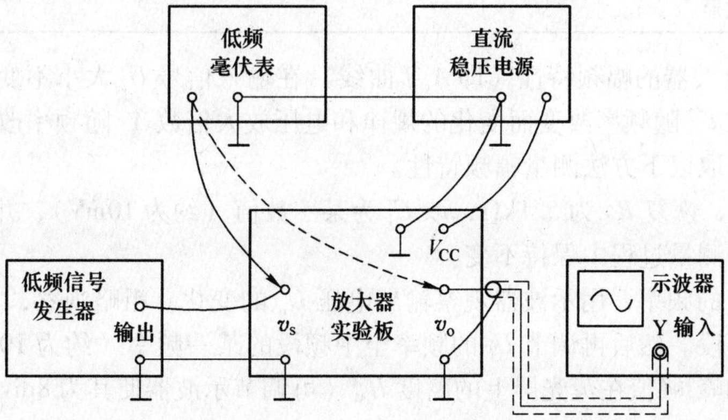

图 2-5 测量系统图

载电阻 R_C 两端的电压 U_{RC}，可算出集电极电流 I_C 之值。

（2）测量和观察静态工作点的变化对放大器性能的影响。

1）调节并测量静态工作点调节 R_P 值使 I_C 为0.5mA，并测量 U_{CE} 值。

2）测量放大器的电压放大倍数和动态范围调节低频信号发生器，使放大器输入端得到 $f=1$kHz、$U_i\approx 5$mV 的正弦电压，用示波器监视输出电压的波形。在输出不失真的情况下，用低频毫伏表测量输入电压 U_i 和带负载 R_L 后的输出电压 U_{OL}，计算电压放大倍数 A_V。然后加大输入电压，直到输出电压的波形将要失真（饱和失真或截止失真）而尚未失真时为止，用示波器测出此时输出电压的峰-峰值 U_{OP-P}，这就是放大器的动态范围。改变 R_{B1} 的大小，取不同的 I_C 值，重复上述测量，将数据填入表2-2中，并加以比较。

表2-2 实验数据

I_C/mA	0.5	0.8	1.0	1.2
U_{RC}/V				
U_{CE}/V				
U_i/mV				
U_{OL}/V				
U_{OP-P}/V				
$\lvert A_v \rvert = U_{OL}/U_i$				

（3）观察集电极负载电阻值的变化对放大器性能的影响。

调节 R_P 使 $I_C=1$mA 。不接 R_L，保持放大器的其他元件值不变，然后调节输入信号的幅度，达到最大不失真输出后，记录此时的动态范围，并保持输入信号不变。改变 R_C 值为2kΩ，用示波器观察输出波形的变化，绘出波形并测量其动态范围，将结果记入表2-3，并进行比较分析。

表2-3 实验数据

R_C/kΩ	5.1	2.0
U_{OP-P}/V		
U_o 波形		

（4）测量放大器的幅频特性（即 A_v-f 曲线）在输入信号 U_i 大小不变、频率改变的情况下，输出电压 U_o 随频率改变而变化的规律和电压放大倍数 A_v 随频率改变而变化的规律是一致的。可采取以下方法测量幅频特性。

1）接上 R_L，恢复 R_C 为5.1kΩ，取 U_i 为某一数值（约为10mV），并用低频毫伏表监测，使其在整个测量过程中保持不变。

2）改变 U_i 的频率，用示波器观察输出电压 U_o 的变化。粗略观察，U_o 基本不变的频率范围即为中频段。然后再调节 U_i 的频率至中频段的某一频率（约为10kHz），用示波器测量输出电压的峰-峰值在荧光屏上的高度 H_M（可调节示波器使其为8div）。

3）向低频方向改变的 U_i 的频率，找出输出电压的峰-峰值高度为 $0.707H_M$ 时的频率 f_L。f_L 即为放大器的下限频率。再向高频方向改变的 U_i 频率，用同样方法可找到放大器的上限频率f_H，就可求出此放大器的通频带BW。

*4）测量幅频特性（选做）。在上述测量f_L、f_H基础上，为了便于作图，在中频段可少测几个点，在f_L和f_H附近多测几个点，将数据填入表2-4并进行处理，就可绘出放大器的幅频特性图（频率用对数坐标表示）。

注意：1）在测出H_M后的整个测量过程中，示波器“Y衰减”和“微调”旋钮的位置应固定不变。2）测量上限频率f_H时，如果f_H远远高于所用低频率信号发生器的频率范围，可以人为地增大输出端电容，即在放大器的输出端并联一个300～430pF的电容，使f_H降低到信号发生器的频率范围内。

表2-4 实验数据

项 目	$U_i = 100mV$									
f/Hz										
U_O/V										
A_v										
lg$f$/Hz										

2.2.5 实验报告

（1）画出实验电路图。

（2）整理和分析实验数据。

（3）用坐标纸画出幅频特性图，并标出f_L和f_H。

（4）回答思考题。

2.2.6 问题思考

（1）根据公式，能否说A_v随R_C的增大而无限增大，为什么？

（2）在图2-5所示电路中，若耦合电容C_2严重漏电（甚至短路），试问接上R_L后，对放大器的性能有何影响？

（3）测量放大器的幅频特性时，如果所用示波器的显示屏很小，能否用保持输出电压不变的方法来提高测量精度？如果能，怎样测量？

2.3 射极跟随器

2.3.1 实验目的

（1）进一步学习放大器各项参数的测试方法。

（2）掌握射极输出器的特性及测试方法。

2.3.2 实验设备与器件

直流稳压电源、函数信号发生器、双踪示波器、交流毫伏表、万用电表、模拟电路实验箱。

2.3.3 实验内容

射极输出器电路如图 2-6 所示。

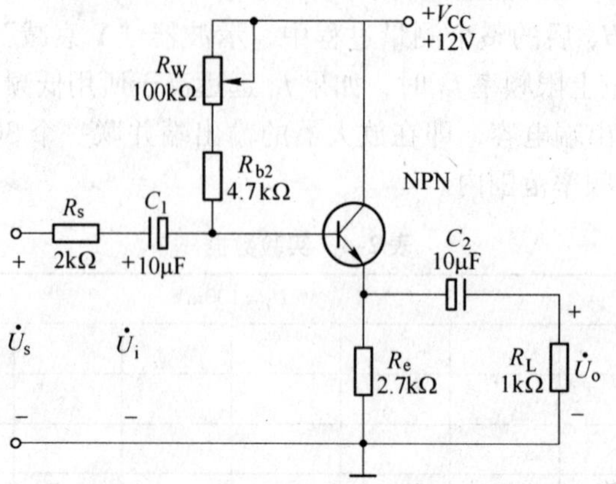

图 2-6 射极输出器电路

（1）静态工作点的调整和测量。

接通 +12V 电源，令 $U_s=0$（即不接信号发生器，将放大器输入端与地短路），调节 R_W，使 $U_E=7V$ 左右，测量 U_C 和 U_B（对地电位），以及 U_{CE}、U_{BE}，填入表 2-5 中。

表 2-5 实验数据

U_B	U_E	U_C	U_{BE}	U_{CE}

（2）计算出 $I_E=V_E/R_e$，三极管的 β 为 50～60，然后计算出 r_{be}。在下面整个测试过程中，应保持 R_W 不变。

（3）理论计算。

计算出放大器空载和负载时的 A_v，A_{vs}，R_i，R_o 的估算值。

（4）测量 A_v，A_{vs}，R_i，R_o 调节信号发生器，使输出正弦波信号的 $f=1kHz$，$U_i=1V$，测量 U_s 及电路空载输出电压 U_{o1} 和负载输出电压 U_{o2}，填入表 2-6 中。

表 2-6 实验数据

U_s/V	U_i/V	U_{o1} （$R_L=\infty$）	U_{o2} （$R_L=2.4k\Omega$）	A_{v1}	A_{v2}	A_{vs1}	A_{vs2}

计算 A_v，A_{vs}，R_i，R_o 并与理论值比较。

（5）测试跟随特性。

接入负载 $R_L=1k\Omega$，在电路输入端加入正弦信号，$f=1kHz$，并保持频率不变，逐渐增大信号 U_s 的幅度，用示波器监视输出波形，直至输出电压幅值最大并且不失真，分别

测量 U_i 和 U_o，记入表 2-7 中。

表 2-7 实验数据

U_i	1V	1.5V	2V	2.5V
U_o				
A_v				

2.4 稳 压 电 源

2.4.1 实验目的

（1）研究单相桥式整流、电容滤波电路的特性。

（2）掌握串联型晶体管稳压电源主要技术指标的测试方法。

2.4.2 实验原理

电子设备一般都需要直流电源供电。这些直流电除了少数直接利用干电池和直流发电机外，大多数是采用把交流电（市电）转变为直流电的直流稳压电源。

直流稳压电源由电源变压器、整流、滤波和稳压电路四部分组成，其原理框图如图 2-7 所示。电网供给的交流电压 u_1（220V，50Hz）经电源变压器降压后，得到符合电路需要的交流电压 u_2，然后由整流电路变换成方向不变、大小随时间变化的脉动电压 u_3，再用滤波器滤去其交流分量，就可得到比较平直的直流电压 u_I。但这样的直流输出电压，还会随交流电网电压的波动或负载的变动而变化。在对直流供电要求较高的场合，还需要使用稳压电路，以保证输出直流电压更加稳定。

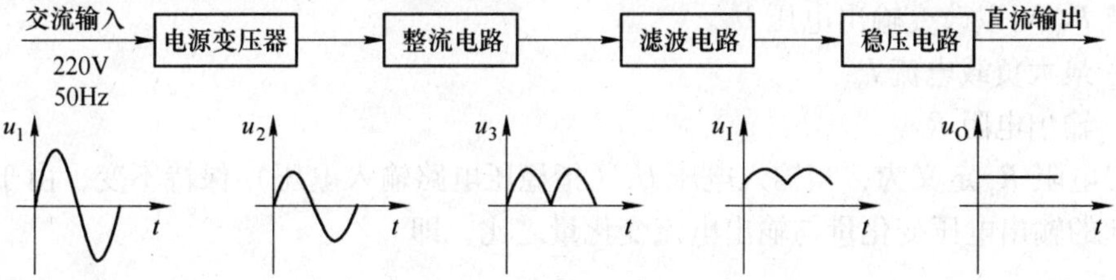

图 2-7 直流稳压电源框图

图 2-8 是由分立元件组成的串联型稳压电源的电路图。其整流部分为单相桥式整流、电容滤波电路。稳压部分为串联型稳压电路，它由调整元件（晶体管 T_1）；比较放大器 T_2、R_7；取样电路 R_1、R_2、R_W，基准电压 DW、R_3 和过流保护电路 T_3 管及电阻 R_4、R_5、R_6 等组成。整个稳压电路是一个具有电压串联负反馈的闭环系统，其稳压过程为：当电网电压波动或负载变动引起输出直流电压发生变化时，取样电路取出输出电压的一部分送入比较放大器，并与基准电压进行比较，产生的误差信号经 T_2 放大后送至调整管 T_1 的基极，使调整管改变其管压降，以补偿输出电压的变化，从而达到稳定输出电压的目的。

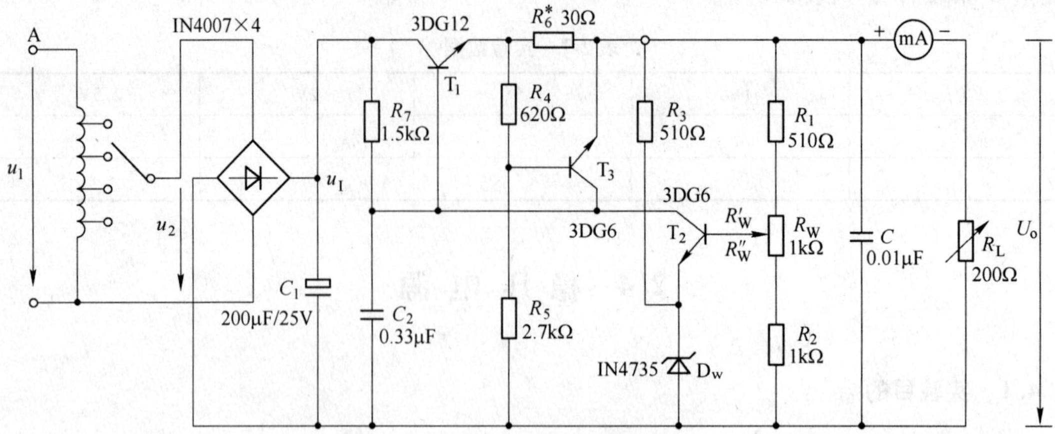

图 2-8　串联型稳压电源实验电路

由于在稳压电路中，调整管与负载串联，因此流过它的电流与负载电流一样大。当输出电流过大或发生短路时，调整管会因电流过大或电压过高而损坏，所以需要对调整管加以保护。在图 2-8 电路中，晶体管 T_3、R_4、R_5、R_6 组成过流型保护电路。此电路设计在 $I_{op}=1.2I_o$ 时开始起保护作用，此时输出电流减小，输出电压降低。故障排除后电路应能自动恢复正常工作。在调试时，若保护提前作用，应减少 R_6 值；若保护作用滞后，则应增大 R_6 之值。

稳压电源的主要性能指标：

（1）输出电压 U_o 和输出电压调节范围

$$U_o=\frac{R_1+R_W+R_2}{R_2+R''_W}(U_Z+U_{BE2})$$

调节 R_W 可以改变输出电压 U_o。

（2）最大负载电流 I_{om}。

（3）输出电阻 R_o。

输出电阻 R_o 定义为：当输入电压 U_I（指稳压电路输入电压）保持不变，由于负载变化而引起的输出电压变化量与输出电流变化量之比，即

$$R_o=\left.\frac{\Delta U_o}{\Delta I_o}\right|_{U_I=常数}$$

（4）稳压系数 S（电压调整率）。

稳压系数定义为：当负载保持不变，输出电压相对变化量与输入电压相对变化量之比，即

$$S=\left.\frac{\Delta U_o/U_o}{\Delta U_I/U_I}\right|_{R_L=常数}$$

由于工程上常把电网电压波动 ±10% 作为极限条件，因此也有将此时输出电压的相对变化 $\Delta U_o/U_o$ 作为衡量指标，称为电压调整率。

（5）纹波电压。

输出纹波电压是指在额定负载条件下，输出电压中所含交流分量的有效值（或峰值）。

2.4.3 实验设备与器件

可调工频电源，双踪示波器，交流毫伏表，直流电压表，直流毫安表，滑线变阻器 200Ω/1A，晶体三极管 3DG6×2(9011×2)、3DG12×1(9013×1)，晶体二极管 IN4007×4，稳压管 IN4735×1，电阻器、电容器若干。

2.4.4 实验内容

（1）整流滤波电路测试。按图 2-9 连接实验电路。取可调工频电源电压为 16V，作为整流电路输入电压 u_2。

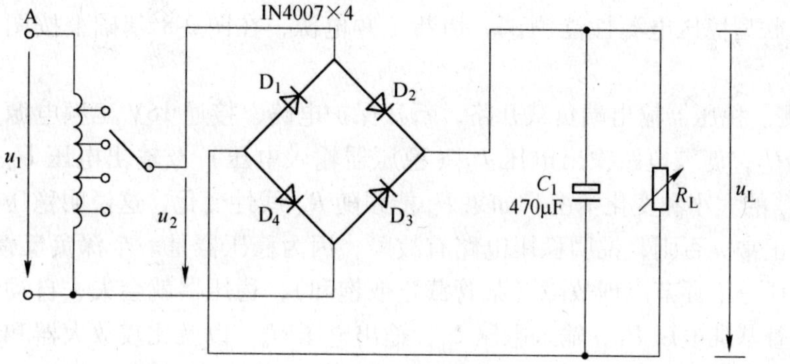

图 2-9 整流滤波电路

1）取 $R_L=240\Omega$，不加滤波电容，测量直流输出电压 U_L 及纹波电压 $\tilde{U}_L$，并用示波器观察 u_2 和 u_L 波形，记入表 2-7 中。

2）取 $R_L=240\Omega$，$C=470\mu F$，重复内容 1）的要求，记入表 2-8 中。

3）取 $R_L=120\Omega$，$C=470\mu F$，重复内容 1）的要求，记入表 2-8 中。

表 2-8 实验数据（$U_2=16V$）

电路形式		U_L/V	$\tilde{U}_L$/V	u_L 波形
$R_L=240\Omega$	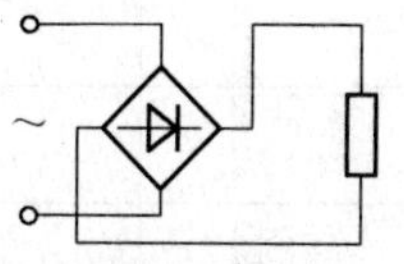			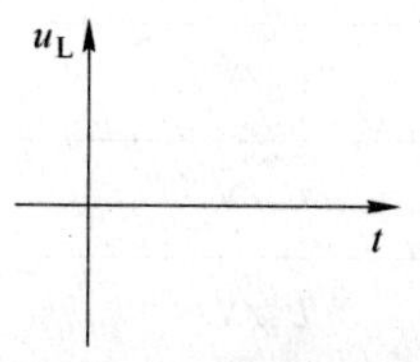
$R_L=240\Omega$ $C=470\mu F$	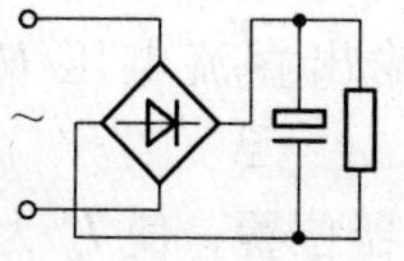			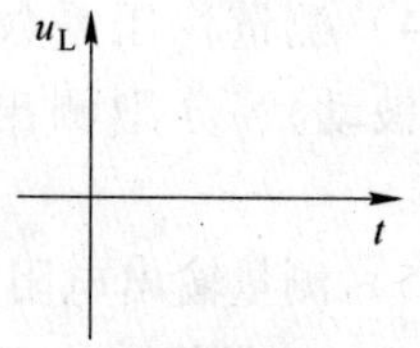

续表 2-8

电路形式		U_L/V	$\tilde{U}_L$/V	u_L 波形
$R_L=120\Omega$ $C=470\mu F$	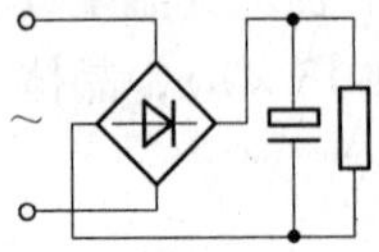			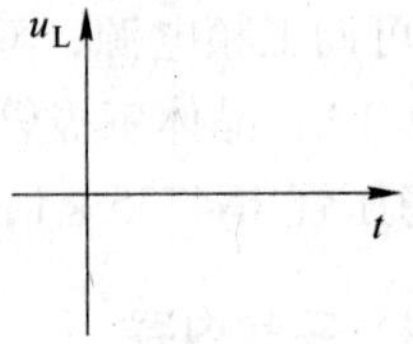

注意： 每次改接电路时，必须切断工频电源；在观察输出电压 u_L 波形的过程中，"Y轴灵敏度"旋钮位置调好以后，不要再变动，否则将无法比较各波形的脉动情况。

（2）串联型稳压电源性能测试。切断工频电源，在图 2-8 基础上按图 2-9 连接实验电路。

1）初测。稳压器输出端负载开路，断开保护电路，接通 16V 工频电源，测量整流电路输入电压 U_2，滤波电路输出电压 U_I（稳压器输入电压）及输出电压 U_o。调节电位器 R_W，观察 U_o 的大小和变化情况，如果 U_o 能跟随 R_W 线性变化，这说明稳压电路各反馈环路工作基本正常。否则，说明稳压电路有故障，因为稳压器是一个深负反馈的闭环系统，只要环路中任一个环节出现故障（某管截止或饱和），稳压器就会失去自动调节作用。此时可分别检查基准电压 U_Z，输入电压 U_I，输出电压 U_o，以及比较放大器和调整管各电极的电位（主要是 U_{BE} 和 U_{CE}），分析它们的工作状态是否都处在线性区，从而找出不能正常工作的原因。排除故障以后就可以进行下一步测试。

2）测量输出电压可调范围。接入负载 R_L（滑线变阻器），并调节 R_L，使输出电流 $I_o\approx100mA$。再调节电位器 R_W，测量输出电压可调范围 $U_{omin}\sim U_{omax}$。且使 R_W 动点在中间位置附近时 $U_o=12V$。若不满足要求，可适当调整 R_1、R_2 之值。

3）测量各级静态工作点。调节输出电压 $U_o=12V$，输出电流 $I_o=100mA$，测量各级静态工作点，记入表 2-9 中。

表 2-9　$U_2=16V$　$U_o=12V$　$I_o=100mA$

项　目	T_1	T_2	T_3
U_B/V			
U_C/V			
U_E/V			

4）测量稳压系数 S。取 $I_0=100mA$，按表改变整流电路输入电压 U_2（模拟电网电压波动），分别测出相应的稳压器输入电压 U_I 及输出直流电压 U_o，记入表 2-10 中。

5）测量输出电阻 R_o。取 $U_2=16V$，改变滑线变阻器位置，使 I_o 为空载、50mA 和 100mA，测量相应的 U_o 值，记入表 2-11 中。

表 2-10 $I_o=100mA$

测 试 值		计算值
I_o/mA	U_o/V	R_o/Ω
空载		R_{o12} = R_{o23} =
50	12	
100		

表 2-11 $U_2=16V$

测 试 值			计算值
U_2/A	U_I/V	U_o/V	S
14			S_{12} = S_{23} =
16		12	
18			

6）测量输出纹波电压。取 $U_2=16V$，$U_o=12V$，$I_o=100mA$，测量输出纹波电压 U_o，并记录。

7）调整过流保护电路。

① 断开工频电源，接上保护回路，再接通工频电源，调节 R_W 及 R_L 使 $U_o=12V$，$I_o=100mA$，此时保护电路应不起作用。测出 T_3 管各极电位值。

② 逐渐减小 R_L，使 I_o 增加到 120mA，观察 U_o 是否下降，并测出保护起作用时 T_3 管各极的电位值。若保护作用过早或滞后，可改变 R_6 之值进行调整。

③ 用导线瞬时短接一下输出端，测量 U_o 值，然后去掉导线，检查电路是否能自动恢复正常工作。

2.4.5 实验总结

（1）对表 2-8 所测结果进行全面分析，总结桥式整流、电容滤波电路的特点。

（2）根据表 2-9 和表 2-10 所测数据，计算稳压电路的稳压系数 S 和输出电阻 R_o，并进行分析。

（3）分析讨论实验中出现的故障及其排除方法。

2.4.6 预习要求

（1）复习教材中有关分立元件稳压电源部分内容，并根据实验电路参数估算 U_o 的可调范围及 $U_o=12V$ 时 T_1、T_2 管的静态工作点（假设调整管的饱和压降 UCE1S≈1V）。

（2）说明图 2-9 中 U_2、U_I 及 U_o 的物理意义，并从实验仪器中选择合适的测量仪表。

（3）在桥式整流电路实验中，能否用双踪示波器同时观察 u_2 和 u_L 波形，为什么？

（4）在桥式整流电路中，如果某个二极管发生开路、短路或反接三种情况，将会出现什么问题？

（5）为了使稳压电源的输出电压 $U_o=12V$，则其输入电压的最小值 U_{Imin} 应等于多少？交流输入电压 U_{2min} 又怎样确定？

（6）当稳压电源输出不正常，或输出电压 U_o 不随取样电位器 R_W 而变化时，应如何进行检查找出故障所在？

（7）分析保护电路的工作原理。

（8）怎样提高稳压电源的性能指标（减小 S 和 R_o）？

2.5 功率放大器

2.5.1 实验目的

（1）理解 OTL 功率放大器的工作原理。

（2）学会 OTL 电路的调试及主要性能指标的测试方法。

2.5.2 实验设备与器件

直流稳压电源，直流电压表，函数信号发生器，直流毫安表，双踪示波器，交流毫伏表，晶体三极管 3DG6 1 只（或 9011 1 只）、3DG12 1 只（或 9013 1 只）、3CG12 1 只（或 9012 1 只），晶体二极管 2CP 1 只，8 喇叭 1 只，电阻器、电容器若干。

2.5.3 实验内容

图 2-10 所示为 OTL 低频功率放大器，其中，由晶体三极管组成推动级（也称前置放大级），和是一对参数对称的 NPN 型和 PNP 型晶体三极管，它们组成互补推挽 OTL 功放电路，由于每一个管子都接成射极输出器形式，因此具有输出电阻低、带负载能力强等优点，适合于作功率输出级。T_1 管工作于甲类状态，它的集电极电流 I_{c1} 由电位器 R_{W1} 进行调节。I_{c1} 的一部分流经电位器 R_{W2} 及二极管 D，给 T_2 和 T_3 提供偏压。调节 R_{W2}，可以使 T_2 和 T_3 得到合适的静态电流而工作于甲乙类状态，以克服交越失真。静态时要求输出端中点 A 的电位 $U_A = 0.5U_{CC}$，可以通过调节 R_{W2} 来实现。又由于 R_{W1} 的一端接在 A 点，因此在电路中引入交、直流电压并联负反馈，一方面能够稳定放大器的静态工作点，同时也改善

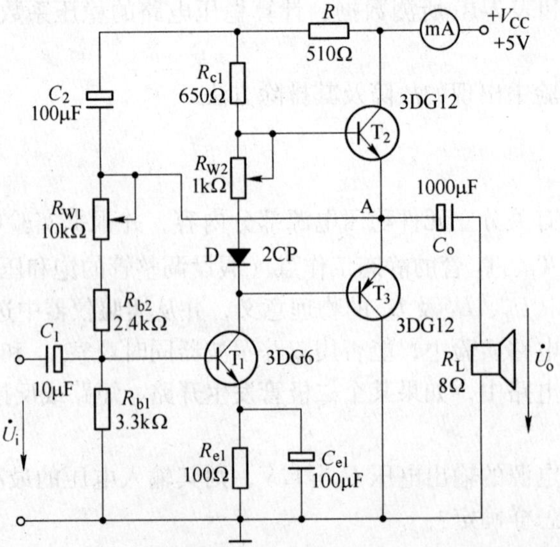

图 2-10 OTL 功率放大器

了非线性失真。当输入正弦交流信号 U_1 时，经 T_1 放大、倒相后同时作用于 T_2 和 T_3 的基极。U_i 的负半周使 T_2 管导通（T_3 管截止），有电流通过负载 R_L，同时向电容 C_0 充电；在 U 的正半周，T_3 管导通（T_2 管截止），则已充好电的电容器 C_0 起着电源的作用，通过负载 R_L 放电，这样在 R_L 上就得到完整的正弦波。

C_2 和 R 构成自举电路，用于提高输出电压正半周的幅度，以得到大的动态范围。OTL 电路的主要性能指标为：

（1）最大不失真输出功率 P_{om}。在理想情况下，$P_{om}=\dfrac{1}{8}\dfrac{U_{CC}^2}{R_L}$。在实验中，可通过测量 R_L 两端的电压有效值来求得实际的 P_{om}。

（2）效率 η。$\eta=\dfrac{P_{om}}{P_E}\times100\%$，其中，$P_E$ 为直流电源供给的平均功率。

在理想情况下，$\eta_{max}=78.5\%$。在实验中，可测量电源供给的平均电流 I_{dC}，从而求得 $U_{CC}\cdot I_{dC}$，负载上的交流功率已用上述方法求出，因而也就可以计算实际效率了。

（3）频率响应。详见 2.2 节实验中的有关部分内容。

（4）输入灵敏度。输入灵敏度是指输出最大不失真功率时，输入信号 U_i 的值。注意，在整个测试过程中，电路不应有自激现象。

2.5.3.1 静态工作点的测试

按图 2-10 连接实验电路，电源进线中串入直流毫安表，电位器 R_{W2} 置最小值，R_{W1} 置中间位置。接通 +5V 电源，观察毫安表指示，同时用手触摸输出级管子，若电流过大，或管子温升显著，应立即断开电源，检查原因（如 R_{W2} 开路，电路自激，或输出管性能不好等）。如无异常现象，可开始调试。

（1）调节输出端中点电位 U_A。调节电位器 R_{W1}，用直流电压表测量 A 点电位，使 $U_A=0.5U_{CC}$。

（2）调整输出极静态电流及测试各级静态工作点。调节 R_{W2}，使 T_2 管和 T_3 管的 $I_{c2}=I_{c3}=5\sim10\text{mA}$。从减小交越失真角度而言，应适当加大输出极静态电流，但该电流过大，会使效率降低，所以一般以 5 ~ 10mA 为宜。由于毫安表是串在电源进线中的，因此测得的是整个放大器的电流。但一般的集电极电流较小，从而可以把测得的总电流近似当作末级的静态电流。如要准确得到末级静态电流，则可从总电流中减去 I_{c1} 的值。

调整输出级静态电流的另一种方法是动态调试法。先使 $R_{W2}=0$，再输入端接入 $f=1\text{kHz}$ 的正弦信号 U_i。逐渐加大输入信号的幅值，此时，输出波形应出现较严重的交越失真（注意，没有饱和和截止失真），然后缓慢增大 R_{W2}，当交越失真刚好消失时，停止调节 R_{W2}，恢复 $U_i=0$，此时直流毫安表的读数即为输出级静态电流。一般数值也应为 5 ~ 10mA，如过大，则要检查电路。

输出极电流调好以后，测量各级静态工作点，记入表 2-12 中。

表 2-12 OTL 功率放大器静态数据

项　目	T_1	T_2	T_3
U_B/V			
U_C/V			
U_E/V			

注意：

(1) 在调整 R_{W2} 时，一是要注意旋转方向，不要调得过大，更不能开路，以免损坏输出管。

(2) 输出管静态电流调好后，如无特殊情况，不得随意旋动 R_{W2} 的位置。

2.5.3.2 最大输出功率 P_{om} 和效率 η 的测试

(1) 测量 P_{om}。输入端接 $f = 1\text{kHz}$ 的正弦信号 U_i，输出端用示波器观察输出电压 U_o 的波形。逐渐增大 U_i 的有使输出电压达到最大不失真输出，用交流毫伏表测出负载 R_L 上的电压 U_{om}，则 $P_{om} = U_{om}^2/R_L$。

(2) 测量 η。当输出电压为最大不失真输出时，读出直流毫安表中的电流值，此电流即为直流电源供给的平均电流 I_{dC}（有一定误差），由此可近似求得 $P_E = U_{CC}I_{dC}$，再根据上面测得的 P_{om}，即可求出效率 η。

3 数字电子技术

3.1 半加器和全加器

3.1.1 实验目的

（1）掌握集成半加器和全加器的作用及使用方法。

（2）学习用半加器、全加器和 LEXP 进行连接的方法。

3.1.2 实验原理

计算机中数的操作都是以二进制进位的，最基本的运算就是加法运算。按照进位是否加入，加法器分半加器和全加器两种。

（1）一位半加器有两个输入、两个输出，如图 3-1 所示。

图 3-1　一位半加器示意图

一位半加器的真值表见表 3-1，据真值表可得到半加器的输出函数表达式：

$$H_i = \overline{A}_i B_i + A_i \overline{B}_i$$

$$C_i = A_i B_i$$

表 3-1　一位半加器真值表

输　　入		输　　出	
B_i	A_i	H_i	C_i
0	0	0	0
0	1	1	0
1	0	1	0
1	1	0	1

逻辑表达式的硬件实现，则要根据所提供的实验芯片。集成电路正异或门 7486 就是一位半加器。

（2）全加器。计算机中的加法器一般就是全加器，它实现多位带进位加法。下面以一位加法器为例介绍。

一位全加器有三个输入、两个输出，如图 3-2 所示。

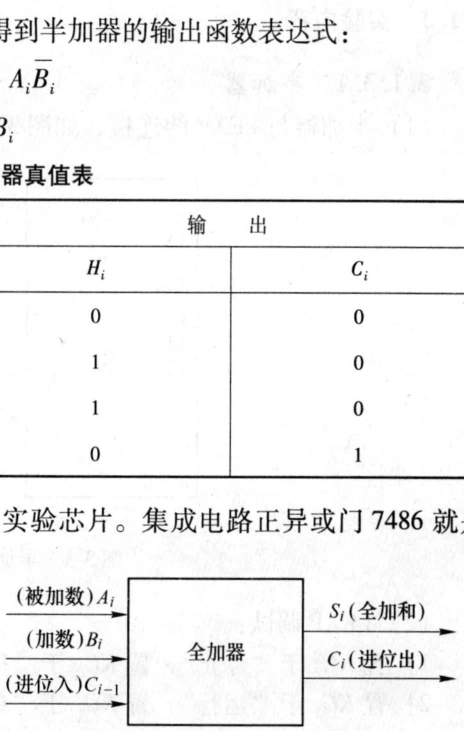

图 3-2　一位全加器示意图

图 3-2 中的“进位入”C_{i-1}指的是低位的进位输出，“进位出”C_i即是本位的进位输出。一位全加器的真值表见表 3-2。根据表 3-2 便可写出逻辑表达式：

$$S_i = A_i \cdot \overline{B}_i \cdot \overline{C}_{i-1} + \overline{A}_i \cdot B_i \cdot \overline{C}_{i-1} + \overline{A}_i \cdot \overline{B}_i \cdot C_{i-1} + A_i \cdot B_i \cdot C_{i-1}$$

$$C_i = A_i \cdot B_i + A_i \cdot C_{i-1} + B_i \cdot C_{i-1}$$

表 3-2 一位全加器真值表

输入			输出	
C_{i-1}	B_i	A_i	S_i	C_i
0	0	0	0	0
0	0	1	1	0
0	1	0	1	0
0	1	1	1	1
1	0	0	1	0
1	0	1	0	1
1	1	0	0	1
1	1	1	1	1

全加功能的硬件实现，有多种方法。例如，可以把全加和看作是 A_i 与 B_i 的半加和 S_i 与进位输入 C_{i-1}的半加和来实现。多位全加器就是在一位全加器原理上扩展而成的。集成电路全加器有 7480（一位全加器）、7481（二位全加器）、7483（四位全加器）。

3.1.3 实验内容

3.1.3.1 半加器

（1）半加器与 LEXP 的连接，如图 3-3 所示。

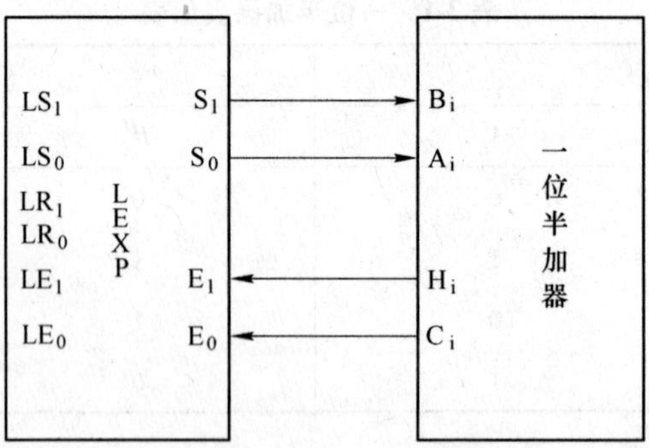

图 3-3 半加器与 LEXP 的连接图

（2）LEXP 调试：

1）置 KC_2 于“停止”，置 KC_0 于“序号”，选实验序号 1。

2）置 KC_2 于“运行”，置 KC_1 于“单拍”，单拍运行半加器，观察指示灯 LS_1、LS_0、LR_1、LR_0、LE_1、LE_0 的变化，并填入表 3-3 中。

3）若某一拍时，LE_1、LE_0与 LR_1、LR_0状态不同，则应停下来及时查纠实验线路。

4）单拍运行全部正确后，将 KC_2 置于“运行”、KC_1 置于“连续”，连续运行半加器，此时应自动重复显示节拍 1 至节拍 4 各拍的实验现象。

5）若连续运行速度较快或较慢而不便观察，则可按需调节运行“周期”。

表 3-3　实验数据

节　拍	输入信号显示		正确结果显示		实验结果显示	
	$LS_1(B_i)$	$LS_0(A_i)$	$LR_1(H_i)$	$LR_0(C_i)$	$LE_1(H_i)$	$LE_0(C_i)$
1	0	0	0	0		
2	0	1	1	0		
3	1	0	1	0		
4	1	1	0	1		

3.1.3.2　全加器

（1）全加器与 LEXP 的连接，如图 3-4 所示。

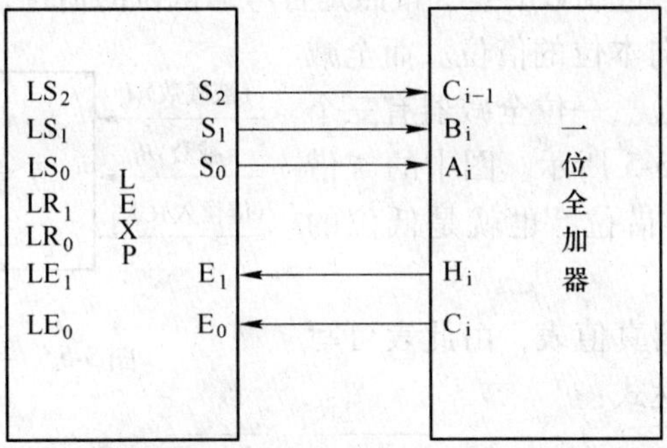

图 3-4　全加器与 LEXP 的连接图

（2）用 LEXP 调试：

1）置 KC_2 于“停止”，置 KC_0 于“序号”，选实验序号 2。

2）置 KC_2 于“运行”，置 KC_1 于“单拍”，单拍运行全加器，观察指示灯 LS_2、LS_1、LS_0、LR_1、LR_0、LE_1、LE_0 的变化，并填入表 3-4 中。

表 3-4　实验数据

节　拍	输入信号显示			正确结果显示		实验结果显示	
	$LS_2(C_{i-1})$	$LS_1(B_i)$	$LS_0(A_i)$	$LR_1(S_i)$	$LR_0(C_i)$	$LE_1(S_i)$	$LE_0(C_i)$
1	0	0	0	0	0		
2	0	0	1	1	0		
3	0	1	0	1	0		
4	0	1	1	0	1		
5	1	0	0	1	0		
6	1	0	1	0	1		
7	1	1	0	0	1		
8	1	1	1	1	1		

3）若某一拍时，LE_1、LE_0与LR_1、LR_0状态不同，则应停下来及时查纠实验线路。

4）单拍运行全部正确后，将KC_2置于“运行”、KC_1置于“连续”，连续运行全加器，此时应自动重复显示节拍1至节拍8各拍的实验现象。

5）若连续运行速度较快或较慢而不便观察，则可按需调节运行“周期”。

3.2 一位全减器

3.2.1 实验目的

（1）掌握集成全减器的作用及使用方法。

（2）学习用全减器和LEXP进行连接的方法。

3.2.2 实验原理

减法器实现求两个二进制数的差。按照是否考虑低位的借位，减法器分半减器和全减器。半减器不考虑低位向本位的借位。而全减器考虑低位向本位的借位。一位全减器有三个输入、两个输出，如图3-5所示。图中的“借位入”即低位向本位的借位，也就是低位的“借位出”。

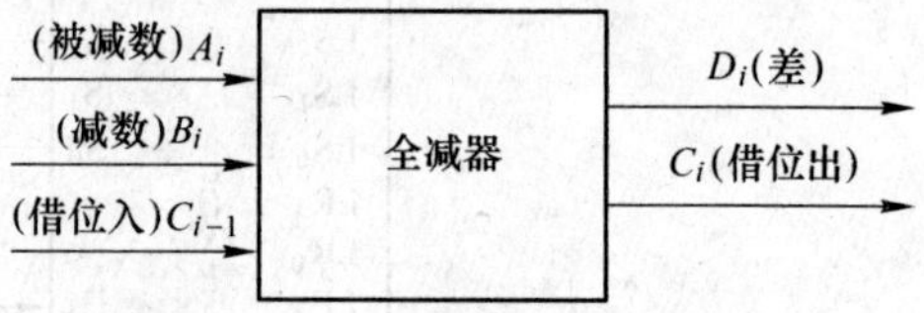

图3-5 一位全减器示意图

表3-5是一位全减器真值表，由此表可写出一位全减器的函数表达式：

$$D_i = \overline{A}_i \cdot B_i \cdot C_{i-1} + A_i \cdot \overline{B_i \cdot C_{i-1}} + \overline{A_i \cdot B_i} \cdot C_{i-1} + A_i \cdot B_i \cdot C_{i-1}$$

$$C_i = \overline{A}_i \cdot B_i + \overline{A}_i \cdot C_{i-1} + B_i \cdot C_{i-1}$$

表3-5与前面加法器比较，可以发现：

全减器的借位出和全加器的进位出的表达式是不一样的，但全减器的差同全加器的和的逻辑表达式是一样的。

多位全减器就是多个一位全减器级联而成的。

在计算机中，减法常分成补码的加法，这样就可省去减法器了。

表3-5 一位全减器真值表

输入			输出	
A_i	B_i	C_{i-1}	D_i	C_i
0	0	0	0	0
0	1	0	1	1
1	0	0	1	0
1	1	0	0	0
0	0	1	1	1
0	1	1	0	1
1	0	1	0	0
1	1	1	1	1

3.2.3 实验内容

（1）全减器与 LEXP 的连接，如图 3-6 所示。

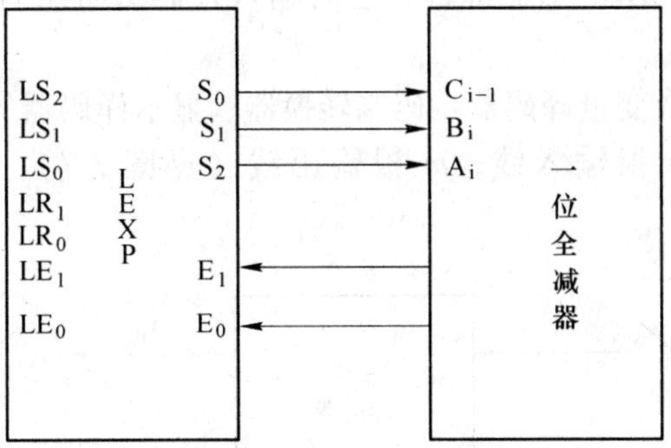

图 3-6 全减器与 LEXP 的连接图

（2）用 LEXP 调试：

1）置 KC_2 于“停止”，置 KC_0 于“序号”，选实验序号 3。

2）置 KC_2 于“运行”，置 KC_1 于“单拍”，单拍运行全减器，观察指示灯 LS_2、LS_1、LS_0、LR_1、LR_0、LE_1、LE_0 的变化，并填入表 3-6 中。

3）若某一拍时，LE_1、LE_0 与 LR_1、LR_0 状态不同，则应停下来及时查纠实验线路。

4）单拍运行全部正确后，将 KC_2 置于“运行”、KC_1 置于“连续”，连续运行全减器，此时应自动重复显示节拍 1 至节拍 8 各拍的实验现象。

5）若连续运行速度较快或较慢而不便观察，则可按需调节运行“周期”。

表 3-6 实验数据

节 拍	输入信号显示			正确结果显示		实验结果显示	
	$LS_2(A_i)$	$LS_1(B_i)$	$LS_0(C_{i-1})$	$LR_1(D_i)$	$LR_0(C_i)$	$LE_1(D_i)$	$LE_0(C_i)$
1	0	0	0	0	0		
2	0	1	0	1	1		
3	1	0	0	0	0		
4	1	1	0	0	1		
5	0	0	1	1	0		
6	0	1	1	1	0		
7	1	0	1	0	1		
8	1	1	1	1	1		

3.3 3-8 译码器

3.3.1 实验目的

（1）掌握集成 3-8 译码器的作用及使用方法。

（2）学习用译码器和 LEXP 进行连接的方法。

3.3.2 实验原理

译码器是计算机中的基本功能部件，它对输入代码进行组合，在某一输出线上产生信号。

根据用途，译码器有变量译码器、码制转换器、显示译码器等。这里重点介绍变量译码器：变量译码器有 n 根输入线，m 根输出线（见图 3-7），它们之间满足关系式：$2n \geqslant m$。

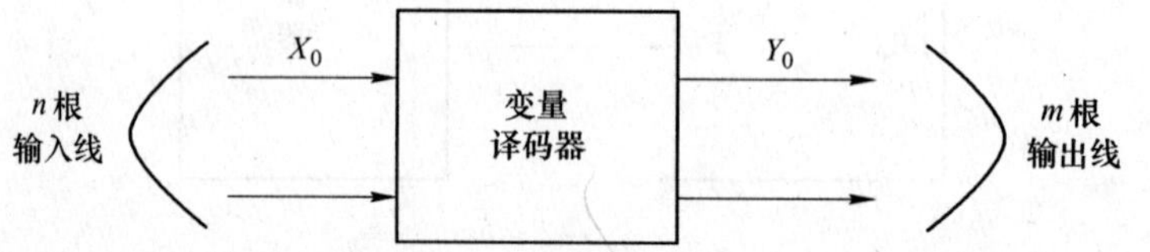

图 3-7 译码器示意图

n 个输入变量，可有 2^n 种不同的状态，每一根输出线对应一种输入变量状态。任何时刻 m 根输出线中只有一根为“1”而其余为“0”，或相反。

计算机中的地址译码器、指令译码器，都属于变量译码器。

此外，变量译码器还可用来设计任意函数发生器、数据分配器、时钟分配器、代码转换器等。图 3-8 是用变量译码器原理实现二进制到十进制代码转换的示意图。

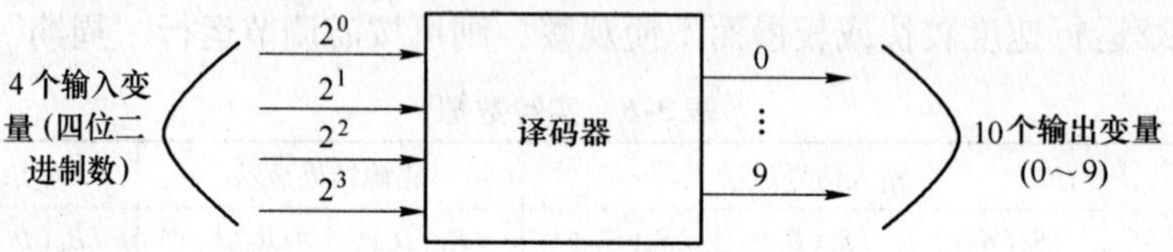

图 3-8 用变量译码器原理实现二进制到十进制代码转换的示意图

集成电路变量译码器有 74139(2-4)、74138(3-8)、74154(4-16)等。其中 3-8 译码器有 $X_2X_1X_0$ 三个输入变量，有 2^3 种不同状态，用 $Y_0 \sim Y_7$分别表示它们。任何时刻，它们中只有一个为“0”有效，其余为“1”。

3.3.3 实验内容

（1）3-8 译码器与 LEXP 的连接，如图 3-9 所示。

（2）用 LEXP 调试：

1）置 KC_2 于“停止”，置 KC_0 于“序号”，选实验序号 4。

2）置 KC_2 于“运行”，置 KC_1 于“单拍”，单拍运行 3-8 译码器，观察指示灯 LS_2、LS_1、LS_0、$LR_7 \sim LR_0$、$LE_7 \sim LE_0$ 的变化，并填入表 3-7。

3）若某一拍时，$LE_7 \sim LE_0$与 $LR_7 \sim LR_0$ 状态不同，则应停下来及时查纠实验线路。

4）单拍运行全部正确后，将 KC_2 置于“运行”、KC_1 置于“连续”，连续运行 3-8 译

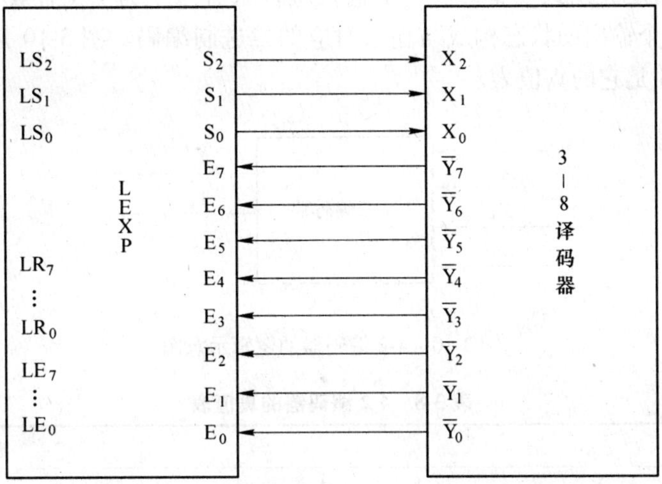

图 3-9 3-8 译码器与 LEXP 的连接图

码器，此时应自动重复显示节拍 1 至节拍 8 各拍的实验现象。

5）若连续运行速度较快或较慢而不便观察，则可按需调节运行“周期”。

表 3-7 实验数据

节 拍	输入信号显示			正确结果显示
	$LS_2(X_2)$	$LS_1(X_1)$	$LS_0(X_0)$	$LR_7(Y_7)$ ~ $LR_0(Y_0)$
1	0	0	0	11111110
2	0	0	1	11111101
3	0	1	0	11111011
4	0	1	1	11110111
5	1	0	0	11101111
6	1	0	1	11011111
7	1	1	0	10111111
8	1	1	1	01111111

3.4 2-4 译码器与 4-2 编码器

3.4.1 实验目的

（1）掌握集成编码器的作用及使用方法。

（2）学习用译码器、编码器和 LEXP 进行连接的方法。

3.4.2 实验原理

编码器的功能与译码器正相反，它是将一组信号表示为一组二进制码。编码有 m 个输入、n 个输出，满足关系式 $m \geqslant 2^n$。m 个输入应该只有一个为 1（有效），其余为 0（无效），或相反。n 个输出的状态构成与输入对应的二进制编码。图 3-10 是 4-2 编码器的逻辑示意图，表 3-8 是它的真值表。

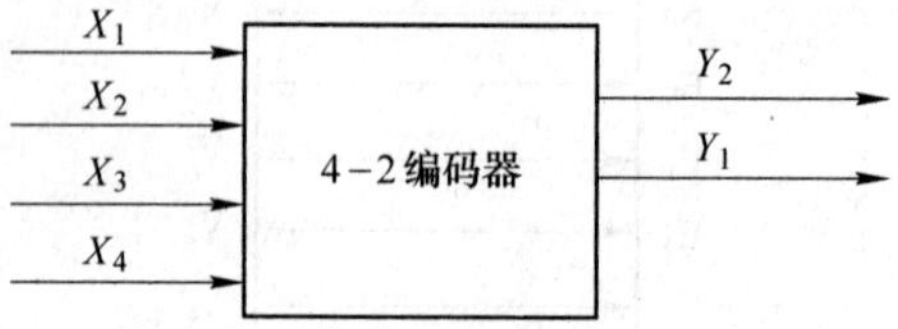

图 3-10 4-2 编码器的逻辑示意图

表 3-8 4-2 编码器的真值表

输入				输出	
X_4	X_3	X_2	X_1	Y_2	Y_1
0	0	0	1	0	0
0	0	1	0	0	1
0	1	0	0	1	0
1	0	0	0	1	1

实际设计编码时，一般应考虑“优先级”问题，来处理输入不止一个有效的情形，通常以下标最大的输入为准，表 3-9 是考虑优先级后的 4-2 编码器的真值表，由此表得到的输出变量表达式为：

$$Y_1 = \overline{X}_4 \cdot \overline{X}_3 \cdot X_2 + X_4 = X_3 \cdot \overline{X}_2 + X_4$$

$$Y_2 = \overline{X}_4 \cdot X_3 + X_4 = X_3 + X_4$$

表 3-9 考虑优先级后的 4-2 编码器的真值表

输入				输出	
X_4	X_3	X_2	X_1	Y_2	Y_1
0	0	0	1	0	0
0	0	1	×	0	1
0	1	×	×	1	0
1	×	×	×	1	1

3.4.3 实验内容

（1）设计并实现一个 2-4 译码器与 4-2 编码器，如图 3-11 所示。

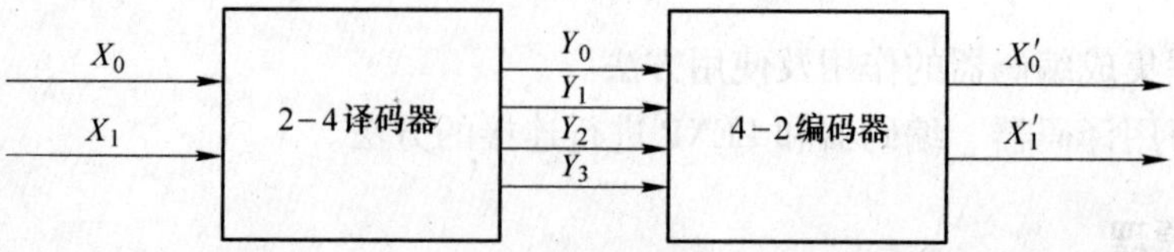

图 3-11 2-4 译码器与 4-2 编码器

（2）与 LEXP 的连接（见图 3-12）：

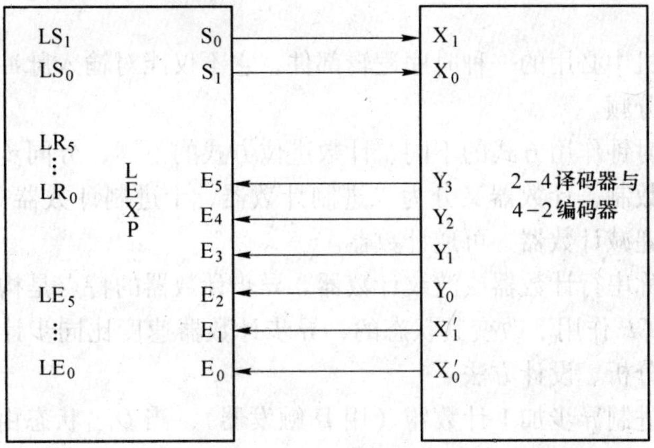

图 3-12　2-4 译码器、4-2 编码器与 LEXP 的连接图

（3）用 LEXP 调试：

1）置 KC_2 于“停止”，置 KC_0 于“序号”，选实验序号 6。

2）置 KC_2 于“运行”，置 KC_1 于“单拍”，单拍运行 2-4 译码器与 4-2 编码器，观察指示灯 LS_1、LS_0、$LR_5 \sim LR_0$、$LE_5 \sim LE_0$ 的变化，并填入表 3-10。

表 3-10　实验数据

节　拍	输入信号显示		正确结果显示		实验结果显示	
	$LS_1(X_1)$	$LS_0(X_0)$	$LR_5 \sim LR_2$ $(Y_3 \sim Y_0)$	LR_1LR_0 $(X'_1)(X'_0)$	$LE_5 \sim LE_2$ $(Y_3 \sim Y_0)$	LE_1LE_0 $(X'_1)(X'_0)$
1	0	0	0001	00		
2	0	1	0010	01		
3	1	0	0100	10		
4	1	1	1000	11		

3）若某一拍时，$LE_5 \sim LE_0$ 与 $LR_5 \sim LR_0$ 状态不同，则应停下来及时查纠实验线路。

4）单拍运行全部正确后，将 KC_2 置于“运行”、KC_1 置于“连续”，连续运行“2-4 译码器与 4-2 编码器”，此时应自动重复显示节拍 1 至节拍 4 各拍的实验现象。

5）若连续运行速度较快或较慢而不便观察，则可按需调节运行“周期”。

3.5　计　数　器

3.5.1　实验目的

（1）熟悉并掌握计数器的工作原理。

（2）掌握集成异步计数器的作用及使用方法。

（3）学习四位二进制异步计数器、左移/计数器与 LEXP 进行连接的方法。

3.5.2 实验原理

计数器是计算机中必用的一种时序逻辑部件，它不仅能对输入脉冲进行计数，也是用来对输入脉冲进行分频。

计数器按计数时钟作用方式的不同、计数进位方式的不同，分同步计数器和异步计数器两类；按计数的数制，计数器又分为二进制计数器、十进制计数器等；按计数的功能，可分递加计数器、递减计数器、可逆计数器。

同步计数器又称串行计数器或波纹计数器。异步计数器的特点是构成计数器的各个触发器不是在同一个 CP 作用下改变其状态的，异步计数器速度比同步计数器快。下面举例说明异步计数器的分析、设计方法。

如一个三位二进制异步加 1 计数器（用 D 触发器），当 $\overline{Q}_{i-1}$ 状态由 1 变 0 时，$Q_i = \overline{Q}_i$ 根据这一规律，便可设计出具体线路了，如图 3-13 所示。

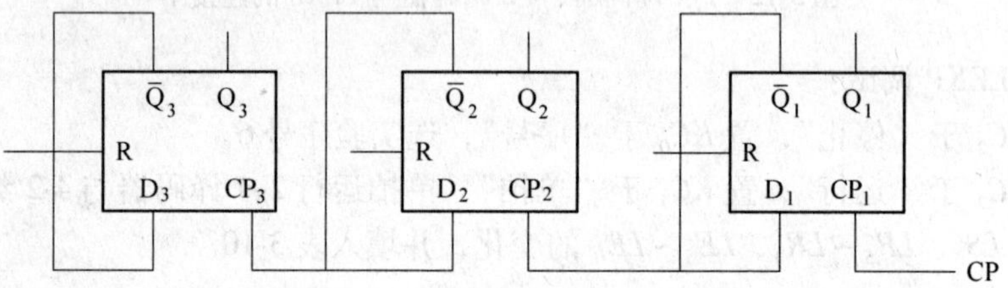

图 3-13　三位二进制异步加 1 计数器

另外，还有移位计数器，如图 3-14 所示。图中将 CP_i 接 $\overline{Q}_{i-1}$、$\overline{Q}_i$ 接 D_i。这样，当 $\overline{Q}_{i-1}$ 电平由 0 升为 1 时，CP_i 端电平正跳，使 $Q'_i = D_i = \overline{Q}_i$。$CP_i$ 接时钟 CP。

说明：(1) $i=3$、2、1、0；(2) S 为功能选择信号，$S=0$ 时，选左移功能，$S=1$ 时，选计数功能；(3) $i=0$ 时，CP_0 直接连时钟 CP，左移输出 Q_{i-1} 连 D_L。

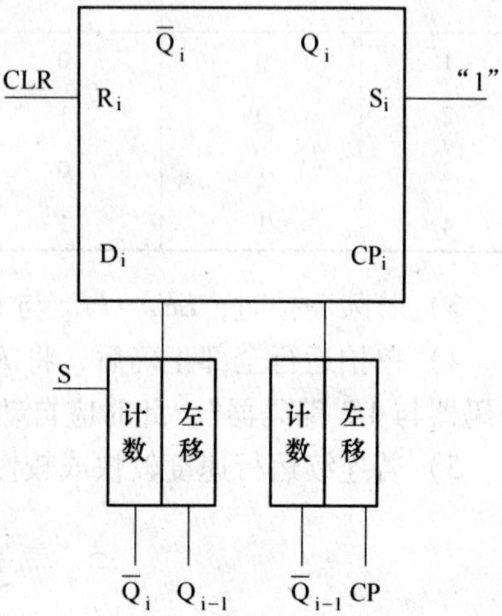

图 3-14　四位左移/计数器

3.5.3 实验内容

3.5.3.1　四位二进制异步计数器

(1) 四位二进制异步计数器与 LEXP 的连接，如图 3-15 所示。

(2) 用 LEXP 调试：

1) 置 KC_2 于“停止”，置 KC_0 于“序号”，选实验序号 21。

2) 置 KC_2 于“运行”，置 KC_1 于“单拍”，单拍运行四位二进制计数器，观察指示灯 LS_0、$LR_2 \sim LR_0$、$LE_2 \sim LE_0$ 的变化，并填入表 3-11。

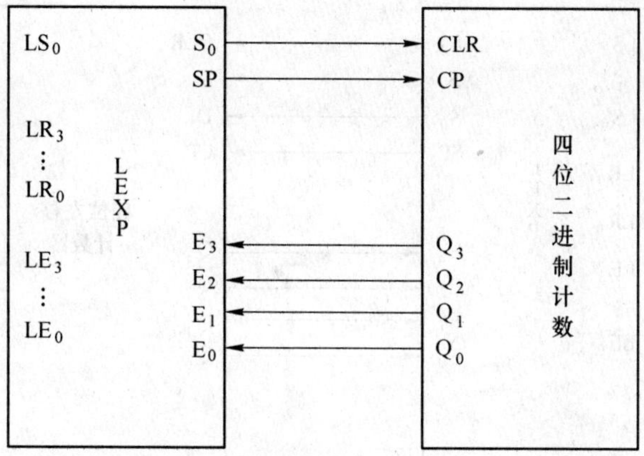

图 3-15　四位二进制异步计数器与 LEXP 的连接

表 3-11　实验数据

节 拍	输入信号显示 $LS_0(CLR)$	正确结果显示 $LR_3LR_2LR_1LR_0$ $(Q_3Q_2Q_1Q_0)$	实验结果显示 $LE_3LE_2LE_1LE_0$ $(Q_3Q_2Q_1Q_0)$
0	0	0000	
1	1	0001	
2	1	0010	
3	1	0011	
4	1	0100	
5	1	0101	
6	1	0110	
7	1	0111	
8	1	1000	
9	1	1001	
10	1	1010	
11	1	1011	
12	1	1100	
13	1	1101	
14	1	1110	
15	1	1111	
16	1	0000	

3）若某一拍时，$LR_3 \sim LR_0$ 与 $LE_3 \sim LE_0$ 状态不同，则应停下来及时查纠实验线路。

4）单拍运行全部正确后，将 KC_2 置于“运行”、KC_1 置于“连续”，连续运行四位二进制计数器，此时应自动重复显示节拍 1 至节拍 16 各拍的实验现象。

5）若连续运行速度较快或较慢而不便观察，则可按需调节运行“周期”。

3.5.3.2　四位左移/计数器

（1）四位左移/计数器与 LEXP 进行连接，如图 3-16 所示。

（2）用 LEXP 调试：

1）置 KC_2 于“停止”，置 KC_0 于“序号”，选实验序号 23。

2）置 KC_2 于“运行”，置 KC_1 于“单拍”，单拍运行四位左移/计数器，观察指示灯

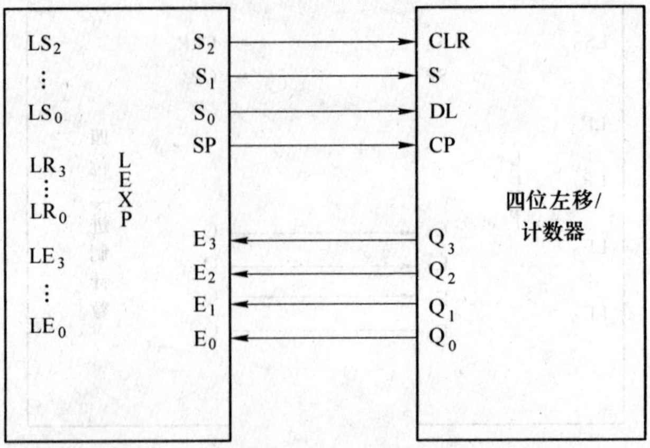

图 3-16 四位左移/计数器与 LEXP 连接图

LS_1、LS_0、$LR_3 \sim LR_0$、$LE_3 \sim LE_0$ 的变化，并填入表 3-12。

3）若某一拍时，$LR_3 \sim LR_0$ 与 $LE_3 \sim LE_0$ 状态不同，则应停下来及时查纠实验线路。

4）单拍运行全部正确后，将 KC_2 置于“运行”、KC_1 置于“连续”，连续运行四位左移/计数器，此时应自动重复显示节拍 1 至节拍 23 各拍的实验现象。

5）若连续运行速度较快或较慢而不便观察，则可按需调节运行“周期”。

表 3-12 实验数据

节 拍	输入信号显示 LS_2 LS_1 LS_0 (CLR) (S) (DL)	正确结果显示 $LR_3LR_2LR_1LR_0$ ($Q_3Q_2Q_1Q_0$)	实验结果显示 $LE_3LE_2LE_1LE_0$ ($Q_3Q_2Q_1Q_0$)
0	000	0000	
1	101	0001	
2	101	0011	
3	101	0111	
4	101	1111	
5	100	1110	
6	100	1100	
7	100	1000	
8	100	0000	
9	110	0001	
10	110	0010	
11	110	0101	
12	110	0100	
13	110	0101	
14	110	0110	
15	110	0111	
16	110	1000	
17	110	1001	
18	110	1010	
19	110	1011	
20	110	1100	
21	110	1101	
22	110	1110	
23	110	1111	

3.6 移位寄存器

3.6.1 实验目的

（1）掌握集成移位寄存器的作用及使用方法。

（2）学习用四位右移位寄存器、四位多功能寄存器和 LEXP 进行连接的方法。

3.6.2 实验原理

移位寄存器是一种能寄存二进制代码，并能在时钟控制下对代码进行左移或右移的同步时序电路。计算机执行四则运算和逻辑移位等指令少不了移位寄存器。此外，移位寄存器还用于计算机的串行传输口的串并信息转换电路中。

集成电路的移位寄存器有 74198、74165、74194 等。74198 是 8 位双向通用寄存器，74194 是四位移位寄存器（见图 3-17），74164 是 8 位串入并出的移位寄存器，74165 是 8 位并入串出的移位寄存器。

按照功能的不同，可将寄存器分为基本寄存器和移位寄存器两大类。基本寄存器只能并行送入数据，需要时也只能并行输出。4 位多功能移位寄存器中的数据可以在移位脉冲作用下依次逐位右移或左移，数据既可以并行输入、并行输出，也可以串行输入、串行输出，还可以并行输入、串行输出，串行输入、并行输出，十分灵活，用途也很广。其工作原理如图 3-18 所示，其相应的运算功能见表 3-13。

说明：其中，$i=0$、1、2、3。

$i=0$ 时，D_0 即为最低位左移入数 D_L；

$i=3$ 时，D_3 即为最高位右移入数 D_R。

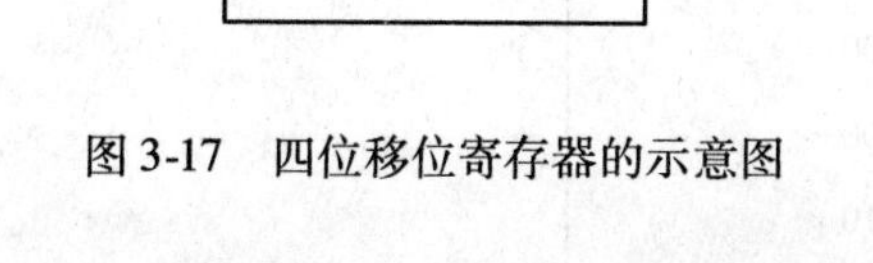

图 3-17 四位移位寄存器的示意图

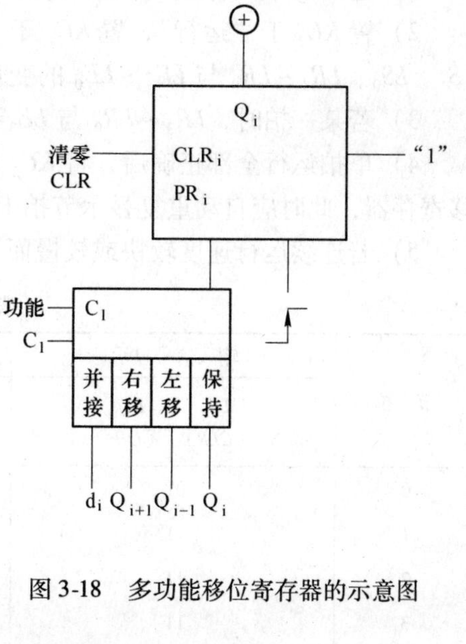

图 3-18 多功能移位寄存器的示意图

表 3-13 多功能移位寄存器运算功能

C_0 C_1	功 能	C_0 C_1	功 能
00	$Q_i=d_i$	10	$Q_i=Q_{i-1}$
01	$Q_i=Q_{i+1}$	11	$Q_i=Q_i$

3.6.3 实验内容

3.6.3.1 四位右移寄存器

（1）四位右移寄存器与 LEXP 的连接，如图 3-19 所示。

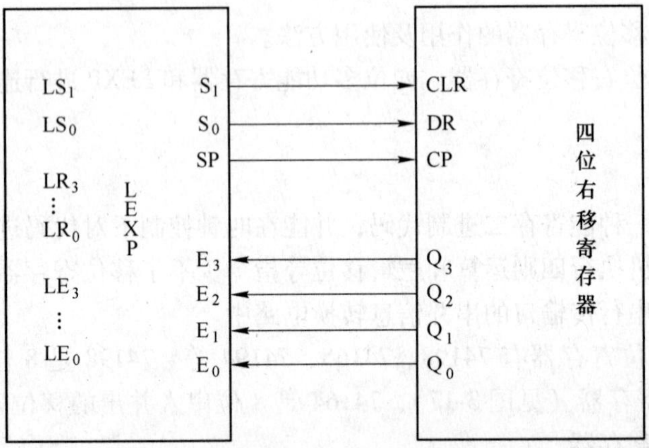

图 3-19 右移寄存器与 LEXP 的连接图

（2）用 LEXP 调试：

1）置 KC_2 于“停止”，置 KC_0 于“序号”，选实验序号 17。

2）置 KC_2 于“运行”，置 KC_1 于“单拍”，单拍运行四位右移寄存器，观察指示灯 LS_1、LS_0、$LR_3 \sim LR_0$ 与 $LE_3 \sim LE_0$ 的变化，并填入表 3-14。

3）若某一拍时，$LR_3 \sim LR_0$ 与 $LE_3 \sim LE_0$ 状态不同，则应停下来及时查纠实验线路。

4）单拍运行全部正确后，将 KC_2 置于“运行”、KC_1 置于“连续”，连续运行四位右移寄存器，此时应自动重复显示节拍 1 至节拍 8 各拍的实验现象。

5）若连续运行速度较快或较慢而不便观察，则可按需调节运行“周期”。

表 3-14 实验数据

节 拍	输入信号显示	正确结果显示	实验结果显示
	LS_1 LS_0 (CLR) (DR)	$LR_2 \sim LR_0$ ($Q_3 \sim Q_0$)	$LE_2 \sim LE_0$ ($Q_3 \sim Q_0$)
0	01	0000	
1	11	1000	
2	11	1100	
3	11	1110	
4	11	1111	
5	10	0111	
6	10	0011	
7	10	0001	
8	10	0000	

3.6.3.2 四位多功能寄存器

（1）四位多功能寄存器与 LEXP 的连接，如图 3-20 所示。

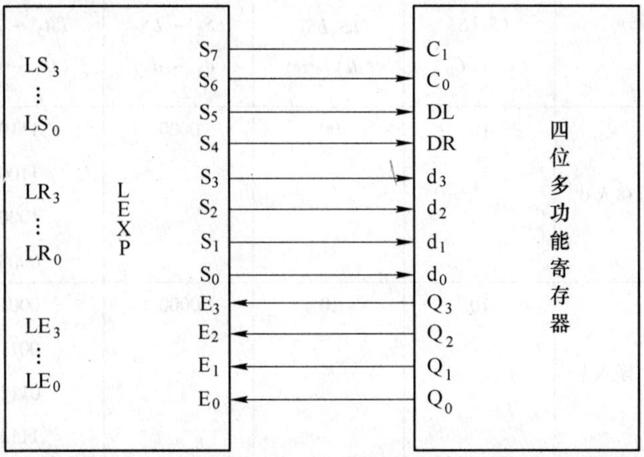

图 3-20 多功能寄存器与 LEXP 的连接图

（2）用 LEXP 调试：

1）置 KC_2 于“停止”，置 KC_0 于“序号”，选实验序号 20。

2）置 KC_2 于“运行”，置 KC_1 于“单拍”，单拍运行四位多功能寄存器，观察指示灯 $LS_7 \sim LS_0$、$LR_3 \sim LR_0$ 与 $LE_3 \sim LE_0$ 的变化，并填入表 3-15。

表 3-15 实验数据

节拍	功能		输入信号显示			正确结果显示	实验结果显示
			LS_7LS_6 $(C_1)(C_0)$	LS_5LS_4 $(dl)(dR)$	$LS_3 \sim LS_0$ $(d_3 \sim d_0)$	$LR_3 \sim LR_0$ $(Q_3 \sim Q_0)$	$LE_3 \sim LE_0$ $(Q_3 \sim Q_0)$
0	并行输入		00	00	0000	0000	
1			00	00	1111	1111	
2	右移	移入 0	01	00	0000	0111	
3						0011	
4						0001	
5						0000	
6		移入 1	01	01	0000	1000	
7						1100	
8						1110	
9						1111	

续表 3-15

节拍	功能		输入信号显示			正确结果显示	实验结果显示
			LS_7LS_6 (C_1)(C_0)	LS_5LS_4 (dl)(dR)	$LS_3 \sim LS_0$ ($d_3 \sim d_0$)	$LR_3 \sim LR_0$ ($Q_3 \sim Q_0$)	$LE_3 \sim LE_0$ ($Q_3 \sim Q_0$)
10	左移	移入 0	10	00	0000	1110	
11						1100	
12						1000	
13						0000	
14		移入 1	10	10	0000	0001	
15						0011	
16						0111	
17						1111	
18	保持		11	00	0000	1111	

3）若某一拍时，$LR_3 \sim LR_0$ 与 $LE_3 \sim LE_0$ 状态不同，则应停下来及时查纠实验线路。

4）单拍运行全部正确后，将 KC_2 置于“运行”、KC_1 置于“连续”，连续运行四位多功能寄存器，此时应自动重复显示节拍 1 至节拍 18 各拍的实验现象。

5）若连续运行速度较快或较慢而不便观察，则可按需调节运行“周期”。

4 自动控制原理

4.1 控制系统典型环节的模拟

4.1.1 实验目的

（1）掌握控制系统中典型环节的电路模拟及其参数的测定方法。

（2）测量典型环节的阶跃响应曲线，了解参数变化对环节输出性能的影响。

4.1.2 实验原理

4.1.2.1 比例环节

方框图如图 4-1 所示。

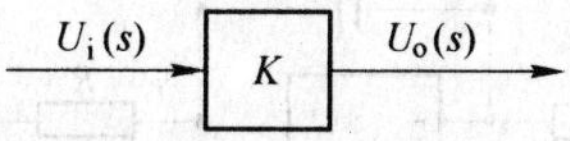

图 4-1 比例环节方框图

传递函数：
$$\frac{U_o(s)}{U_i(s)} = K$$

模拟电路图如图 4-2 所示，$K = R_1/R_0$。

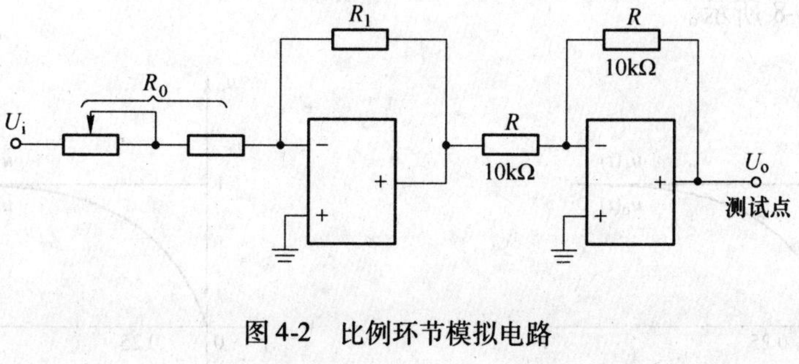

图 4-2 比例环节模拟电路

$R_0 = 250\text{k}\Omega$，$R_1 = 100\text{k}\Omega$ 时，理想阶跃响应曲线如图 4-3 所示，实测阶跃响应曲线如图 4-4 所示。

4.1.2.2 惯性环节

方框图如图 4-5 所示。

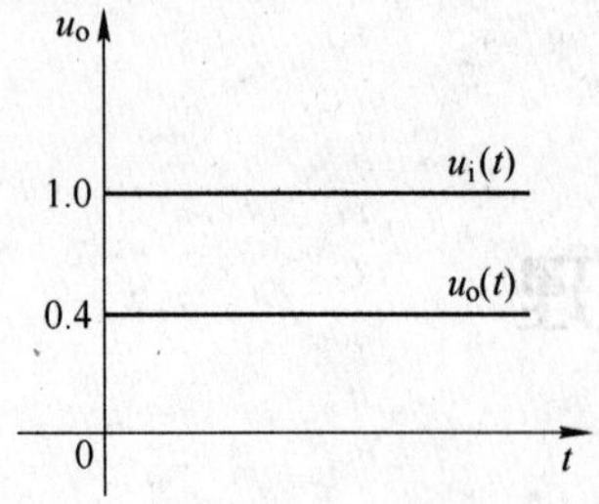

图 4-3 理想阶跃曲线

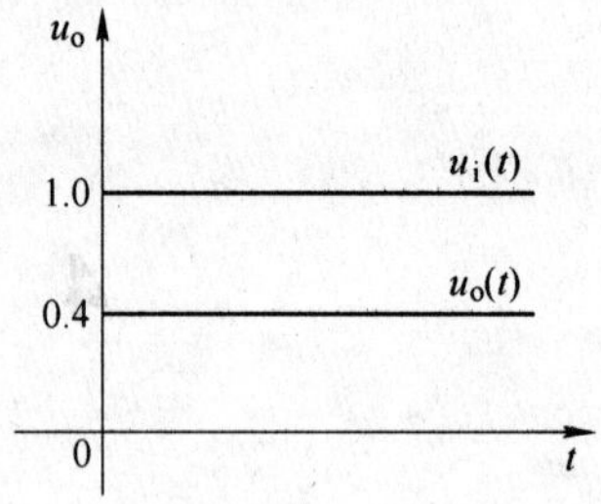

图 4-4 实测阶跃响应曲线

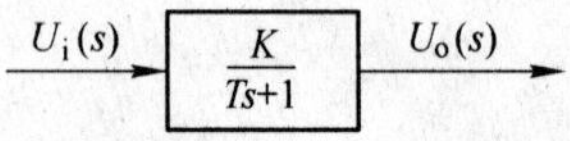

图 4-5 惯性环节方框图

传递函数：
$$\frac{U_o(s)}{U_i(s)} = \frac{K}{Ts+1}$$

模拟电路图如图 4-6 所示，$K = R_1/R_0$，$T = R_1C$。

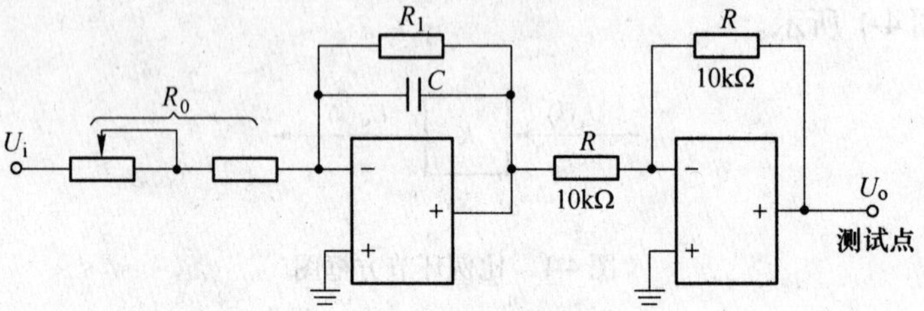

图 4-6 惯性环节模拟电路

$R_1 = 250\text{k}\Omega$，$R_0 = 250\text{k}\Omega$，$C = 1\mu\text{F}$ 时，理想的阶跃响应曲线如图 4-7 所示。实测阶跃响应曲线如图 4-8 所示。

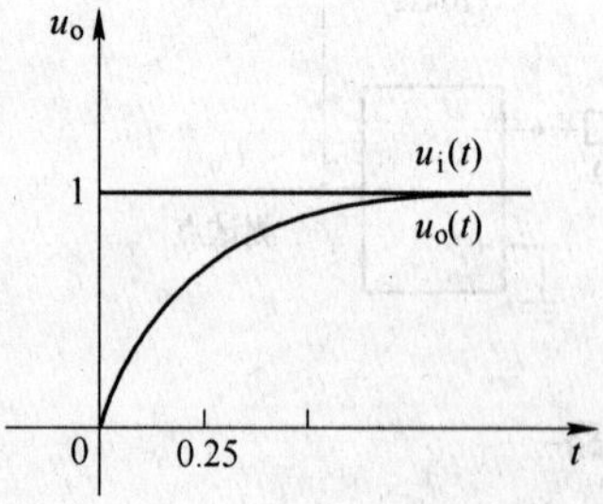

图 4-7 惯性环节理想阶跃响应曲线

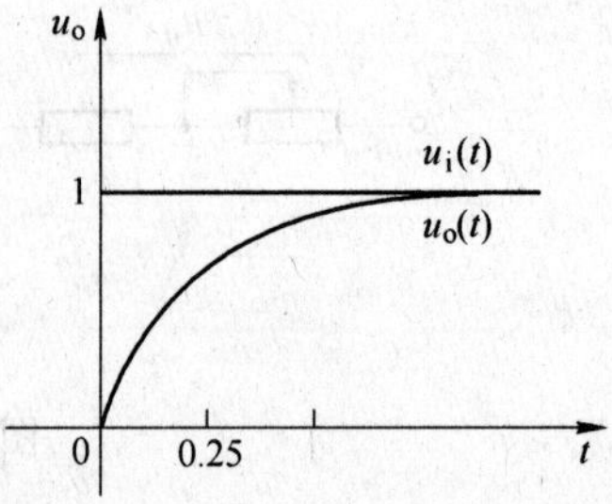

图 4-8 惯性环节实测阶跃响应曲线

4.1.2.3 积分环节

方框图如图 4-9 所示。

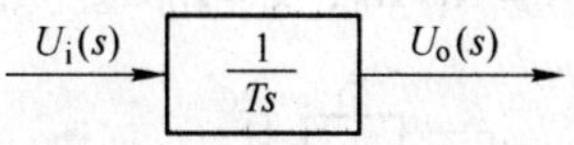

图 4-9 积分环节方框图

传递函数：
$$\frac{U_o(s)}{U_i(s)}=\frac{1}{Ts}$$

模拟电路图如图 4-10 所示，$T=R_0C$。

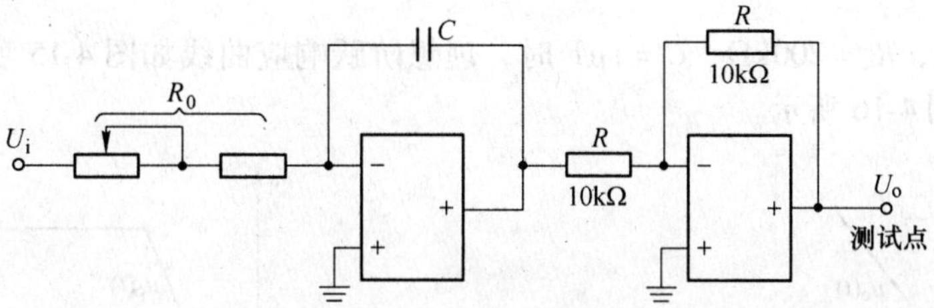

图 4-10 积分环节模拟电路

$R_0=200\text{k}\Omega$，$C=1\mu\text{F}$ 时，理想阶跃响应曲线如图 4-11 所示，实测阶跃响应曲线如图 4-12 所示。

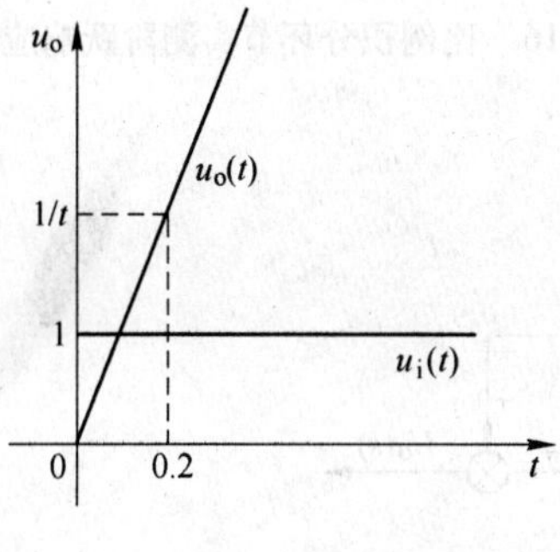

图 4-11 积分环节理想阶跃响应曲线

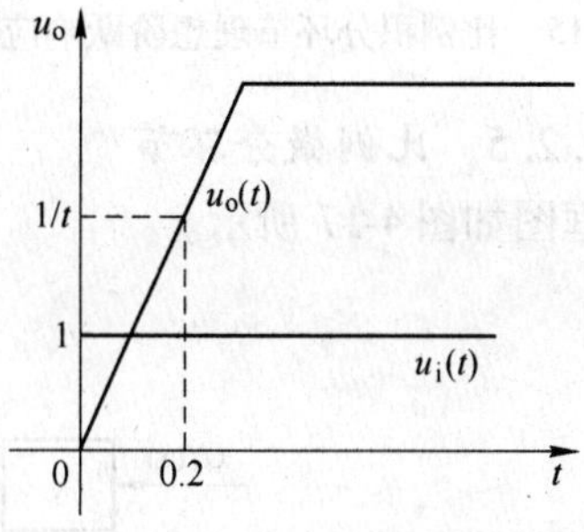

图 4-12 积分环节理想阶跃响应曲线

4.1.2.4 比例积分环节

方框图如图 4-13 所示。

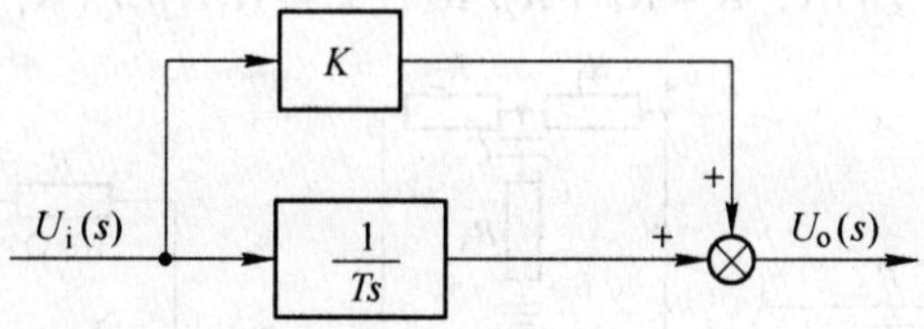

图 4-13 比例积分环节方框图

传递函数：
$$\frac{U_o(s)}{U_i(s)}=K+\frac{1}{Ts}$$

模拟电路图如图 4-14 所示，$K=R_1/R_0$，$T=R_0C$。

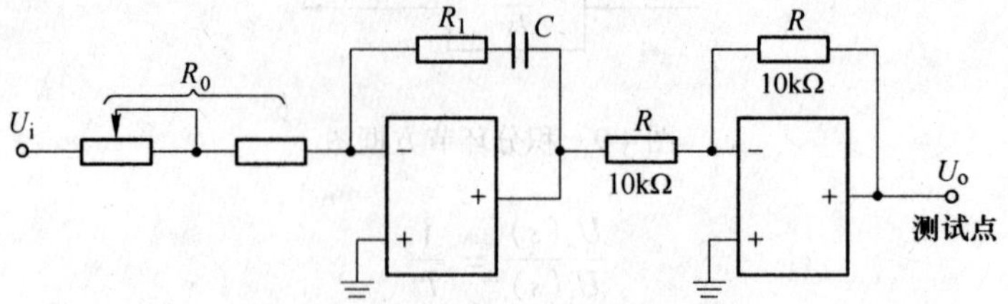

图 4-14　比例积分环节模拟电路

$R_1=100k\Omega$，$R_0=200k\Omega$，$C=1\mu F$ 时，理想阶跃响应曲线如图 4-15 所示，实测的阶跃响应曲线如图 4-16 所示。

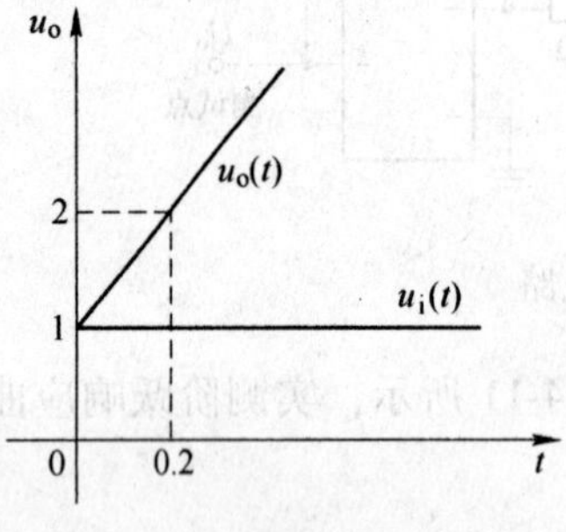

图 4-15　比例积分环节理想阶跃响应曲线

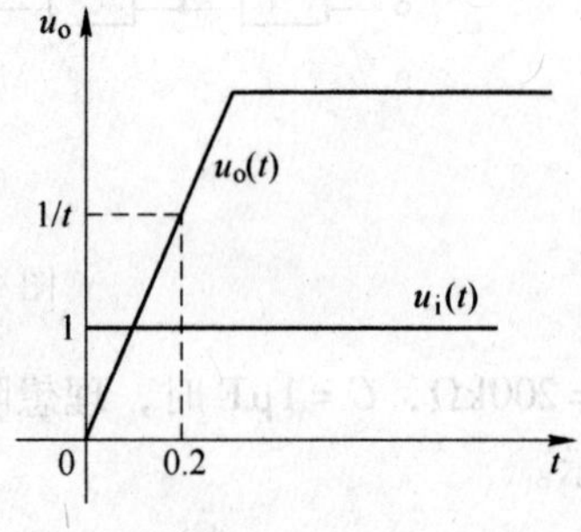

图 4-16　比例积分环节实测阶跃响应曲线

4.1.2.5　比例微分环节

方框图如图 4-17 所示。

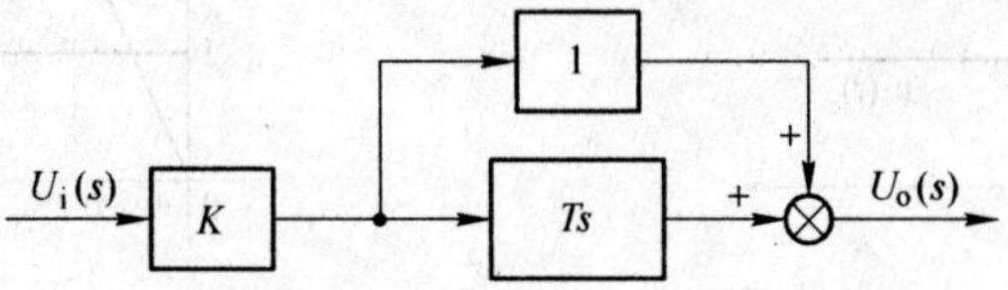

图 4-17　比例微分环节方框图

传递函数：

$$\frac{U_o(s)}{U_i(s)} = K(1+Ts)$$

模拟电路图如图 4-18 所示，$K=R_1+R_2/R_0$，$T=R_1R_2C/(R_1+R_2)$。

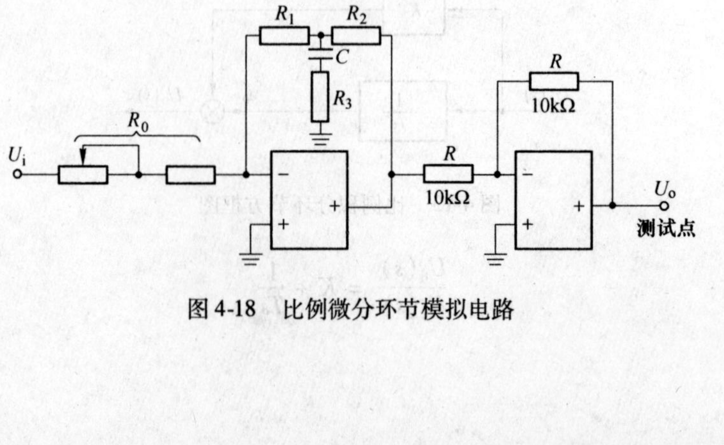

图 4-18　比例微分环节模拟电路

$R_0=100\text{k}\Omega$，$R_1=100\text{k}\Omega$，$R_2=100\text{k}\Omega$，$R_3=10\text{k}\Omega$，$C=1\mu\text{F}$ 时，理想阶跃响应曲线如图 4-19 所示，实测阶跃响应曲线如图 4-20 所示。

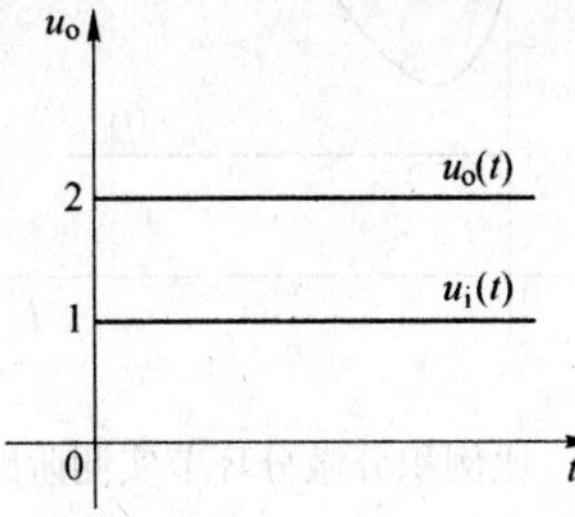

图 4-19 比例微分环节理想阶跃响应曲线

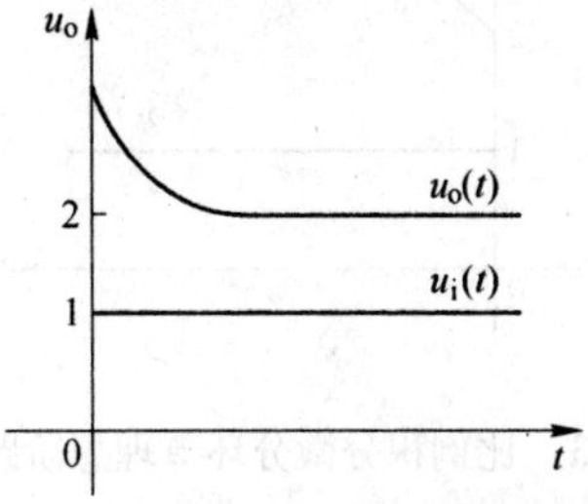

图 4-20 比例微分环节实测阶跃响应曲线

4.1.2.6 比例积分微分环节

方框图如图 4-21 所示。

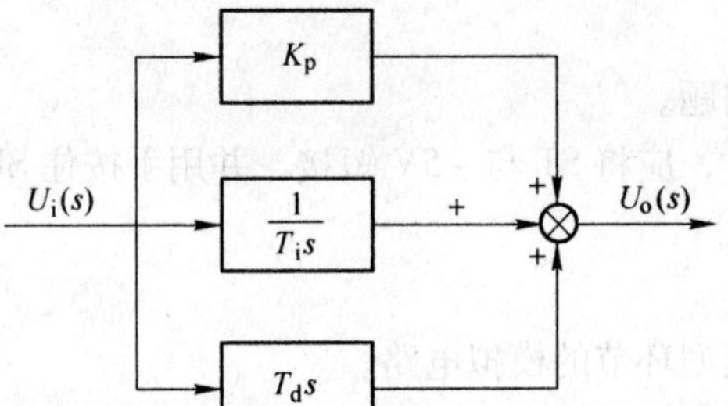

图 4-21 比例积分微分环节方框图

传递函数：

$$\frac{U_o(s)}{U_i(s)} = K_p + \frac{1}{T_i s} + T_d s$$

模拟电路图如图 4-22 所示，$K_P=R_1/R_0$，$T_I=R_0C_1$，$T_D=R_1R_2C_2/R_0$。

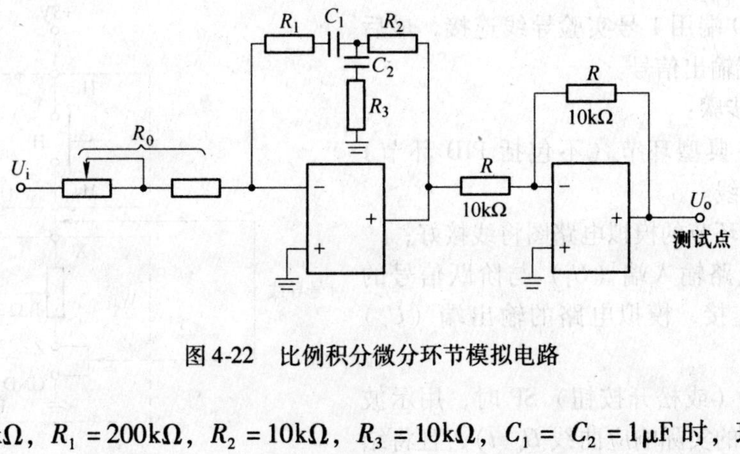

图 4-22 比例积分微分环节模拟电路

$R_0=100\text{k}\Omega$，$R_1=200\text{k}\Omega$，$R_2=10\text{k}\Omega$，$R_3=10\text{k}\Omega$，$C_1=C_2=1\mu\text{F}$ 时，理想阶跃曲线如图 4-23 所示，实测阶跃曲线如图 4-24 所示。

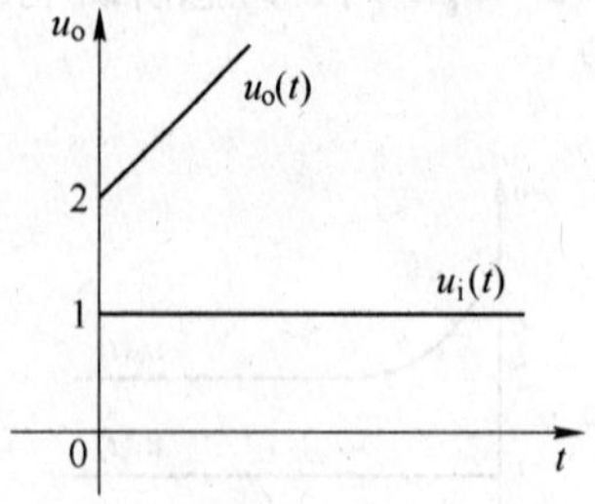

图 4-23　比例积分微分环节理想阶跃曲线

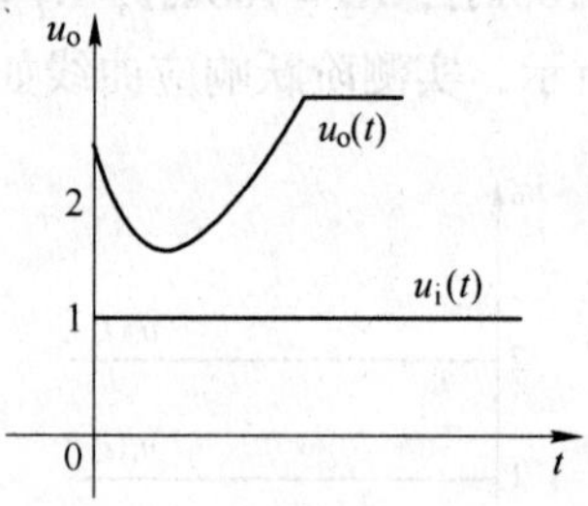

图 4-24　比例积分微分环节实测阶跃曲线

4.1.3　实验材料

TKKL-4 控制理论/微型计算机控制技术实验箱、配套导线及短路帽若干、虚拟示波器。

4.1.4　注意事项

（1）线路连接有无问题。

（2）产生阶跃信号时，应将 ST 与 +5V 短接，并用手按住 SP 按钮。

4.1.5　实验内容与步骤

（1）设计并组建各典型环节的模拟电路。

（2）测量各典型环节的阶跃响应，并研究参数变化对其输出响应的影响。

1）准备：使运放处于工作状态。将信号发生器单元 U_1 的 ST 端与 +5V 端用“短路块”短接，使模拟电路中的场效应管（3DJ6）夹断，这时运放处于工作状态。

2）阶跃信号的产生。电路可采用图 4-25 所示电路，它由“阶跃信号单元”（U_3）及“给定单元”（U_4）组成。

具体线路形成：在 U_3 单元中，将 H_1 与 +5V 端用 1 号实验导线连接，H_2 端用 1 号实验导线接至 U_4 单元的 X 端；在 U_4 单元中，将 Z 端和 GND 端用 1 号实验导线连接，最后由插座的 Y 端输出信号。

3）实验步骤：

①观测各典型环节（不包括 PID 环节）的阶跃响应曲线。

按各典型环节的模拟电路图将线接好；

将模拟电路输入端（U_i）与阶跃信号的输出端 Y 相连接，模拟电路的输出端（U_o）接至示波器；

按下按钮（或松开按钮）SP 时，用示波器观测输出端的实际响应曲线 $U_o(t)$，且将结果记下，改变比例参数，重新观测结果。

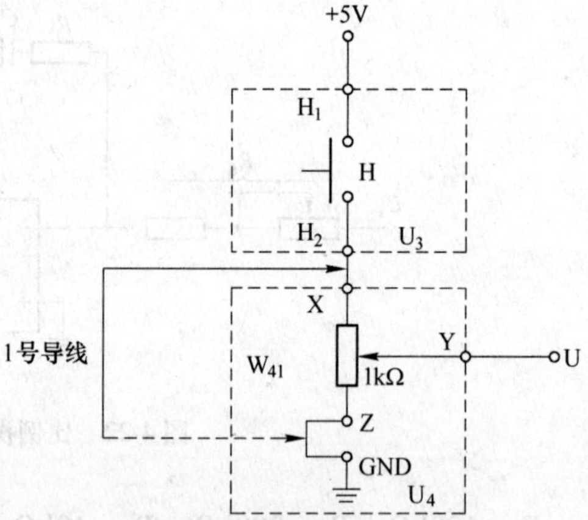

图 4-25　阶跃信号产生电路

②观察 PID 环节的响应曲线。

设置 U_1 单元的周期性方波信号（U_1 单元的 ST 端改为与 S 端用短路块短接，S_{11} 波段开关置于“方波”挡，“OUT”端的输出电压即为方波信号电压，信号周期由波段开关 S_{11} 和电位器 W_{11} 调节，信号幅值由电位器 W_{12} 调节。以信号幅值小、信号周期较长比较适宜）；

参照 PID 模拟电路图，按相关参数要求将 PID 电路连接好；

将第 1 步中产生的周期性方波信号加到 PID 环节的输入端（U_i），用示波器观测 PID 输出端（U_o），改变电路参数，重新观察并记录。

4.1.6　问题思考

惯性环节和 PID 环节输出的终值是否为一定值？

4.1.7　实验作业

总结本次实验心得，正确书写实验报告，复习控制系统中典型环节的传递函数表达式、结构图的表示形式、阶跃响应表达式及曲线形状。

4.2　线性定常系统的瞬态响应和稳定性分析

4.2.1　实验目的

（1）通过二阶、三阶系统的模拟电路实验，掌握线性定常系统动、静态性能的一般测试方法。

（2）研究二阶、三阶系统的参数与其动、静态性能间的关系。

4.2.2　实验原理

4.2.2.1　二阶系统

二阶系统的方框图如图 4-26 所示。图中 $\tau = 1\text{s}$，$T_1 = 0.1\text{s}$。

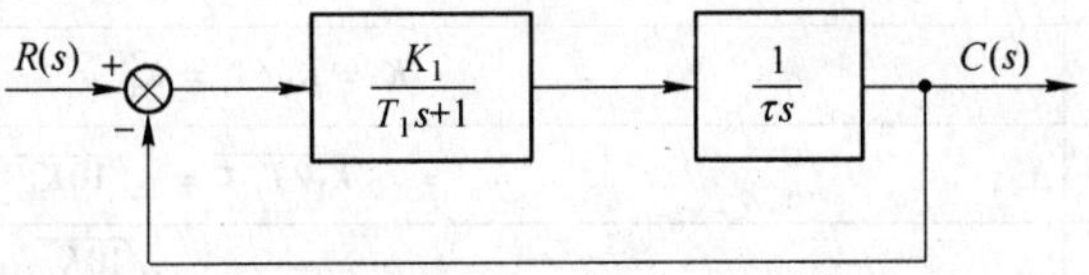

图 4-26　二阶系统方框图

模拟电路如图 4-27 所示。

由图 4-27 可知，系统的开环传递函数为：

$$G(s) = \frac{K_1}{\tau s(T_1 s + 1)} = \frac{K}{s(T_1 s + 1)}$$

式中

$$K = \frac{K_1}{\tau}$$

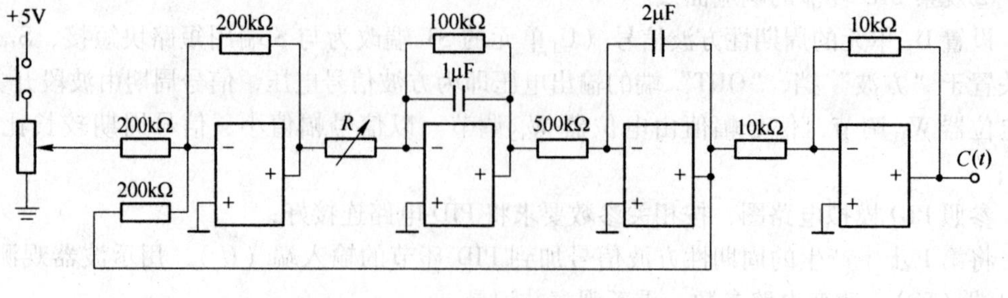

图 4-27 二阶系统的模拟电路

相应的闭环传递函数为：

$$\frac{C(s)}{R(s)} = \frac{K}{T_1 s^2 + s + K} = \frac{\frac{K}{T_1}}{s^2 + \frac{1}{T_1}s + \frac{K}{T_1}} \tag{4-1}$$

二阶系统闭环传递函数的标准形式为

$$\frac{C(s)}{R(s)} = \frac{\omega_n^2}{s^2 + 2\xi\omega_n s + \omega_n^2} \tag{4-2}$$

比较式（4-1）和式（4-2）得：

$$\omega_n = \sqrt{\frac{K}{T_1}} = \sqrt{\frac{K_1}{\tau T_1}} \tag{4-3}$$

$$\xi = \frac{1}{2\sqrt{KT_1}} = \frac{1}{2}\sqrt{\frac{\tau}{T_1 K_1}} \tag{4-4}$$

二阶系统在三种情况（欠阻尼，临界阻尼、过阻尼）下具体参数的表达式见表 4-1。

表 4-1 二阶系统参数表达式

参数 \ 阻尼情况	$0<\xi<1$	$\xi=1$	$\xi>1$
K	$K = K_1/\tau = K_1$		
ω_n	$\omega_n = \sqrt{K_1/T_1\,\tau} = \sqrt{10K_1}$		
ξ	$\xi \frac{1}{2}\sqrt{\tau K_1 T_1} = \frac{\sqrt{10K_1}}{2K_1}$		
$C(t_p)$	$C(t_p) = 1 + e^{-\xi\pi/\sqrt{1-\xi^2}}$		
$C(\infty)$	1		
$M_p/\%$	$M_p = e^{-\xi\pi/\sqrt{1-\xi^2}}$		
t_p/s	$t_p = \frac{\pi}{\omega_n\sqrt{1-\xi^2}}$		
t_s/s	$t_s = \frac{4}{\xi\omega_n}$		

由图 4-27 可知，
$$G(s)=\frac{K_1}{s(0.1s+1)}=\frac{100K/R}{s(0.1s+1)}$$
$$K_1=100K/R$$

故可得：
$$\xi=\frac{\sqrt{10K_1}}{2K_1}$$
$$\omega_n=\sqrt{10K_1}$$

当 K_1 分别为 10、1，即当电路中的电阻 R 值分别为 10kΩ、100kΩ 时系统相应的阻尼比 ξ 为 0.5、1.58，它们的单位阶跃响应曲线如图 4-28 所示。

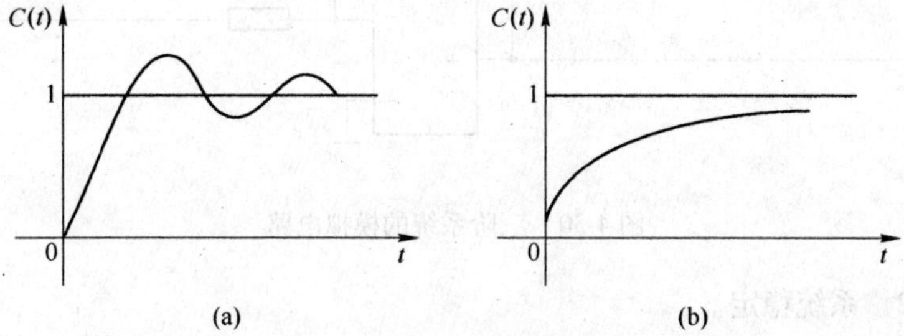

图 4-28 二阶系统阶跃响应曲线
（a）$R=10\text{k}\Omega$；（b）$R=100\text{k}\Omega$

4.2.2.2 三阶系统

三阶系统的方框图如图 4-29 所示。

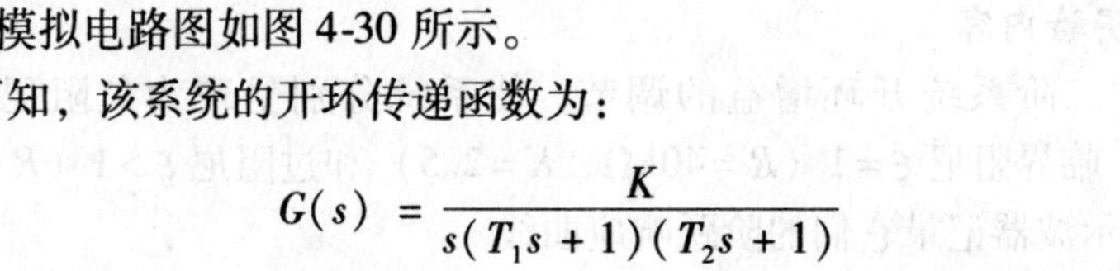

图 4-29 三阶系统方框图

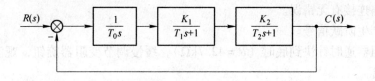

三阶系统的模拟电路图如图 4-30 所示。

由图 4-30 可知，该系统的开环传递函数为：
$$G(s)=\frac{K}{s(T_1s+1)(T_2s+1)}$$

式中，$T_1=0.1\text{s}, T_2=0.51\text{s}, K=\dfrac{510}{R}$。

系统的闭环特征方程：
$$s(T_1+1)(T_2s+1)+K=0$$

即
$$0.051s^3+0.61s^2+3+K=0$$

由 Routh 稳定判据可知 $K\approx12$（系统稳定的临界值）系统产生等幅振荡，$K>12$，系统

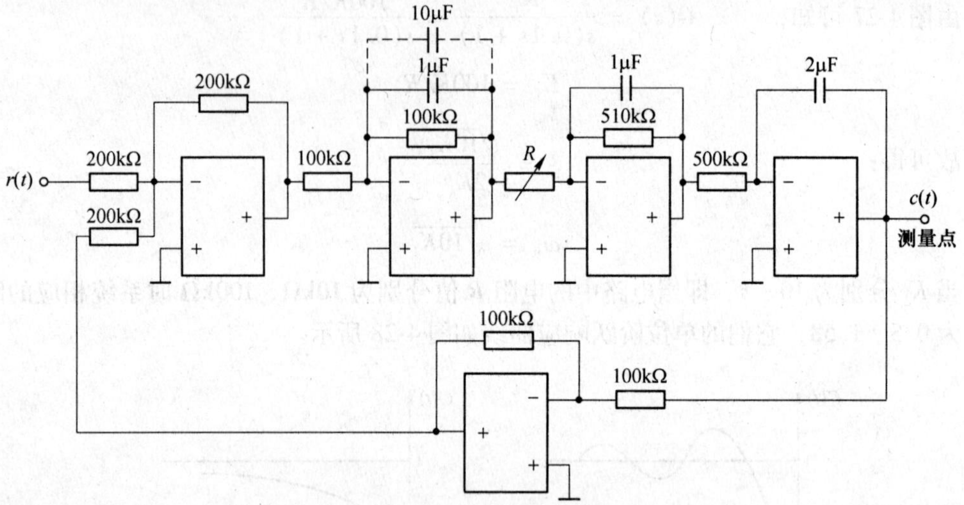

图 4-30　三阶系统的模拟电路

不稳定，$K<12$，系统稳定。

4.2.3　实验材料

TKKL-4 控制理论/微型计算机控制技术实验箱、配套导线及短路帽若干、虚拟示波器。

4.2.4　实验注意事项

（1）线路连接有无错误。

（2）先产生阶跃信号。

（3）变阻器逆时针快到底时（$R=42.7\text{k}\Omega$），缓慢调节变阻器旋钮，观测衰减振荡的时间相应曲线。

4.2.5　实验内容与步骤

4.2.5.1　实验内容

（1）通过对二阶系统开环增益的调节，使系统分别呈现为欠阻尼 $0<\xi<1$（$R=10\text{k}\Omega$，$K=10$），临界阻尼 $\xi=1$（$R=40\text{k}\Omega$，$K=2.5$）和过阻尼 $\xi>1$（$R=100\text{k}\Omega$，$K=1$）三种状态，并用示波器记录它们的阶跃响应曲线。

（2）能过对二阶系统开环增益 K 的调节，使系统的阻尼比 $\xi=\dfrac{1}{\sqrt{2}}=0.707(R=20\text{k}\Omega, K=5)$，观测此时系统在阶跃信号作用下的动态性能指标：超调量 M_p，上升时间 t_p 和调整时间 t_s。

（3）研究三阶系统的开环增益 K 或一个慢性环节时间常数 T 的变化对系统动态性能的影响。

4.2.5.2　实验步骤

准备工作：将“信号发生器单元”U_1 的 ST 端和 +5V 端用“短路块”短接，并使运放反馈网络上的场效应管 3DJ6 夹断。

A　二阶系统瞬态性能的测试

（1）按图 4-26 接线，并使 R 分别等于 100kΩ、10kΩ 用于示波器，分别观测系统的阶跃的输出响应波形。

（2）调节 R，使 $R=20\text{k}\Omega$（此时 $\xi=0.707$），然后用示波器观测系统的阶跃响应曲线，并由曲线测出超调量 M_p，上升时间 t_p 和调整时间 t_s。并将测量值与理论计算值进行比较，填写表 4-2。

表 4-2　实验数据

参数 项目	R/kΩ	K/s^{-1}	ω_n/s^{-1}	ξ	$C(t_p)$	$C(\infty)$	M_p/% 测量/计算	T_p/s 测量/计算	t_s/s 测量/计算	阶跃响应曲线
$0<\xi<1$ 欠阻尼 响应										
$\xi=1$ 临界阻尼响应					—		—	—		
$\xi>1$ 过阻尼响应					—		—	—		

B　三阶系统性能的测试

（1）按图 4-30 接线，并使 $R=30\text{k}\Omega$。

（2）用示波器观测系统在阶跃信号作用下的输出波形。

（3）减小开环增益（令 $R=42.6\text{k}\Omega$、$100\text{k}\Omega$），观测这两种情况下系统的阶跃响应曲线。

（4）在同一个 K 值下，如 $K=5.1$（对应的 $R=100\text{k}\Omega$），将第一个惯性环节的时间常数由 0.1s 变为 1s，然后再用示波器观测系统的阶跃响应曲线。并将测量值与理论计算值进行比较，并填写相关数据，记录相关实验波形于表 4-3 中。

表 4-3　实验数据

R/kΩ	K	输出波形	稳定性
30			
42.6			
100			

4.2.6　问题思考

（1）为什么图 4-26 所示的二阶系统不论 K 增至多大，该系统总是稳定的？

（2）通过改变三阶系统的开环增益 K 和第一个惯性环节的时间常数，讨论得出它们的变化对系统的动态性能产生什么影响？

4.2.7 实验作业

总结本次实验心得，正确书写实验报告，复习控制系统中典型二阶系统的传递函数表达式、不同阻尼比情况下的阶跃响应表达式及其响应曲线。

4.3 根轨迹法辅助设计

4.3.1 实验目的

（1）掌握控制系统根轨迹图的绘制。

（2）能对典型根轨迹进行分析。

（3）利用根轨迹法对控制系统性能进行分析。

4.3.2 实验原理

闭环系统的性能由闭环零极点分布决定。当开环传递函数中某个参数变化时，闭环系统特征方程的系数也相应变化，闭环极点也要改变（解根难）。绘制根轨迹的两个条件：

$$\begin{cases} |GH(s)| = \dfrac{K^* |s-z_1|\cdots|s-z_m|}{|s-p_1|\cdots|s-p_n|} = 1 & \text{（模值条件）} \\ \angle GH(s) = \sum_{i=1}^{m} \angle s-z_i - \sum_{j=1}^{n} \angle s-p_j = (2k+1)\pi \quad (k=0,\pm 1,\pm 2,\cdots) & \text{（相角条件）} \end{cases}$$

180°绘制根轨迹的基本法则如下。

（1）起点和终点：根轨迹起始于开环极点，终止于开环零点；如果开环零点个数 m 少于开环极点个数 n，则有 $n-m$ 条根轨迹终止于无穷远处。

$$K^* = \frac{|s-p_1|\cdots|s-p_n|}{|s-z_1|\cdots|s-z_m|}$$

起点：$K^* = 0 \rightarrow s = p_i,\ i = 1,2,\cdots,n$；

终点：$K^* = \infty \rightarrow s = z_i,\ i = 1,2,\cdots,m$。

$$K^* \overset{n-m>0}{=} \lim_{s\to\infty} \frac{|s-p_1|\cdots|s-p_n|}{|s-z_1|\cdots|s-z_m|} = \lim_{s\to\infty} |s|^{n-m} = \infty$$

（2）根轨迹的分支数及对称性：

$$\text{分支数} = D(s)\text{ 的阶数} = \mathrm{Max}(n,m) = \text{特征根的个数} \xrightarrow{\text{一般地 } n \geqslant m} \text{故有 } n \text{ 个分支}$$

（3）实轴上的根轨迹：

$$\text{根轨迹对称于实轴}\begin{cases} \lambda \text{ 为实根 —— 在实轴上} \\ \lambda \text{ 为复根 —— 必成共轭对出现} \end{cases}\text{根轨迹必对称于实轴}$$

（4）根之和（$n-m\geqslant 2$），闭环根之和保持一个常数 $\begin{cases}1）判断根轨迹的正确性\\2）判断分离点 d 大致位置\\3）确定极点的相对位置\end{cases}$

（5）渐近线：$n-m$ 个极点趋于无穷远点的规律。

$$\begin{cases}\sigma_a = \dfrac{\sum\limits_{i=1}^{n} p_i - \sum\limits_{j=1}^{m} z_j}{n-m} \\ \varphi_a = \dfrac{(2k+1)\pi}{n-m}\end{cases}$$

4.3.3 实验材料

MATLAB 仿真软件、电脑。

4.3.4 注意事项

（1）根轨迹法研究的是当系统参数变化时，闭环极点的变化规律。

（2）根轨迹法的目的在于通过研究参数变化、根变化的规律，来研究闭环系统性能的变化规律。

4.3.5 实验内容与步骤

（1）已知系统的传递函数：$G(s) = Ks/(s^2+2s+2)(K>0)$，绘制其根轨迹（图4-31）。

程序：num = [1,0]; den = [1,2,2]; sys = tf(num,den); rlocus(sys)

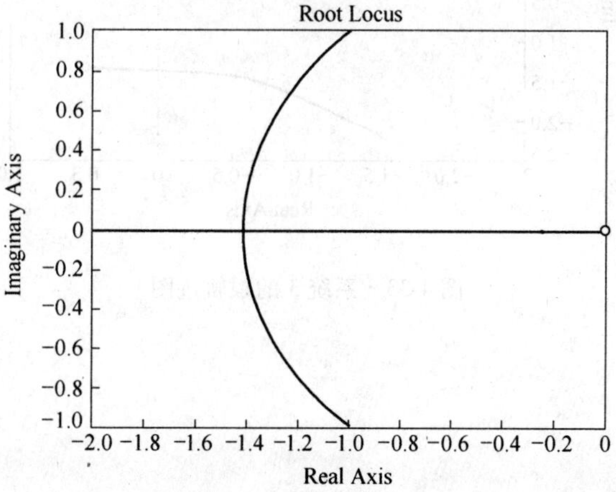

图4-31 系统1的根轨迹图

（2）已知系统的传递函数：$G(s) = K(2s^2+5s+1)/(s^2+2s+3)(K>0)$，绘制其根轨迹（图4-32）。

程序：num = [2 5 1]; den = [1 2 3]; rlocus(num,den)

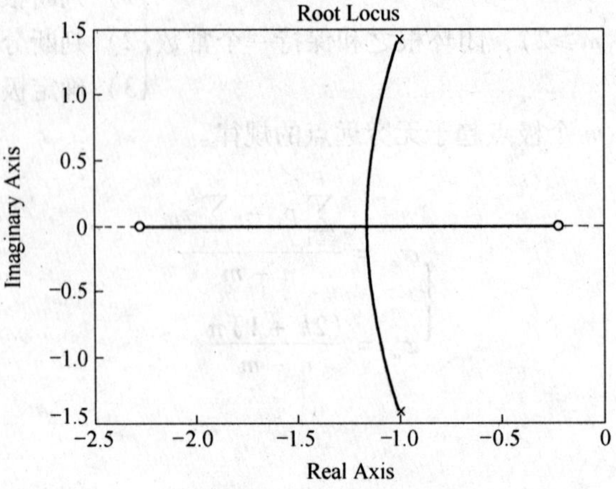

图 4-32 系统 2 的根轨迹图

（3）已知系统的传递函数：$G(s) = (s^3 + s^2 + 4)/(s^3 + 3s^2 + 7s)$，绘制其根轨迹并确定其零、极点（图 4-33）。

程序：num = [1,1,0,4]；den = [1,3,7,0]；G = tf(num,den)；rlocus(G)

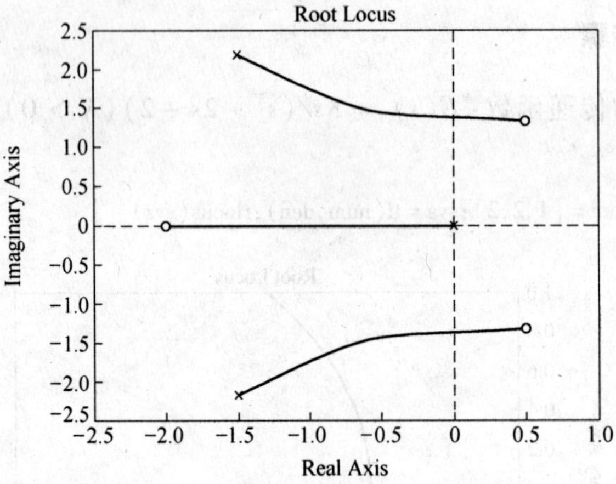

图 4-33 系统 3 的根轨迹图

z = roots(num)

结果为：

```
z =
   -2.0000
   0.5000 + 1.3229i
   0.5000 - 1.3229i
```

p = roots(den)；

结果为：

p =

```
     0
  -1.5000 + 2.1794i
  -1.5000 - 2.1794i
```

（4）已知系统的传递函数：$G(s) = K(s+1)(s+2)(s+3)/s^3(s-1)(K>0)$，绘制其根轨迹（图 4-34）并确定系统稳定时 K 的取值范围。

```
程序:den1 = conv([1 1],[1 2]);
>> den2 = conv([1 3],[1]);
>> den = conv(den1,den2);
>> num1 = conv([1 0],[1 0]);
>>   num2 = conv([1 0],[1 -1]);
>> num = conv(num1,num2);
>> G = tf(num,den);
>> rlocus(G)
>> hold on;
>> sgrid
```

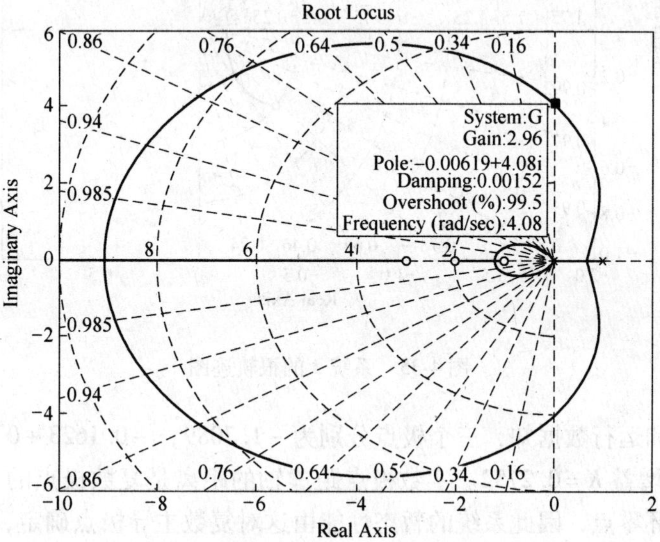

图 4-34　系统 4 的根轨迹图

由根轨迹图和运行数据知，当 $K>2.96$ 时，闭环系统稳定；与之对应的频率为 4.08。

（5）已知系统的传递函数：$G(s) = K(4s^2+3s+1)/s(3s^2+5s+1)(K>0)$，绘制其根轨迹（图 4-35）并确定系统的阻尼比为 0.7 时系统闭环极点的位置，并分析系统的性能。

```
程序:num = [4 3 1];
     den = [3 5 1 0];
     sgrid
     hold on
     rlocus(num,den)
     hold on
```

```
[k,p] = rlocfind(num,den)
```

上面最后一行命令使根轨迹图上出现一个十字可移动光标，将光标的交点对准根轨迹与阻尼比为0.7的等阻尼比线相交处，可求出该点坐标值和对应的系统增益。运行结果为

```
k =
    0.2752
p =
   -1.7089
   -0.1623 +0.1653i
   -0.1623 -0.1653i
```

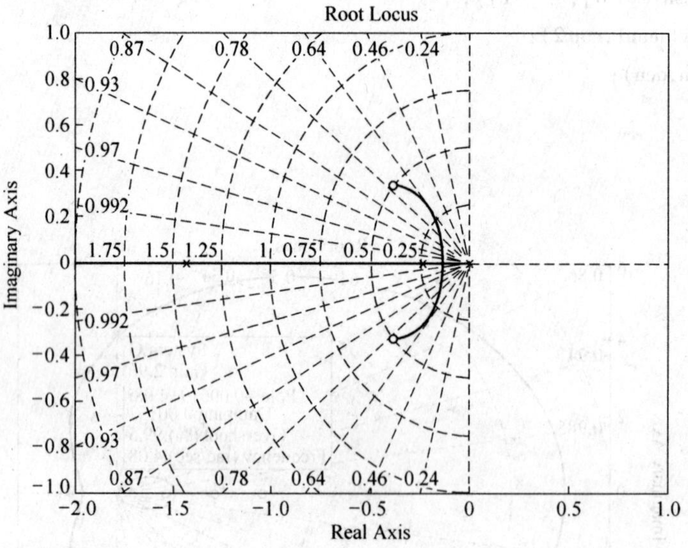

图4-35　系统5的根轨迹图

由根轨迹图和运行数据知，三个极点分别为 −1.7089，−0.1623 +0.1653i，−0.1623 −0.1653i；开环增益 $K=0.2752$。实数极点距虚轴的距离是复数极点的10倍以上，且复数极点附近无闭环零点，因此系统的暂态性能由这对复数主导极点确定，近似二阶系统欠阻尼情况。

4.3.6 问题思考

给定控制系统如图4-36所示，其中 $K\geqslant 0$。画出系统的根轨迹图，分析增益对系统阻尼特性的影响。

4.3.7 实验作业

（1）利用根轨迹绘制法则画出各系统根轨迹图。

（2）确定根轨迹上的分离点与虚轴的交点。

（3）从根轨迹上能分析系统的性能。

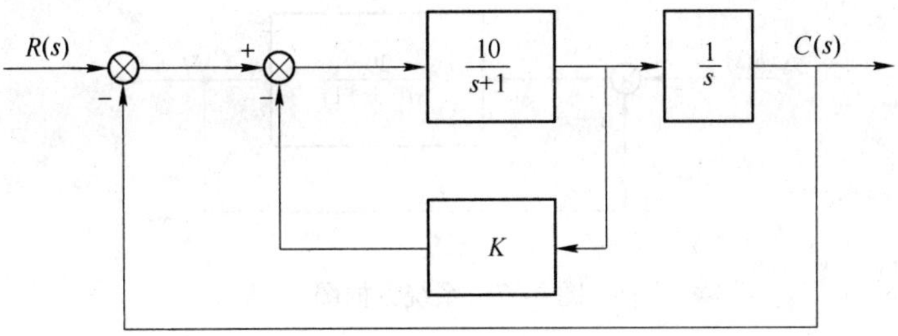

图 4-36 某控制系统图

4.4 自动控制系统的校正

4.4.1 实验目的

(1) 掌握串联校正装置设计的一般方法。

(2) 设计一个有源串联超前校正装置，使之满足实验系统动、静态性能的要求。

4.4.2 实验原理

串联校正装置主要有两种，一种是相位超前校正，它是利用超前校正装置的相位超前特性，去增大系统的相角裕度，以改善系统的动态性能；另一种是相位滞后校正，其作用有二，一是提高系统低频响应的增益，减小系统的稳态误差，同时基本保持系统的暂态性能不变；二是利用滞后校正装置的低通滤波特性，将使高频响应的增益衰减，降低系统的剪切频率，提高系统的相角稳定裕度，以改善系统的稳定性和某些暂态性能。

4.4.3 实验材料

TKKL-4 控制理论/微型计算机控制技术实验箱、配套导线及短路帽若干、虚拟示波器。

4.4.4 实验内容与步骤

4.4.4.1 实验内容

未校正系统的方块图如图 4-37 所示，设计一有源串联超前校正装置，要求校正后系统 $K_v = 20$，$M_p = 0.25$，$t_s \leqslant 1\text{s}$。

(1) 观测未加校正装置时系统的动、静态性能。

(2) 按动态性能的要求，分别用时域法或频域法（期望特性）设计串联校正装置。

(3) 观测引入校正装置后系统的动、静态性能，并予以实时调试，使之动、静态性能均满足设计要求。

4.4.4.2 实验步骤

准备：将“信号发生器单元”U_1 的 ST 端和 +5V 端用短路块短接。

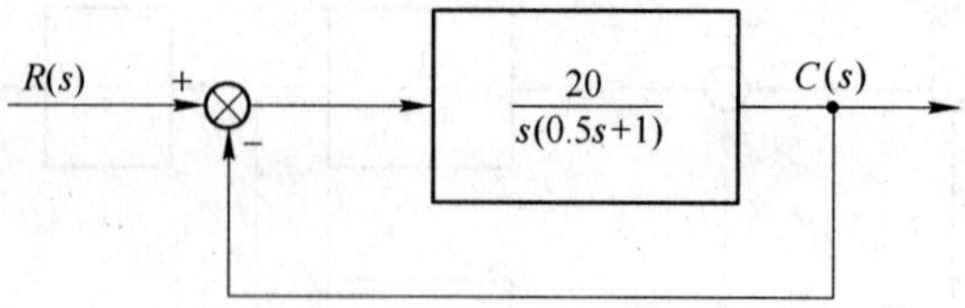

图 4-37 系统方框图

（1）按图 4-37 构建未校正系统的模拟电路（可参考图 4-38），用示波器观测并记录未校正系统在阶跃信号作用下的动态性能指标 M_p、t_s、t_p。

（2）按动态性能指标的要求，设计有源串联超前校正装置，构建相关模拟电路，观测加入校正装置后系统在阶跃信号作用下的动态性能指标 M_p、t_s、t_p。

分析校正装置对系统性能的影响，填入表 4-4。

表 4-4 实验数据

参数 / 项目	M_p/%	t_s/s	阶跃响应曲线
未校正			
校正后			

4.4.5 问题思考

（1）试解释校正后系统的瞬态响应变快的原因。

（2）什么是超前校正装置和滞后校正装置，它们各利用校正装置的什么特性对系统进行校正？

4.4.6 实验作业

复习串联超前、串联滞后、串联滞后-超前三种串联校正的方法和步骤等相关理论知识，认真、及时书写实验报告。

4.4.7 实验设计

（1）未校正系统的模拟电路图如图 4-38 所示。

（2）由闭环传递函数 $\phi(s) = \dfrac{40}{s^2+2s+40} \rightarrow \begin{cases} \omega_n = 6.32 \quad M_p = 60\% \\ \rightarrow = \begin{cases} 4s \\ \text{静态误差系数 } K_v = 20\ 1/s \end{cases} \\ \xi = 0.158 \end{cases}$

根据对校正后系统性能指标要求 $K_v = 20$，$M_p = 0.25$，$t_s \leqslant 1s$，得：

$$M_p = 0.25 = e^{-\frac{\xi\pi}{\sqrt{1-\xi^2}}} \Rightarrow \xi \approx 0.5$$

$$t_s \approx \frac{3}{\xi\omega_n} \leqslant 1s$$

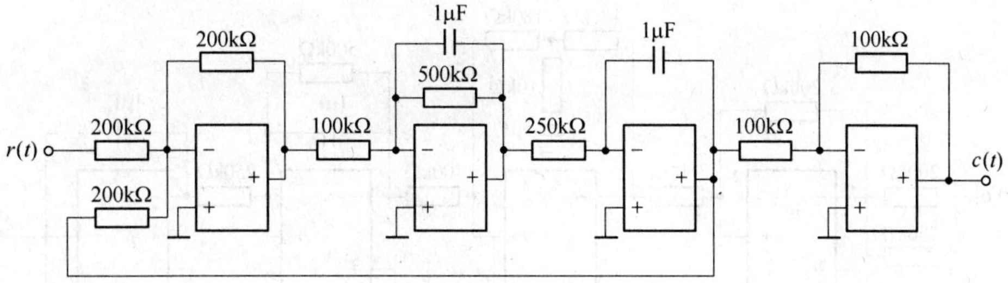

图 4-38 模拟电路图

$$\omega_n \geqslant \frac{3}{0.5}$$

取 $\omega_n = 20$。

相应的闭环传递函数：

$$\phi(s) = \frac{G(s)}{G(s)+1} = \frac{\omega_n^2}{s^2 + 2\xi\omega_n s + \omega_n^2}$$

则校正后系统的开环传递函数为：

$$G(s) = G_c(s)G_0(s) = \frac{20}{s(0.05s+1)}$$

则校正装置的传递函数为：

$$G_c(s) = \frac{0.5s+1}{0.05s+1}$$

校正装置的模拟电路图如图 4-39 所示。

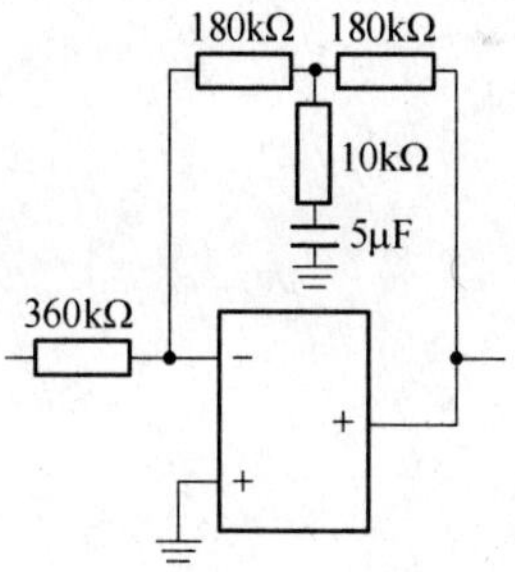

图 4-39 校正装置模拟电路图

加入校正装置后系统的方框图如图 4-40 所示。

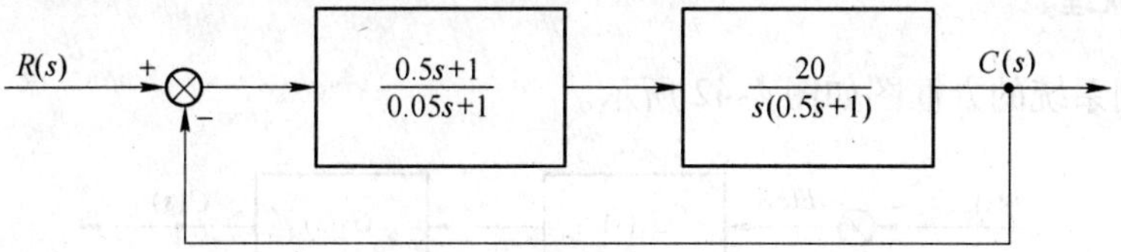

图 4-40 加入校正装置的系统方框图

加入校正装置后系统的模拟电路图如图 4-41 所示。

由图 4-41 可知，该系统的开环传递函数为

$$G(s) = \frac{20}{s(0.05s+1)} = \frac{400}{s(s+20)}$$

与二阶系统标准形式的开环传递函数相比较，得

$$\omega_n = \sqrt{400} = 20 \quad 2\xi\omega_n = 20 \quad \xi = 0.5 \quad M_p = \mathrm{e} - \frac{5\pi}{\sqrt{1-\xi^2}} = 0.163 < 0.25$$

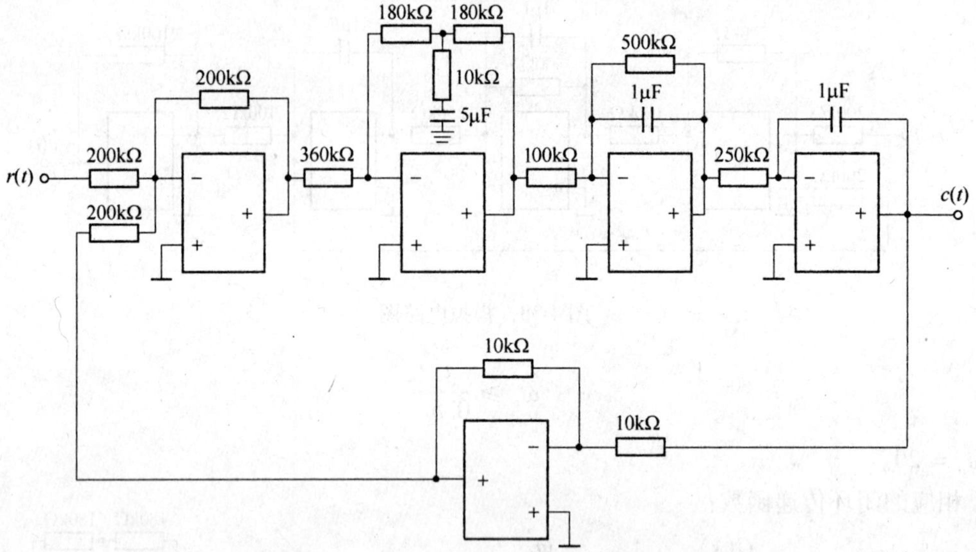

图 4-41 加入校正装置后的系统模拟电路

4.5 控制系统的频率特性

4.5.1 实验目的

通过模拟电路，观察示波器波形，分析最小相位系统的开环频率特性

4.5.2 实验原理

（1）被测系统的方框图如图 4-42 所示。

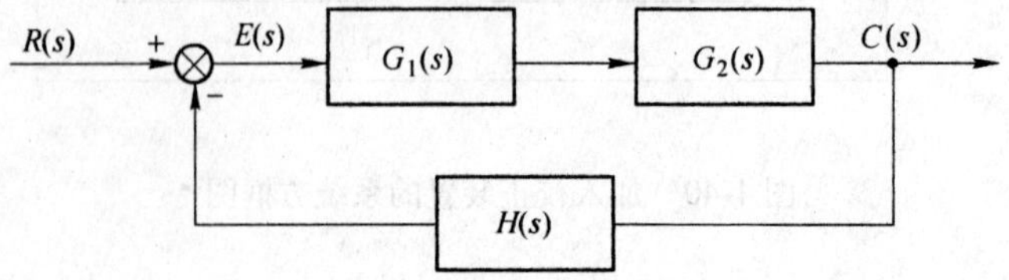

图 4-42 被测系统方框图

系统（或环节）的频率特性 $G(j\omega)$ 是一个复变量，可以表示成以角频率 ω 为参数的幅值和相角。

$$G(j\omega) = |G(j\omega)| \angle G(j\omega) \tag{4-5}$$

本实验应用频率特性测试仪测量系统或环节的频率特性。

图 4-42 所示系统的开环频率特性为：

$$G_1(j\omega)G_2(j\omega)H(j\omega) = \frac{B(j\omega)}{E(j\omega)} = \left|\frac{B(j\omega)}{E(j\omega)}\right| \angle \frac{B(j\omega)}{E(j\omega)} \tag{4-6}$$

采用对数幅频特性和相频特性表示，则式（4-5）表示为：

$$20\lg|G_1(j\omega)G_2(j\omega)H(j\omega)| = 20\lg\left|\frac{B(j\omega)}{E(j\omega)}\right| = 20\lg|B(j\omega)| - 20\lg|E(j\omega)| \tag{4-7}$$

$$G_1(j\omega)G_2(j\omega)H(j\omega) = \angle\frac{B(j\omega)}{E(j\omega)} = \angle B(j\omega) - \angle E(j\omega) \tag{4-8}$$

将频率特性测试仪内信号发生器产生的超低频正弦信号的频率从低到高变化，并施加于被测系统的输入端［$r(t)$］，然后分别测量相应的反馈信号［$b(t)$］和误差信号［$e(t)$］的对数幅值和相位。频率特性测试仪测试数据经相关器件运算后在显示器中显示。

根据式（4-7）和式（4-8）分别计算出各个频率下的开环对数幅值和相位，在半对数坐标纸上作出实验曲线：开环对数幅频曲线和相频曲线。

根据实验开环对数幅频曲线画出开环对数幅频曲线的渐近线，再根据渐近线的斜率和转角频确定频率特性（或传递函数）。所确定的频率特性（或传递函数）的正确性可以由测量的相频曲线来检验，对最小相位系统而言，实际测量所得的相频曲线必须与由确定的频率特性（或传递函数）所画出的理论相频曲线在一定程度上相符。如果测量所得的相位在高频（相对于转角频率）时不等于 $-90°(q-p)$（p 和 q 分别表示传递函数分子和分母的阶次），那么，频率特性（或传递函数）必定是一个非最小相位系统的频率特性。

（2）被测系统的模拟电路图如图 4-43 所示。

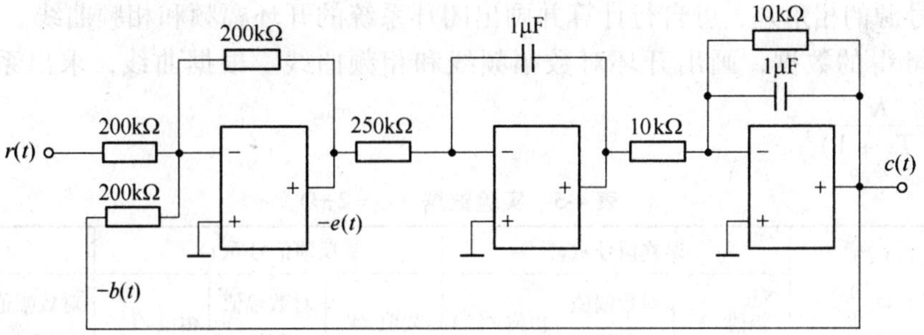

图 4-43　被测系统模拟电路

4.5.3　实验材料

TKKL-4 控制理论/微型计算机控制技术实验箱、配套导线及短路帽若干、虚拟示波器

实验注意事项。

（1）测点 $-c(t)$、$-e(t)$ 由于反相器的作用，输出均为负值，若要测其正的输出点，可分别在 $-c(t)$、$-e(t)$ 之后串接一组 1/1 的比例环节，比例环节的输出即为 $c(t)$、$e(t)$ 的正输出。

（2）系统输入正弦信号的幅值不能太大，否则反馈幅值更大，不易读出，同理，太小也不易读出。

(3) 由于传递函数是经拉氏变换推导出的，而拉氏变换是一种线性积分运算，因此它适用于线性定常系统，所以必须用示波器观察系统各环节波形，避免系统进入非线性状态。

4.5.4 实验内容与步骤

利用 U15 D/A 转换单元将提供频率和幅值均可调的基准正弦信号源，作为被测对象的输入信号，测量单元的 CH1 通道用来观测被测环节的输出（本实验中请使用频率特性分析示波器），选择不同角频率及幅值的正弦信号源作为对象的输入，可测得相应的环节输出，并在 PC 机屏幕上显示，可以根据所测得的数据正确描述对象的对数幅频和相频特性图，并由对数幅频特性曲线求出系统的传递函数。

(1) 将 U15 D/A 转换单元的 OUT 端接到对象的输入端。

(2) 将测量单元的 CH1（必须拨为乘 1 挡）接至对象的输出端。

(3) 将 U1 信号发生器单元的 ST 和 S 端断开，用 1 号实验导线将 ST 端接至 CPU 单元中的 PB10（由于在每次测量前，应对对象进行一次回零操作，ST 即为对象锁零控制端，这里用 8255 的 PB10 口对 ST 进行程序控制）。

(4) 在 PC 机上输入相应的角频率，并输入合适的幅值，按 ENTER 键后，输入的角频率开始闪烁，直至测量完毕时停止，屏幕即显示所测对象的输出及信号源，移动游标，可得到相应的幅值和相位。

(5) 如需重新测试，则按“New”键，系统会清除当前的测试结果，并等待输入新的角频率，准备开始进行下次测试。

(6) 根据测量在不同频率和幅值的信号源作用下系统误差 $e(t)$ 及反馈 $c(t)$ 的幅值，相对于信号源的相角差，可自行计算并画出闭环系统的开环幅频和相频曲线。根据表 4-5 的实验测量得的数据，画出开环对数幅频线和相频曲线。根据曲线，求出系统的传函 $G(s) = \dfrac{K}{s(Ts+1)}$。

表 4-5 实验数据（$\omega = 2\pi f$）

输入 $U_i(t)$ 的角频率 ω /rad · s^{-1}	误差信号 $e(t)$			反馈信号 $b(t)$			开环特性	
	幅值 /V	对数幅值 20lg	相位 /(°)	幅值 /V	对数幅值 20lg	相位 /(°)	对数幅值 L	相位 /(°)
0.1								
1								
10								
100								
300								

4.5.5 问题思考

判断该系统稳定性的方法有哪几种？

4.5.6 实验作业

复习乃氏图、伯德图相关频率特性图的绘制方法，认真、及时书写实验报告。

4.6 非线性系统的相平面分析法

4.6.1 实验目的

（1）学习用相平面法分析非线性系统。
（2）熟悉研究非线性系统的电路模拟方法。

4.6.2 实验原理

相轨迹是表征一阶或二阶非线性系统的运动规律，具有形象直观的特点。相轨迹图可通过图解法或实验法求得，本实验是用实验法确定典型非线性二阶系统在阶跃信号作用下的相轨迹。非线性系统的相平面分析法是状态空间分析在二维空间特殊情况下的应用，是一种不用求解方程，而用图解法给出 $x_1=e$，$x_2=\dot{e}$ 的相平面图。由相平面图就能清晰的知道系统的动态性能和稳态程度。

（1）用相平面法分析图 4-44 所示继电型非线性系统的阶跃响应和稳态误差。继电型非线性系统的方框图如图 4-44 所示。继电型非线性系统模拟电路如图 4-45 所示。

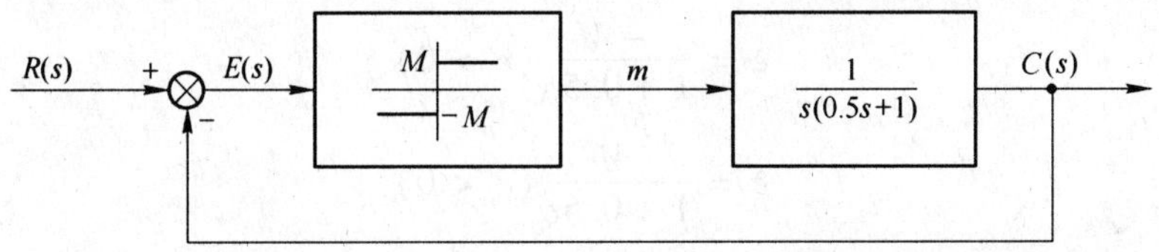

图 4-44　继电型非线性系统方框图

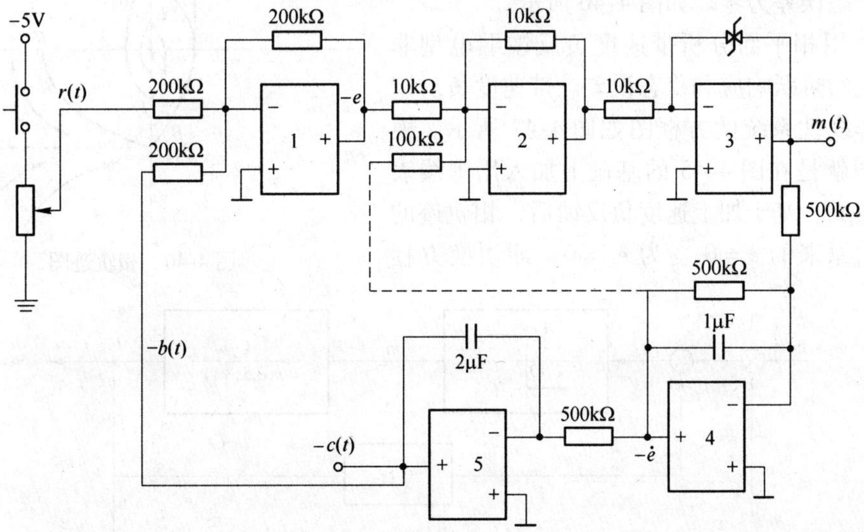

图 4-45　继电型非线性系统模拟电路

由图 4-44 可得

$$0.5\ddot{e} + e = -m \tag{4-9}$$

T 为时间常数（$T=0.5$），K 为线性部分开环增益（$K=1$），M 为继电器特性的限幅值；e 为系统的稳态。

因为

$$e = r - c$$

$$r = R \cdot 1(t) \qquad \dot{e} = -\dot{c}$$

故式（4-9）改为

$$0.5\ddot{e} + \dot{e} = m \tag{4-10}$$

考虑到

$$m = \begin{cases} M(e > 0) \\ -M(e < 0) \end{cases}$$

则式（4-9）进一步改写为

$$0.5\ddot{e} + \dot{e} + M = 0(e > 0) \tag{4-11}$$

$$0.5\ddot{e} + \dot{e} - M = 0(e < 0) \tag{4-12}$$

基于 $\ddot{e} = \dot{e}\frac{\mathrm{d}\dot{e}}{\mathrm{d}e} = \dot{e}\alpha$，则式（4-11）、式（4-12）分别改写为

$$\dot{e} = \frac{-M}{1 + 0.5\alpha}(e > 0) \tag{4-13}$$

$$\dot{e} = \frac{M}{1 + 0.5\alpha}(e < 0) \tag{4-14}$$

根据式（4-13）、式（4-14），用等倾线法可画出初始条件为 $e(0) = -c(0) = R$ 时的相轨迹。不难看出，该系统的阶跃响应为一衰减振荡的曲线，其稳态误差为零。如图 4-46 所示。

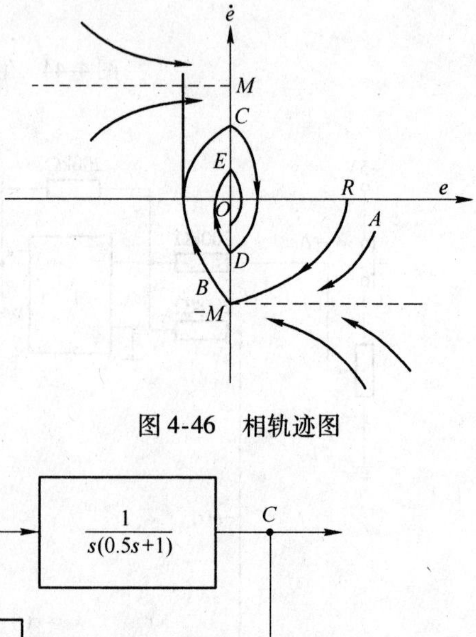

图 4-46 相轨迹图

（2）用相平面分析带速度负反馈继电型非线性系统的阶跃响应和稳态误差。带速度负反馈继电型非线性系统的方框图如图 4-47 所示。模拟电路图就是在图 4-45 的基础上加入用虚线表示部分组成。基于加上速度负反馈后，相轨迹的切换线由原来的 $e=0$ 变为 $e_1=0$，即切换方程

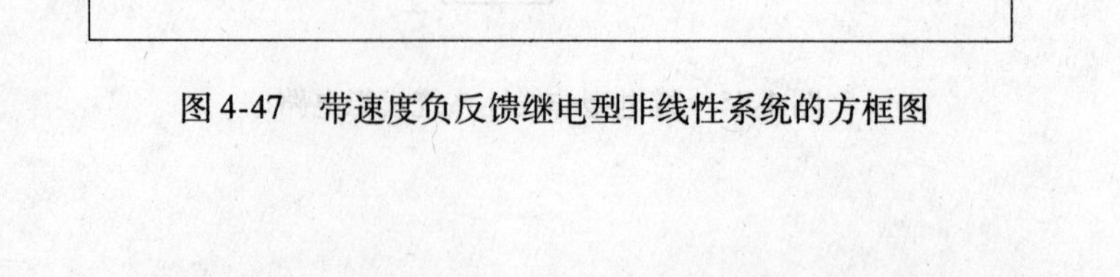

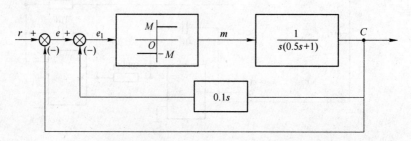

图 4-47 带速度负反馈继电型非线性系统的方框图

变为：

$$e + 0.1\dot{e} = e_1 = 0$$

故
$$\frac{\dot{e}}{e} = \frac{-1}{0.1} = -10$$

这样使图4-46所示的相轨迹变为图4-48所示的形状。由图可知，速度负反馈增大了系统的阻尼，改善了系统的动态性能。

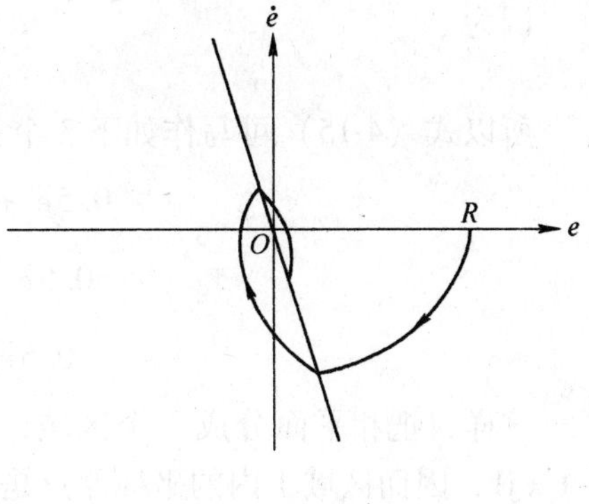

图4-48 相轨迹

(3) 用相平面法分析具有饱和非线性特性系统的阶跃响应和稳态误差。具有饱和非线性特性系统的方块图如图4-49所示。模拟电路图如图4-50所示。

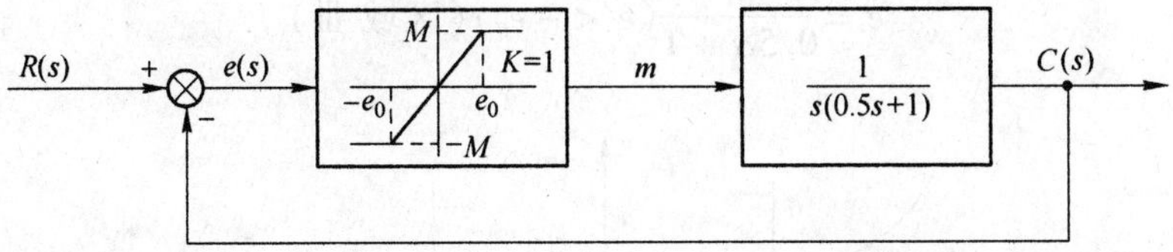

图4-49 饱和非线性特性系统的方块图

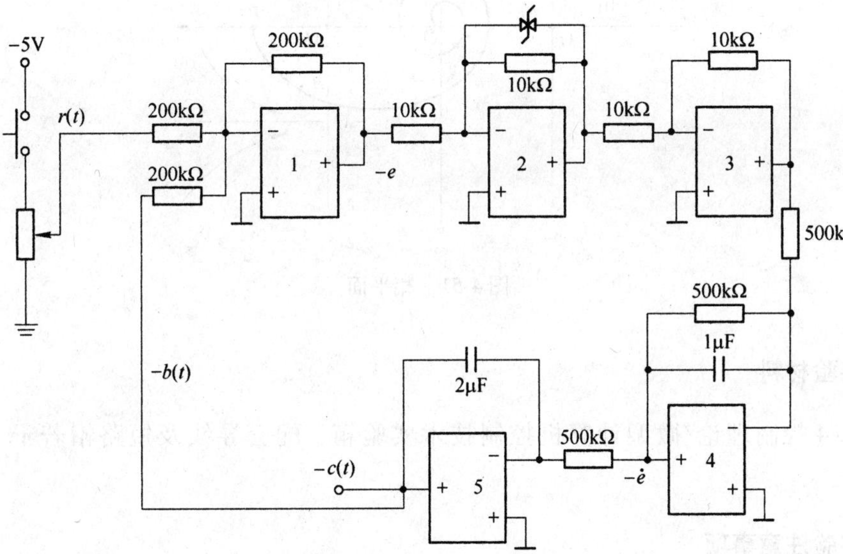

图4-50 饱和非线性特性系统模拟电路

由图4-49得：

$$0.5\ddot{c} + \dot{c} = m$$

基于 $e = r - c \quad r = R =$ 常量，所以上式可改写为

$$0.5\ddot{e} + \dot{e} + m = 0 \tag{4-15}$$

因为
$$m = \begin{cases} M(e > e_0) \\ -M(e < -e_0) \end{cases} \tag{4-16}$$

所以式（4-15）可写作如下 3 个方程：

$$0.5\ddot{e} + \dot{e} + e = 0(\ |e|\ < e_0) \tag{4-17}$$

$$0.5\ddot{e} + \dot{e} + M = 0(e > e_0) \tag{4-18}$$

$$0.5\ddot{e} + \dot{e}^{-} = 0(e < -e_0) \tag{4-19}$$

这样，把相平面分成 3 个区域，如图 4-51 所示。由于式（4-15）的特征根为 $\lambda_{1,2} = -1 \pm j1$，因而区域Ⅰ内的坐标原点是一个实稳定焦点。区域Ⅱ和Ⅲ的等倾线分别为：

$$\dot{e} = \frac{-M}{0.5\alpha + 1}(e > e_0)(\text{区域 Ⅱ}) \tag{4-20}$$

$$\dot{e} = \frac{M}{0.5\alpha + 1}(e < -e_0)(\text{区域 Ⅲ}) \tag{4-21}$$

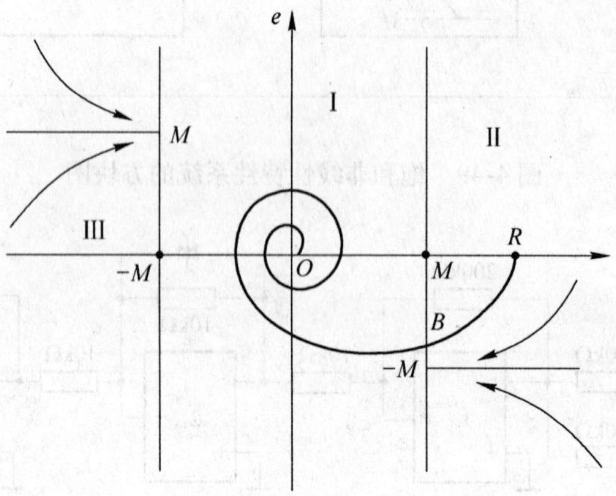

图 4-51　相平面

4.6.3　实验材料

TKKL-4 控制理论/微型计算机控制技术实验箱、配套导线及短路帽若干、虚拟示波器。

4.6.4　实验注意事项

（1）注意 CH1 和 CH2 通道分别接模拟电路图中单元 1 和单元 4 的输出端。

（2）不要忘记加阶跃信号。

（3）注意由相轨迹图读取超调量的方法。

4.6.5　实验内容与步骤

观察阶跃信号作用下继电型和饱和型典型非线性二阶系统的相轨迹，并分析有关的动态性能指标，如超调量、振荡次数等。

准备：将信号发生器单元 U_1 的 ST 的插针和 +5V 插针用“短路块”短接。阶跃信号的产生如实验一中的接线。

（1）用相轨迹分析继电型非线性系统在阶跃信号下的瞬间响应和稳态误差。

1）按图 4-45 接线，将 CH1 和 CH2 通道分别接到图 4-45 中单元 1 和单元 4 的输出端。

2）在系统输入端分别施加及撤去幅值为 5V、4V、3V、2V 和 1V 电压时，用示波器观察并记录系统在 e-$\dot{e}$ 平面上的相轨迹。测量在 5V 阶跃信号下系统的超调量 M_p 及振荡次数。

（2）用相轨迹分析带速度负反馈继电型非线性系统在阶跃信号下的瞬态响应和稳态误差。

1）将图 4-45 中的虚线用导线连接好。

2）在系统输入端加入阶跃信号（5V、4V、3V、2V 和 1V），用示波器观察并记录系统在 e-$\dot{e}$ 平面的相轨迹，测量在 5V 阶跃信号下系统的超调量及振荡次数。

（3）用相轨迹分析饱和非线性系统在阶跃信号下的瞬态响应和稳态误差。

1）按图 4-50 接线，将 CH1 和 CH2 通道分别接到图 4-50 中单元 1 和单元 4 的输出端。

2）在系统输入端分别施加及撤去幅值为 5V、4V、3V、2V 和 1V 电压时，用示波器观察并记录系统在 e-$\dot{e}$ 平面上的相轨迹。测量在 5V 阶跃信号下系统的超调量 M_p 及振荡次数，填入表 4-6 中。

表 4-6 实验数据

动态指标	不带速度负反馈	带速度负反馈
M_p		
振荡次数		

4.6.6 问题思考

在饱和非线性系统中，如果 M 减小，试问系统的相轨迹会如何变化？

4.6.7 实验作业

复习等倾线绘制相轨迹的方法，掌握相轨迹图中超调量的读取方法，认真、及时书写实验报告。

4.7 非线性系统的描述函数分析法

4.7.1 实验目的

（1）通过本实验进一步理解描述函数法的基本原理。

（2）学会用描述函数法分析一些特定的非线性系统。

(3) 掌握研究非线性系统的电路模拟方法。

4.7.2 实验原理

某非线性系统方框图如图 4-52 所示。

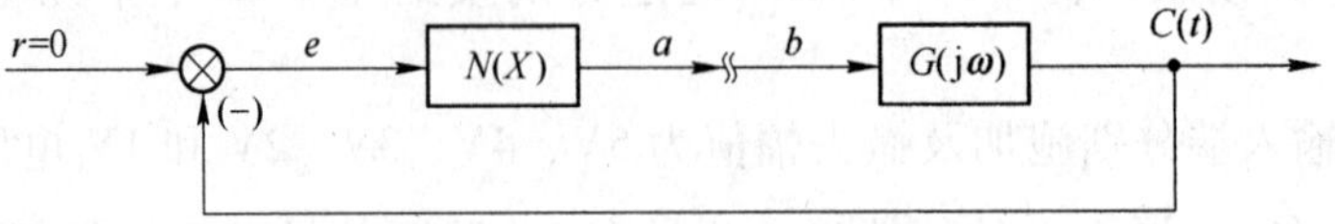

图 4-52 非线性系统方框图

图中 $N(X)$ 为非线性环节的描述函数，$G(\mathrm{j}\omega)$ 为系统中线性部分的频率特性。令 $b = X\sin\omega t$ 则 $a = X\sin\omega t[-N(X)G(\mathrm{j}\omega)]$，若 $a=b$，则可连接 a、b 两点，使系统产生持续的振荡，即

$$X\sin\omega t = -X\sin\omega t\ G(\mathrm{j}\omega)N(X)$$

$$G(\mathrm{j}\omega) = -\frac{1}{N(X)} \tag{4-22}$$

符合式（4-22）条例，该系统将产生自持振荡，式（4-22）中的 $-\frac{1}{N(X)}$ 称为非线性环节的负倒特性。

4.7.3 实验材料

TKKL-4 控制理论/微型计算机控制技术实验箱、配套导线及短路帽若干、虚拟示波器。

4.7.4 注意事项

(1) CH1 通道接 U1 单元的输出，CH2 通道接 U4 单元的输出。

(2) 在普通示波器中观察自激振荡及阶跃响应曲线；观察阶跃响应曲线时，不要忘记加阶跃信号。在非线性示波器中观察相轨迹。

4.7.5 实验内容与步骤

4.7.5.1 实验内容

(1) 利用描述函数法分析继电型非线性三阶系统的稳定性。

图 4-54 为图 4-53 所示系统的模拟电路图，已知 $N(X) = \frac{4M}{\pi X}$，则 $-\frac{1}{N(X)} = -\frac{\pi X}{4M}$。由式

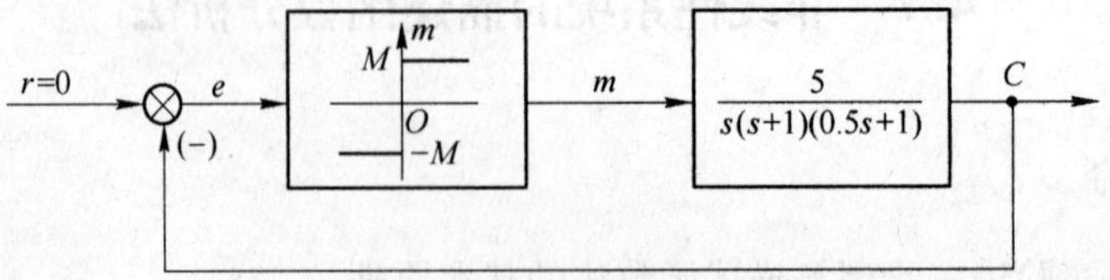

图 4-53 具有继电型非线性特性的控制系统

(4-22) 可知，若 $G(j\omega)$ 曲线与 $-\dfrac{1}{N(X)}$ 轨迹相交，则在相交点处的频率产生自持振荡。

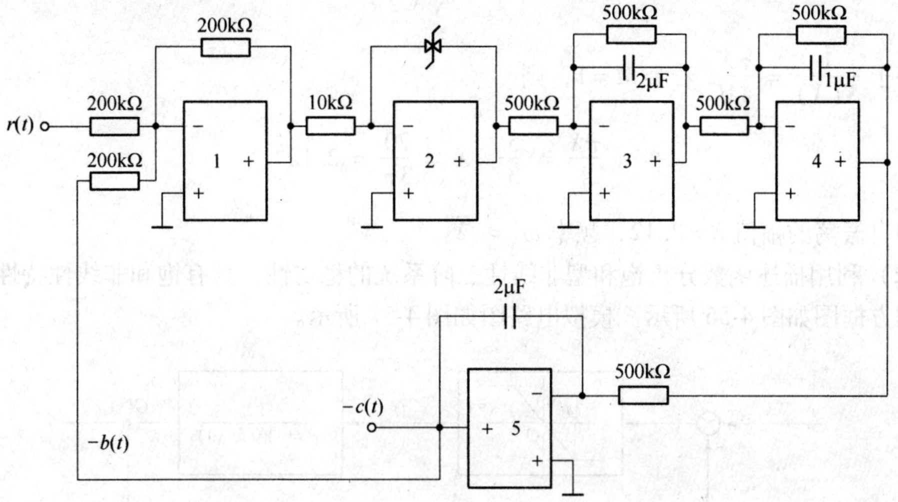

图 4-54 继电器型非线性三阶系统模拟电路图

由图 4-55 可知，$-\dfrac{1}{N(X)}$ 轨线与 $G(j\omega)$ 曲线必有交点，即该系统一定会产生稳定的自持振荡。自振荡的频率 ω_A 和幅值 X 计算如下：

在 ω_A 点处，线性部分 $G(j\omega)$ 的相角为

$$\varphi(\omega_A) = -90° - \arctan\omega_A - \arctan 0.5\omega_A = -180°$$

故
$$\arctan\omega_A + \arctan 0.5\omega_A = 90°$$

$$\frac{1.5\omega_A}{1-0.5\omega_A^2} = \infty \qquad \omega_A = \sqrt{2}$$

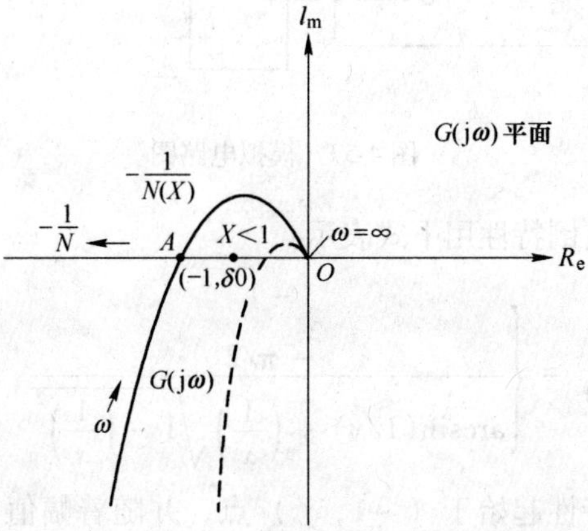

图 4-55 $G(j\omega)$ 平面

$$|G(j\omega_A)| = \frac{5}{\sqrt{2}\,\sqrt{1+2}\,\sqrt{\left(\frac{\sqrt{2}}{2}\right)^2+1}} = \frac{5}{3} = 1.66$$

基于 $\frac{1}{N(X)} = \frac{\pi X}{4M}$，若令 $M=1$，则

$$\frac{\pi X}{4} = \frac{5}{3} \quad X = \frac{20}{3\pi} = 2.12$$

即自振荡的幅值 $X=2.12$，频率 $\omega_A=\sqrt{2}$。

（2）利用描述函数分析饱和型非线性三阶系统的稳定性。具有饱和非线性特性的控制系统的方框图如图 4-56 所示。模拟电路图如图 4-57 所示。

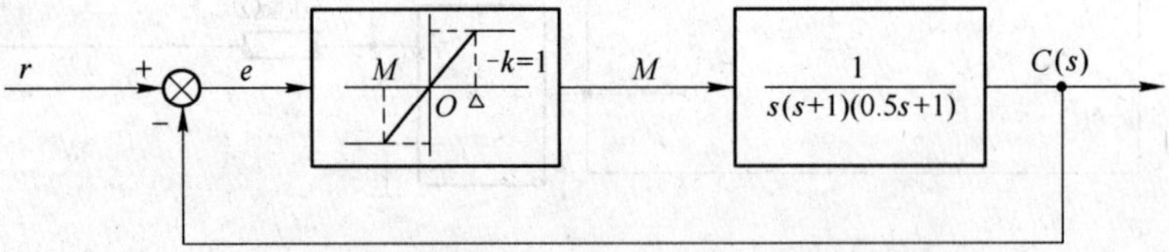

图 4-56　具有饱和非线性特性的控制系统方框图

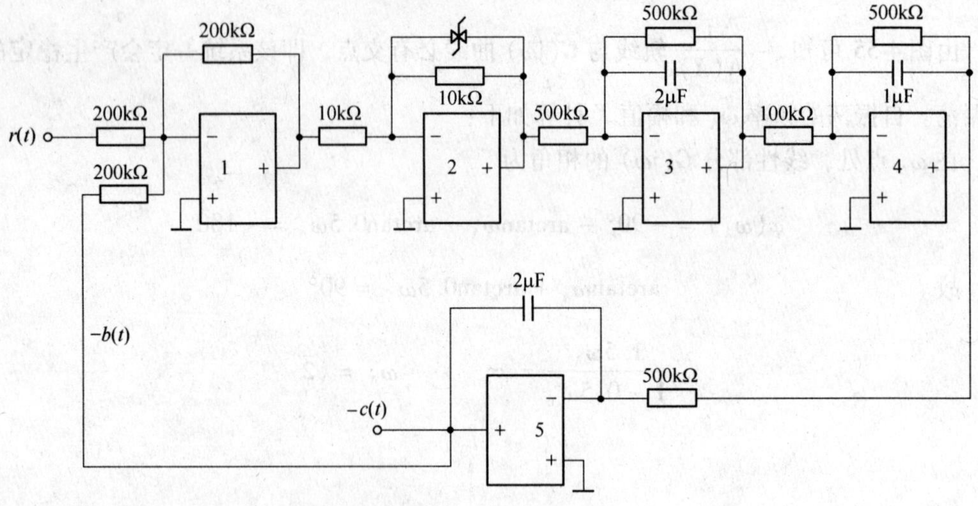

图 4-57　模拟电路图

基于饱和非线性的负倒特性用下式表示：

$$-\frac{1}{N(X)} = \begin{cases} -1 & (X<1) \\ \dfrac{-\pi/2}{\arcsin(1/x) + \left(\dfrac{1}{x}\right)\sqrt{1-\left(\dfrac{1}{x}\right)^2}} & (X>1) \end{cases}$$

由上可知，该负倒特性起始于（-1，j_o）点，并随着幅值 X 的增大沿着复平面的负实轴向左移动，如图 4-55 所示。图中实线所示的 $G(j\omega)$ 曲线与 $-\frac{1}{N(X)}$ 轨线相交于 A 点，

系统将以该点处的频率产生稳定的等幅自持振荡。计算自振荡的频率 ω_A 和振幅 X 用类同于继电型非线性系统的方法。如果减小线性部分的增益，使它变为如虚线所示，则 $G(j\omega)$ 曲与负侧特性 $-\dfrac{1}{N(X)}$ 轨线不相交，表示系统能稳定。

4.7.5.2 实验步骤

首先根据原理部分，分别求出图 4-54、图 4-56 的自激振幅及周期，然后在虚拟示波器上分别观测继电型、饱和型三阶系统的自激振荡，可读出其 T 和 X，实验中如适当减小线性部分的增益，$G(j\omega)$ 曲线向右缩小，至使 $-1/N(X)$ 线不相交，则自振消失。由于 $G(j\omega)$ 曲线不再包围 $-1/N(X)$ 线，闭环系统能够稳定工作。

从示波器上可看出系统的输出为衰减振荡，自激振荡随着线性部分增益的减小而消失。

具体步骤如下：将信号发生器单元 U1 的 ST 端和 +5V 端用“短路块”短接。

（1）用描述函数法分析继电器型非线性二阶系统。

1）按图 4-54 接线，将虚拟示波器 CH1 和 CH2 通道分别接到图 4-54 中的单元 1 和单元 4 的输出端。

2）观测系统在 e-$\dot{e}$ 平面上的相轨迹。

3）在普通示波器界面中，测量自激振荡的振幅 X 和周期 T。

（2）用描述函数法分析饱和型非线性三阶系统。

1）按图 4-57 接线，将虚拟示波器 CH1 和 CH2 通道分别接到图 4-57 中的单元 1 和单元 4 的输出端。

2）观测系统在 e-$\dot{e}$ 平面上的相轨迹。

3）在普通示波器界面中，测量自激振荡的振幅 X 和周期 T。

4）减小线性部分增益，测量自激振荡的振幅和周期。

5）继续减小线性部分增益，直至自激振荡现象消失。

4.7.6 问题思考

改变线性部分的增益对于非线性系统稳定性有何影响?

4.7.7 实验作业

复习描述函数分析非线性系统稳定性的方法，掌握自激振荡产生的条件，总结本次实验心得，认真、及时书写实验报告。

4.8 采样控制系统的分析

4.8.1 实验目的

（1）通过本实验进一步理解香农采样定理和零阶保持器 ZOH 的原理及其实现方法。

（2）利用组件 LF398 组成一个采样控制系统，并研究采样周期 T 的大小对该系统性能的影响。

4.8.2 实验原理

图4-58为信号的采样与恢复的方块图。图中 $X(t)$ 是 t 的连续信号，经采样开关采样后，变为离散信号 $X^*(t)$。

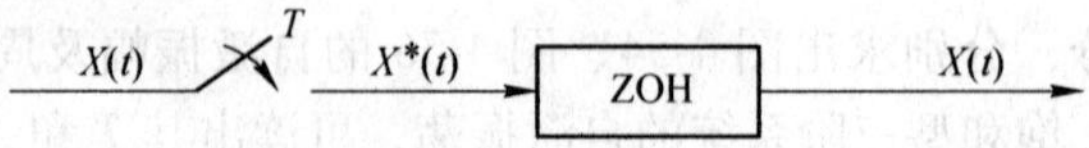

图4-58 连续信号的采样与恢复

香农采样定理证明要使被采样后的离散信号 $X^*(t)$ 能不失真地恢复原有的连续信号 $X(t)$，其充分条件为：

$$\omega_s \geqslant 2\omega_{max} \tag{4-23}$$

式中，ω_s 为采样的角频率；ω_{max} 为连续信号的最高角频率。由于 $\omega_s=\dfrac{2\pi}{T}$，因而式（4-23）可改写为

$$T \leqslant \frac{\pi}{\omega_{max}} \tag{4-24}$$

T 为采样周期。采样控制系统稳定的充要条件是其特征方程的根均位于Z平面上以作标原点为圆心的单位圆内，且这种系统的动、静态性能均只与采样周期 T 有关。

4.8.3 实验材料

TKKL-4控制理论/微型计算机控制技术实验箱、配套导线及短路帽若干、虚拟示波器。

4.8.4 注意事项

（1）采用普通示波器观察。

（2）先确定采样周期，再观察采样系统的瞬态响应。

（3）正弦波信号发生器单元中，波段开关应置 T_2 挡。

4.8.5 实验内容与步骤

4.8.5.1 实验内容

（1）信号的采样与恢复。本实验采用“采样—保持器”组件LF398，它具有将连续信号离散后的零阶保持器输出信号的功能。图4-59为采样保持电路。图中MC1555为产生方波的多谐振荡，MC14538为单稳态电路。改变多谐振荡器的周期，即改变采样周期 T。图4-60为LF398的接线图。

（2）闭环采样控制系统的研究。采样控制系统的方框图如图4-61所示，图中 $\dfrac{1-e^{-Ts}}{s}$ 为零阶保持器ZOH的传递函数，采样控制系统的模拟电路图如图4-62所示。

4.8.5.2 实验步骤

准备：将信号发生器单元U1的ST端和+5V端用“短路块”短接。

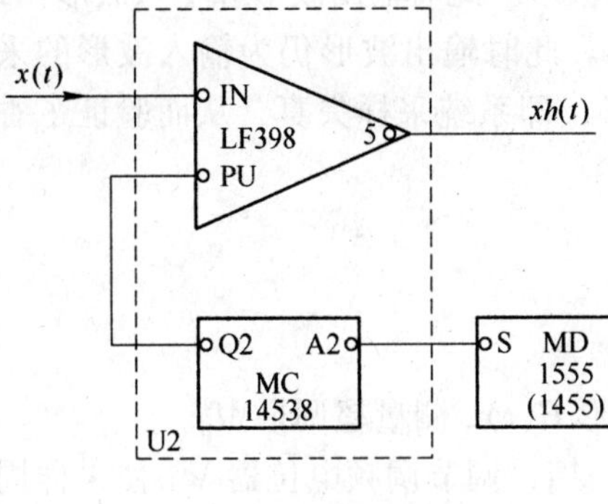

图 4-59　采样保持电路

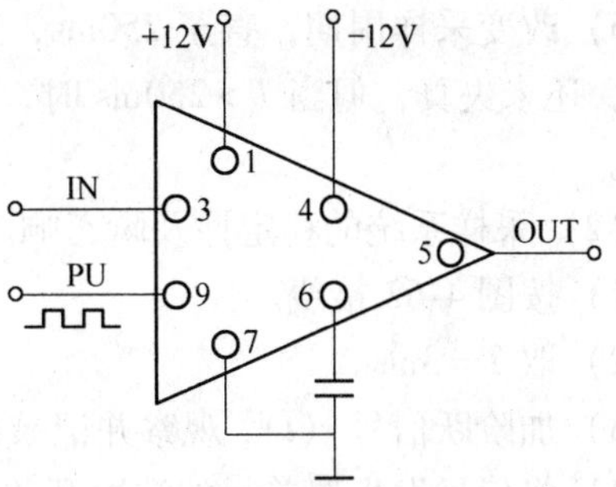

图 4-60　LF398 连接图

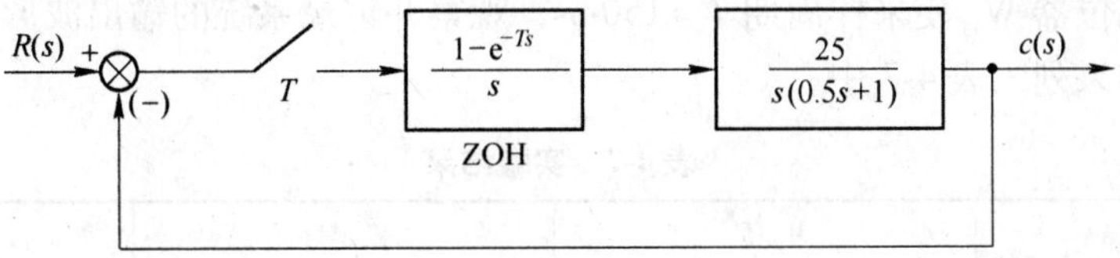

图 4-61　采样控制系统方框图

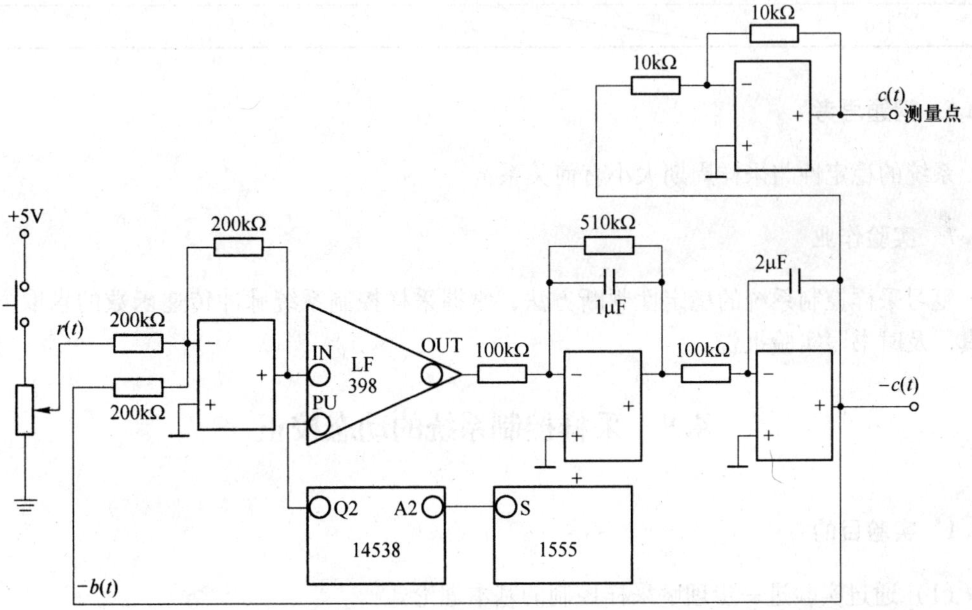

图 4-62　采样控制系统模拟电路

实验步骤：

（1）信号的采样保持与采样周期的关系。

1）按图 4-59 接线。

2）将 U2 正弦信号发生器单元的频率为 2Hz 的正弦信号接至 LF398 的输入端。

3）将 U1 信号发生器单元的波段开关 S_{12} 置于“T_2”挡，调节调频电位器 W_{11} 使采样周期 $T = 50$ms。

4）用示波器同时观测 LF398 的输出波形和输入波形。此时输出波形和输入波形一致。

5）改变采样周期，直至 250ms，观测输出波形。此时输出波形仍为输入波形的采样波形，还未失真，但当 $T>250$ms 时，没有输出波形，即系统采样失真，从而验证了香农定理。

（2）采样系统的稳定性及瞬态响应。

1）按图 4-62 接线。

2）取 $T=3$ms。

3）加阶跃信号 $r(t)$，观察并记录系统的输出波形 $C(t)$，测量超调量 M_p。

4）将信号发生器单元的波段开关 S_{12} 置于“T_2”挡，调节调频电位器 W_{11} 使采样周期 $T=30$ms，系统加入阶跃信号，观察并记录系统输出波形，测出超调量 M_p。

5）调节电位器 W_{11} 使采样周期 $T=150$ms，观察并记录系统的输出波形。

6）实验结果列入表 4-7 中。

表 4-7 实验结果

采样周期 T/ms	M_p/%	稳定性	响应曲线
3			
30			
150	/		

4.8.6 问题思考

系统的稳定性与采样周期大小有何关系？

4.8.7 实验作业

复习采样控制系统的稳定性判断方法，掌握采样控制系统脉冲传递函数的求取方法，认真、及时书写实验报告。

4.9 采样控制系统的动态校正

4.9.1 实验目的

（1）通过实验进一步理解采样控制的基本理论。

（2）掌握采样控制系统校正装置的设计和调试方法。

4.9.2 实验原理

采样控制系统稳定的充要条件是其特征根全部位于 Z 平面上以从标原点为圆心的单位圆内。这种系统的稳定性除了与系统的结构和参数有关外，还与采样周期 T 有关。

4.9.3 实验材料

TKKL-4 控制理论/微型计算机控制技术实验箱、配套导线及短路帽若干、虚拟示波器。

4.9.4 实验注意事项

认真检查电路图连线，并检查相应环节的参数是否符合传递函数的要求。

4.9.5 实验内容与步骤

4.9.5.1 实验内容

（1）利用本实验装置，设计图4-63所示的模拟系统，如图4-64所示。

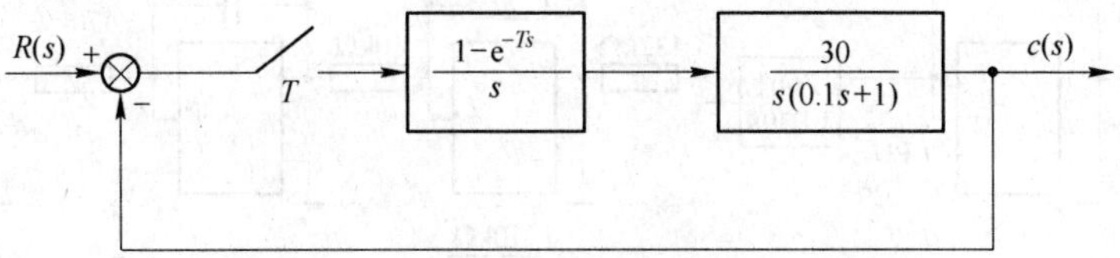

图4-63 校正前采样系统（$T=0.1\text{s}$）

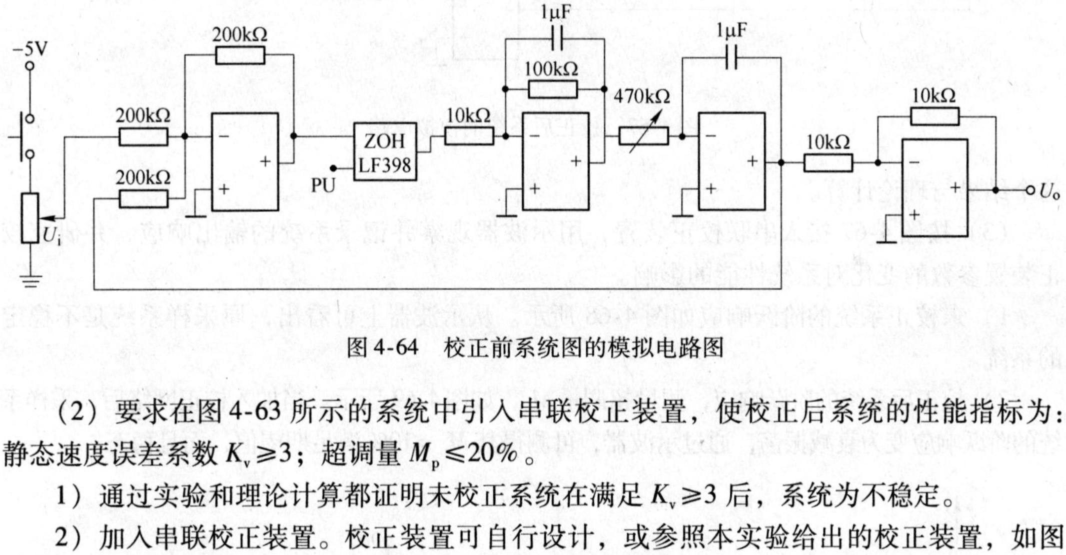

图4-64 校正前系统图的模拟电路图

（2）要求在图4-63所示的系统中引入串联校正装置，使校正后系统的性能指标为：静态速度误差系数$K_v \geqslant 3$；超调量$M_p \leqslant 20\%$。

1）通过实验和理论计算都证明未校正系统在满足$K_v \geqslant 3$后，系统为不稳定。

2）加入串联校正装置。校正装置可自行设计，或参照本实验给出的校正装置，如图4-65所示。

其传递函数为：

$$G_c(s) = \frac{R_2}{R_0} \cdot \frac{R_1 Cs + 1}{(R_1 + R_2)Cs + 1} = \frac{0.68s + 1}{5s + 1}$$

图4-66和图4-67分别为校正后系统的方框图和模拟电路图。

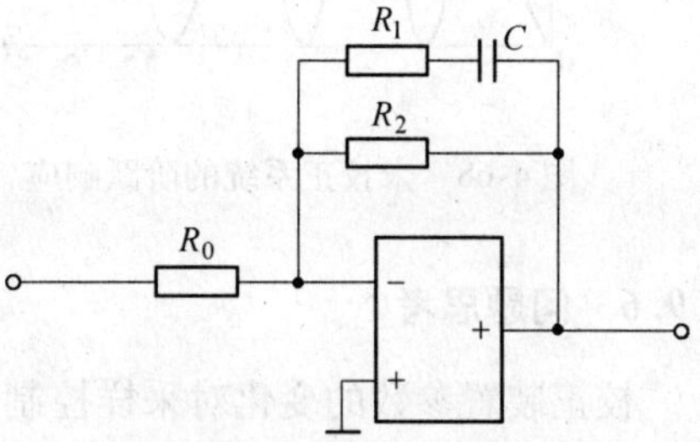

图4-65 校正装置的电路图

4.9.5.2 实验步骤

（1）按图4-64所示的电路图连线，并检查相应环节的参数是否符合传递函数的要求。

（2）在图4-64的输入端接入一阶跃电压U_i，然后用示波器观测并记录其输出响应的波形。比较

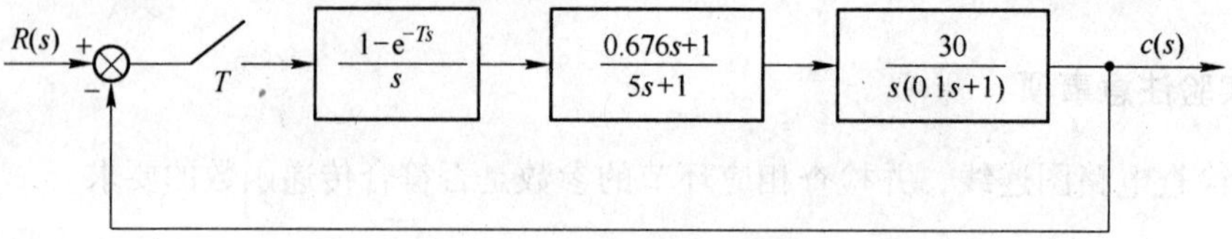

图 4-66 校正后采样系统（$T=0.1$s）

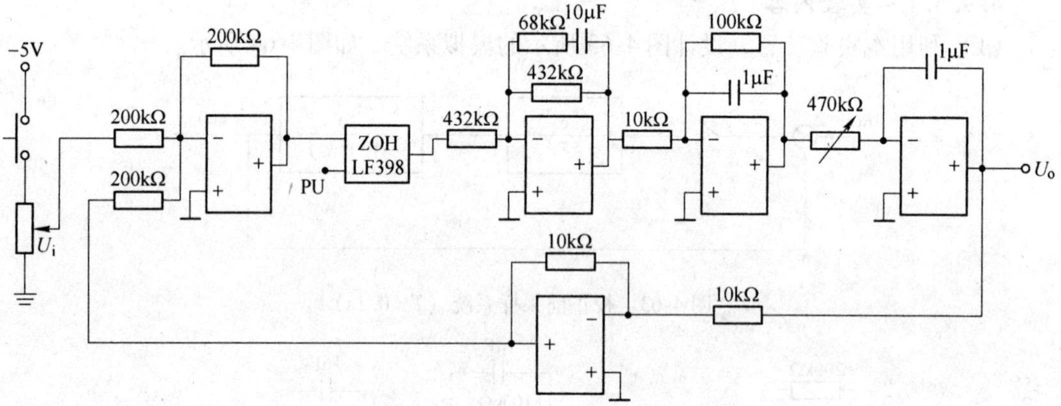

图 4-67 校正后系统的模拟电路

这个结果与理论计算。

（3）按图 4-67 接入串联校正装置，用示波器观察并记录系统的输出响应，并研究校正装置参数的变化对系统性能的影响。

1）未校正系统的阶跃响应如图 4-68 所示。从示波器上可看出，原采样系统是不稳定的系统。

2）校正后系统的阶跃响应，测量超调量 M_p，如图 4-69 所示。当加入校正网络后，采样系统的阶跃响应变为衰减振荡，通过示波器，可测得其 $M_p=10\%$ 满足期望值，而且稳态。

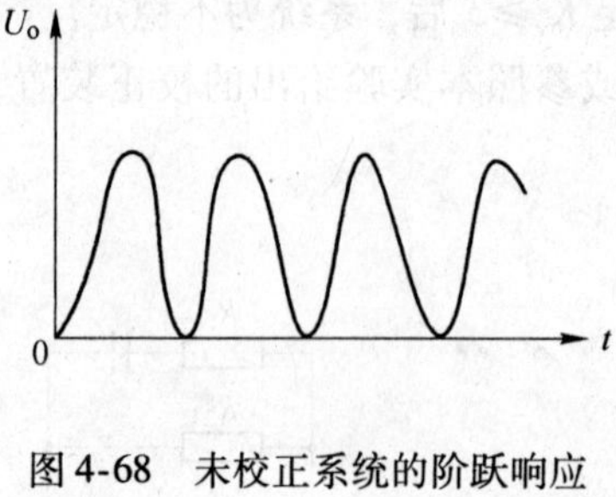

图 4-68 未校正系统的阶跃响应

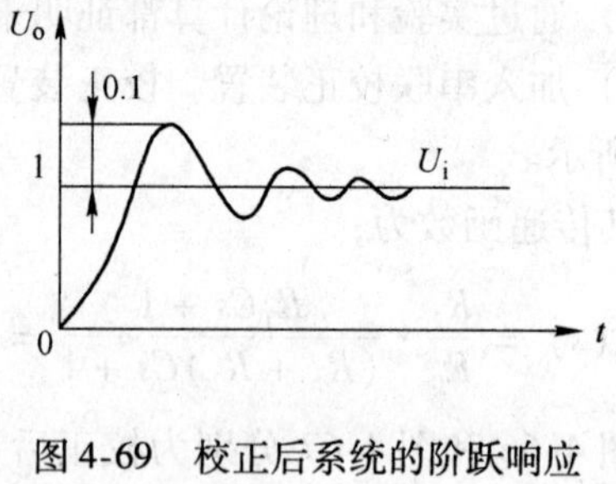

图 4-69 校正后系统的阶跃响应

4.9.6 问题思考

校正装置参数的变化对采样控制系统性能有何影响？

4.9.7 实验作业

查阅采样控制系统动态校正的方法，总结本次实验心得，认真、及时书写实验报告。

5 单片机原理及应用

5.1 P3. 3 口、P1 口简单使用

5.1.1 实验目的

（1）掌握 P3. 3 口、P1 口简单使用。

（2）学习延时程序的编写和使用。

5.1.2 原理框图及实验程序

原理如图 5-1 所示，电路原理如图 5-2 所示。

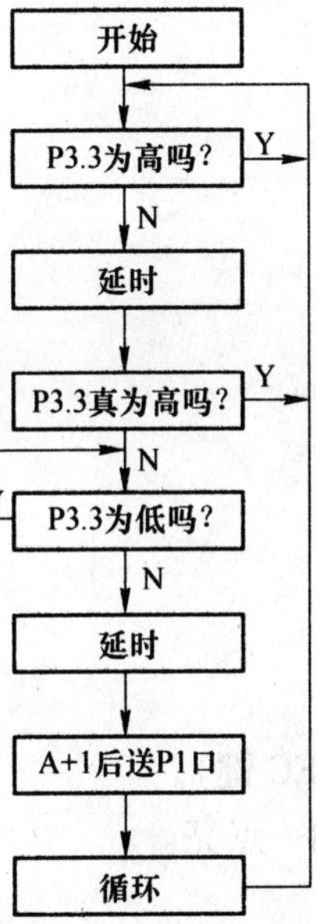

图 5-1 原理框图

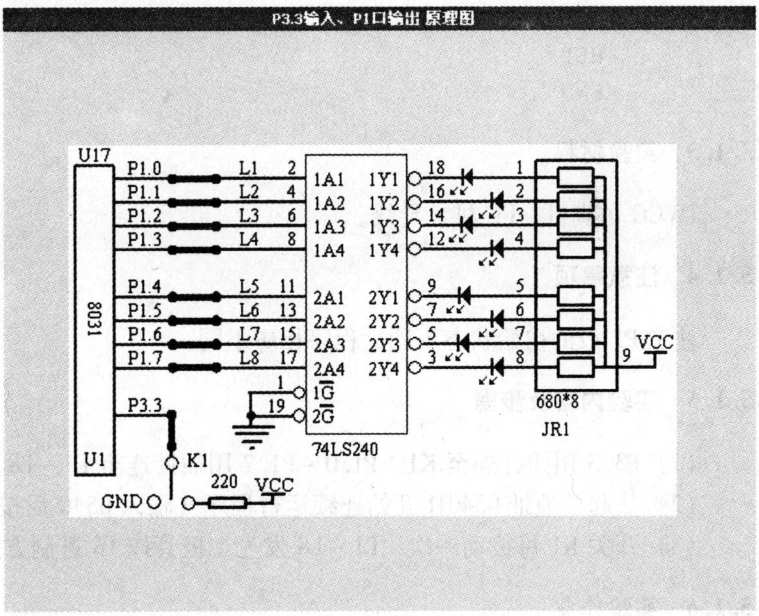

图 5-2 P3. 3 输入、P1 口输出原理图

```
ORG 0540h
HA1S:   MOV A,#00H
HA1S1:  JB P3. 3,HA1S1
        MOV R2,#20H
        LCALL DELAY
        JB P3. 3,HA1S1
```

```
HA1S2:  JNB P3.3,HA1S2
        MOV R2,#20H
        LCALL DELAY
        JNB P3.3,HA1S2
        INC A
        PUSH ACC
        CPL A
        MOV P1,A
        POP ACC
        AJMP HA1S1
DELAY:  PUSH 02H
DELAY1: PUSH 02H
DELAY2: PUSH 02H
DELAY3: DJNZ R2,DELAY3
        POP 02H
        DJNZ R2,DELAY2
        POP 02H
        DJNZ R2,DELAY1
        POP 02H
        DJNZ R2,DELAY
        RET
        END
```

5.1.3 实验材料

DVCC 仿真机、PC 机、导线。

5.1.4 注意事项

注意 P1 口的初始状态不同，程序相应不同。

5.1.5 实验内容及步骤

（1）P3.3 用插针连至 K1，P1.0～P1.7 用插针连至 L1～L8。
（2）从起始地址 0540H 开始连续运行程序（输入 0540 后按 EXEC 键）。
（3）开关 K1 每拨动一次，L1～L8 发光二极管按 16 进制方式加一点亮。

5.1.6 实验作业

延时的时间是多少？写出实验结果。

5.2 并行 I/O 口 8255 的扩展

5.2.1 实验目的

了解 8255 芯片的结构及编程方法，学习模拟交通灯控制的实现方法。

5.2.2 实验原理及程序

实验原理如图 5-3 所示。

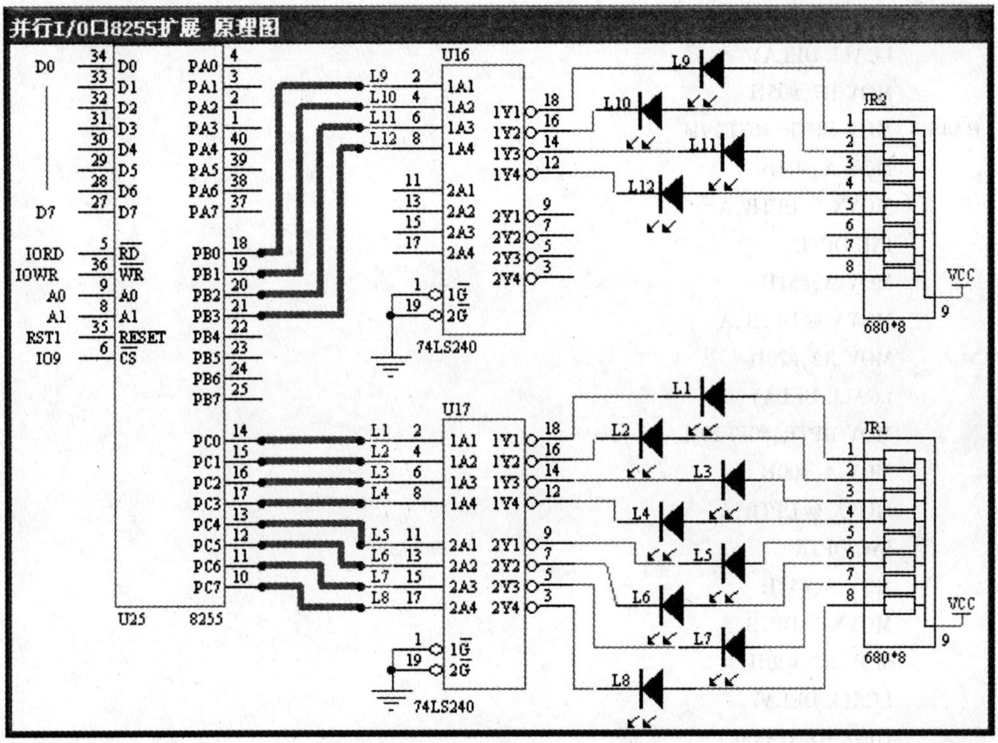

图 5-3 并行 I/O 口 8255 扩展原理图

程序如下：

```
ORG 0630H
HA4S:   MOV SP,#60H
        MOV DPTR,#0FF2BH
        MOV A,#80H
        MOVX @DPTR,A
        MOV DPTR,#0FF29H
        MOV A,#49H
        MOVX @DPTR,A
        INC DPTR
        MOV A,#49H
        MOVX @DPTR,A
        MOV R2,#25H
        LCALL DELAY
HA4S3:  MOV DPTR,#0FF29H
        MOV A,#08H
```

```
        MOVX @DPTR,A
        INC DPTR
        MOV A,#61H
        MOVX @DPTR,A
        MOV R2,#55H
        LCALL DELAY
        MOV R7,#05H
HA4S1:  MOV DPTR,#0FF29H
        MOV A,#04H
        MOVX @DPTR,A
        INC DPTR
        MOV A,#51H
        MOVX @DPTR,A
        MOV R2,#20H
        LCALL DELAY
        MOV DPTR,#0FF29H
        MOV A,#00H
        MOVX @DPTR,A
        INC DPTR
        MOV A,#41H
        MOVX @DPTR,A
        MOV R2,#20H
        LCALL DELAY
        DJNZ R7,HA4S1
        MOV DPTR,#0FF29H
        MOV A,#03H
        MOVX @DPTR,A
        INC DPTR
        MOV A,#0cH
        MOVX @DPTR,A
        MOV R2,#55H
        LCALL DELAY
        MOV R7,#05H
HA4S2:  MOV DPTR,#0FF29H
        MOV A,#02H
        MOVX @DPTR,A
        INC DPTR
        MOV A,#8aH
        MOVX @DPTR,A
        MOV R2,#20H
        LCALL DELAY
        MOV DPTR,#0FF29H
        MOV A,#02H
```

```
        MOVX @DPTR,A
        INC DPTR
        MOV A,#08H
        MOVX @DPTR,A
        MOV R2,#20H
        LCALL DELAY
        DJNZ R7,HA4S2
        LJMP HA4S3
DELAY:  PUSH 02H
DELAY1: PUSH 02H
DELAY2: PUSH 02H
DELAY3: DJNZ R2,DELAY3
        POP 02H
        DJNZ R2,DELAY2
        POP 02H
        DJNZ R2,DELAY1
        POP 02H
        DJNZ R2,DELAY
        RET
        END
```

5.2.3　实验材料

DVCC仿真机、PC机、导线。

5.2.4　注意事项

因为本实验是交通灯控制实验，所以要先了解实际交通灯的变化情况和规律。假设一个十字路口为东西南北走向。初始状态0为东西红灯，南北红灯。然后转状态1东西绿灯通车，南北红灯。过一段时间转状态2，东西绿灯灭，黄灯闪烁几次，南北仍然红灯。再转状态3，南北绿灯通车，东西红灯。过一段时间转状态4，南北绿灯灭，黄灯闪烁几次，延时几秒，东西仍然红灯。最后循环至状态1。

5.2.5　实验内容及步骤

用8255作为输出口，控制十二个发光二极管亮灭，模拟交通灯管理步骤如下：

（1）8255 PC0～PC7、PB0～PB3依次接发光二极管L1～L12。

（2）以连续方式从0630H开始执行程序，初始态为四个路口的红灯全亮之后，东西路口的绿灯亮南北路口的红灯亮，东西路口方向通车。延时一段时间后东西路口的绿灯熄灭，黄灯开始闪耀。闪耀若干次后，东西路口红灯亮，而同时南北路口的绿灯亮，南北路口方向开始通车，延时一段时间后，南北路口的绿灯熄灭，黄灯开始闪耀。闪耀若干次后，再切换到东西路口方向，之后重复以上过程。

5.2.6　实验作业

若改用8155作为输出口硬件与软件如何修改？以图表形式写出实验结果。

5.3　双机通信实验

5.3.1　实验目的

（1）掌握串行口工作方式的程序设计，掌握单片机通信程序编制方法。
（2）了解实现串行通信的硬环境，数据格式的协议，数据交换的协议。
（3）了解双机通信的基本要求。

5.3.2　实验原理及程序

实验原理电路如图 5-4 所示。

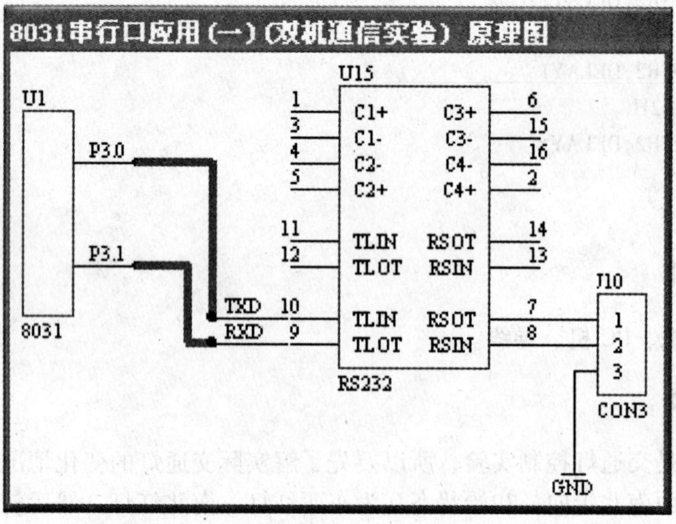

图 5-4　双机通信实验原理图

程序如下：

```
;系统晶振是 6.0MHz
        ORG 0E30H
START:
        MOV SP,#60H
        MOV A,#02H
        MOV R0,#79H
        MOV @R0,A
        INC R0
        MOV A,#10H
        MOV @R0,A
        INC R0
        MOV A,#01H
```

```
        MOV @ R0,A
        INC R0
        MOV A,#03H
        MOV @ R0,A
        INC R0
        MOV A,#00H
        MOV @ R0,A
        INC R0
        MOV A,#08H
        MOV @ R0,A
        MOV A,#7EH
        MOV DPTR,#1FFFH
        MOVX @ DPTR,A
        MOV SCON,#50H   ;串口 方式 1
        MOV TMOD,#20H   ;T1 方式 1
        MOV TL1,#0CCH   ;波特率 9600 的常数
        MOV TH1,#0CCH
        SETB   TR1   ;开中断
        CLR ET1
        CLR ES
WAIT: JBC RI,DIS_REC   ;是否接收到数据
        LCALL   DISP   ;
        SJMP   WAIT   ;
DIS_REC:MOV A,SBUF   ;读取串口接收到的数据
         LCALL DATAKEY   ;显示输入的数字(0~F)
         DB 79H,7EH
         AJMP   WAIT
DATAKEY:MOV R4,A
         MOV DPTR,#1FFFH
         MOVX A,@ DPTR
         MOV R1,A
         MOV A,R4
         MOV @ R1,A
         CLR A
         POP 83H
         POP 82H
         MOVC A,@ A + DPTR
         INC DPTR
         CJNE A,01H,DATAKEY2
         DEC R1
         CLR A
         MOVC A,@ A + DPTR
DATAKEY1:PUSH 82H
```

```
            PUSH 83H
            MOV DPTR,#1FFFH
            MOVX @DPTR,A
            POP 83H
            POP 82H
            INC DPTR
            PUSH 82H
            PUSH 83H
            RET
DATAKEY2:DEC R1
            MOV A,R1
            SJMP DATAKEY1

DISP:SETB 0D4H
        MOV R1,#7EH
        MOV R2,#20H
        MOV R3,#00H
DISP1:
        MOV DPTR,#DATACO
        MOV A,@R1
        MOVC A,@A+DPTR
        MOV DPTR,#0FF22H
        MOVX @DPTR,A
            MOV DPTR,#0FF21H
        MOV A,R2
        MOVX @DPTR,A
            LCALL DELAY
        DEC R1
        CLR C
        MOV A,R2
        RRC A
        MOV R2,A
        JNZ DISP1
        CLR 0D4H
        RET
DELAY: MOV R7,#03H
DELAY0: MOV R6,#0FFH
DELAY1: DJNZ R6,DELAY1
          DJNZ R7,DELAY0
          RET
DATACO: DB 0C0H,0F9H,0A4H,0B0H,99H,92H,82H,0F8H,80H,90H
          DB 88H,83H,0C6H,0A1H,86H,8EH,0BFH,0CH,89H,0DEH
          END
```

```
;系统晶振是 6.0MHz

    ORG 0E30H
START:
        MOV SP,#60H
        MOV A,#02H
        MOV R0,#79H
        MOV @R0,A
        INC R0
        MOV A,#10H
        MOV @R0,A
        INC R0
        MOV A,#01H
        MOV @R0,A
        INC R0
        MOV A,#03H
        MOV @R0,A
        INC R0
        MOV A,#00H
        MOV @R0,A
        INC R0
        MOV A,#08H
        MOV @R0,A
        MOV A,#7EH
        MOV DPTR,#1FFFH
        MOVX @DPTR,A
            MOV SCON,#50H   ;串口 方式 1
        MOV TMOD,#20H   ;T1 方式 1
        MOV TL1,#0CCH   ;波特率 9600 的常数
        MOV TH1,#0CCH
        SETB TR1   ;开中断
        CLR ET1
        CLR ES
WAIT:
        JBC RI,DIS_REC   ;是否接收到数据
        LCALL DISP   ;
        SJMP WAIT   ;
DIS_REC:
        MOV A,SBUF  ;读取串口接收到的数据
        LCALL DATAKEY   ;显示输入的数字(0~F)
        DB 79H,7EH
        AJMP WAIT
```

```
DATAKEY:MOV R4,A
        MOV DPTR,#1FFFH
        MOVX A,@DPTR
        MOV R1,A
        MOV A,R4
        MOV @R1,A
        CLR A
        POP 83H
        POP 82H
        MOVC A,@A+DPTR
        INC DPTR
        CJNE A,01H,DATAKEY2
        DEC R1
        CLR A
        MOVC A,@A+DPTR
DATAKEY1:PUSH 82H
         PUSH 83H
         MOV DPTR,#1FFFH
         MOVX @DPTR,A
         POP 83H
         POP 82H
         INC DPTR
         PUSH 82H
         PUSH 83H
         RET
DATAKEY2:DEC R1
         MOV A,R1
         SJMP DATAKEY1

DISP:  SETB 0D4H
       MOV R1,#7EH
       MOV R2,#20H
       MOV R3,#00H
DISP1:
       MOV DPTR,#DATACO
       MOV A,@R1
       MOVC A,@A+DPTR
       MOV DPTR,#0FF22H
       MOVX @DPTR,A
           MOV DPTR,#0FF21H
       MOV A,R2
       MOVX @DPTR,A
           LCALL DELAY
```

```
        DEC R1
        CLR C
        MOV A,R2
        RRC A
        MOV R2,A
        JNZ DISP1
        CLR 0D4H
        RET
DELAY: MOV R7,#03H
DELAY0: MOV R6,#0FFH
DELAY1: DJNZ R6,DELAY1
        DJNZ R7,DELAY0
        RET
DATACO: DB 0C0H,0F9H,0A4H,0B0H,99H,92H,82H,0F8H,80H,90H
        DB 88H,83H,0C6H,0A1H,86H,8EH,0BFH,0CH,89H,0DEH
        END
```

5.3.3 实验材料

DVCC 仿真机、PC 机、导线。

5.3.4 注意事项

双机一定要共地。

5.3.5 实验内容及步骤

实验内容：

（1）利用 8031 单片机串行口，实现双机通信。

（2）本实验实现以下功能，将 1 号实验机键盘上键入的数字、字母显示到 2 号机的数码管上。

实验步骤：

（1）按图连好线路。

（2）在 DVCC 实验系统处于“P.”状态下。

（3）1 号机输入四位起始地址 0D00 后，按 EXEC 键连续运行程序。

（4）2 号机输入四位起始地址 0E30 后，按 EXEC 键连续运行程序。

（5）从 1 号机上的键盘输入数字键，会显示在 2 号机的数码管上。

5.3.6 实验作业

若串行口采用其他工作方式，程序如何修改？以图表形式写出实验结果。

5.4 A/D 转换实验

5.4.1 实验目的

（1）掌握 A/D 转换与单片机的接口方法。

（2）了解 A/D 芯片 0809 转换性能及编程方法。

（3）通过实验了解单片机如何进行数据采集。

5.4.2　实验原理及应用

实验电路原理如图 5-5 所示。

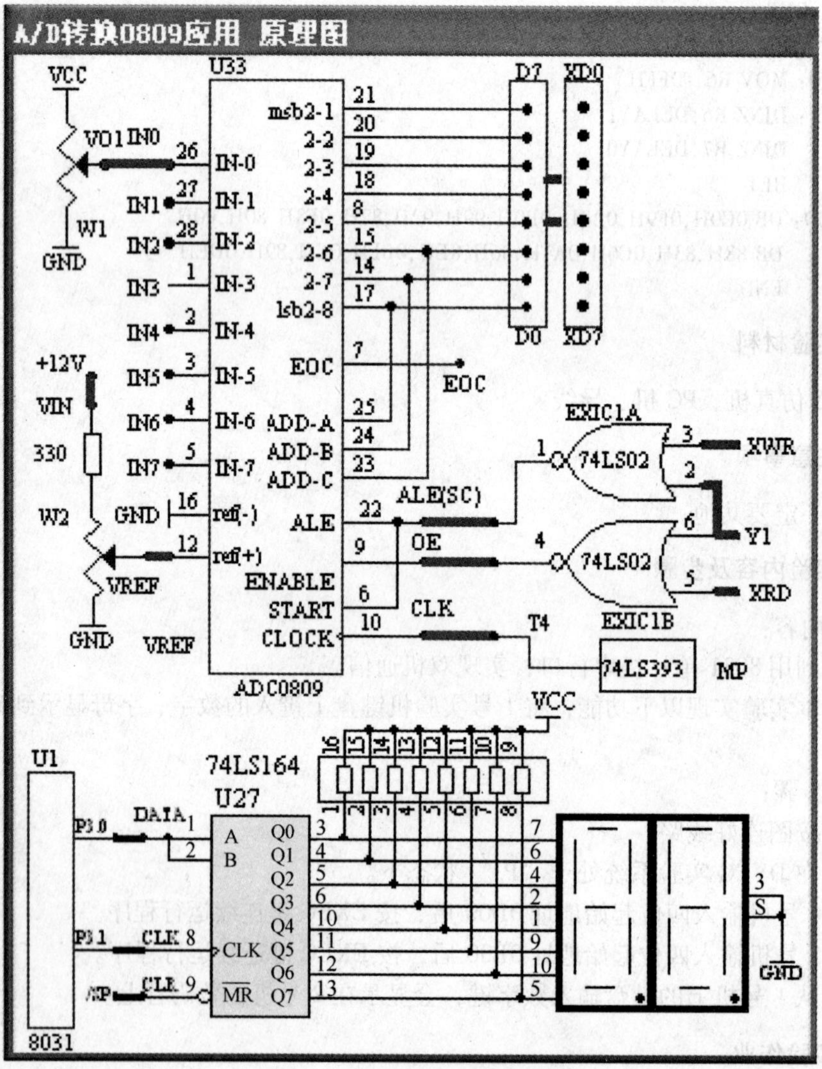

图 5-5　A/D 转换 0809 应用原理图

程序如下：

```
        ORG 06D0H
START:  MOV A, #00H
        MOV DPTR, #9000H
        MOVX @DPTR, A
```

```
        MOV A, #00H
        MOV SBUF, A
        MOV SBUF, A
        MOVX A, @DPTR
DISP:   MOV  R0, A
        ANL A, #0FH
  LP:   MOV DPTR, #TAB
        MOVC A, @A+DPTR
        MOV SBUF, A
        MOV R7, #0FH
H55S:   DJNZ R7, H55S
        MOV A, R0
        SWAP A
        ANL A, #0FH
        MOVC A, @A+DPTR
        MOV SBUF, A
        MOV R7, #0FH
H55S1:  DJNZ R7, H55S1
        LCALL DELAY
        AJMP  START
TAB: DB 0fch, 60h, 0dah, 0f2h, 66h, 0b6h, 0beh, 0e0h
     DB 0feh, 0f6h, 0eeh, 3eh, 9ch, 7ah, 9eh, 8eh
DELAY: MOV R6, #0FFh
DELY2: MOV R7, #0FFh
DELY1: DJNZ R7, DELY1
        DJNZ R6, DELY2
        RET
END
```

5.4.3 实验材料

DVCC 仿真机、PC 机、8 针排线、导线、电压表。

5.4.4 注意事项

A/D 转换器大致分有三类：一是双积分 A/D 转换器，优点是精度高，抗干扰性好，价格便宜，但速度慢；二是逐次逼近式 A/D 转换器，精度、速度、价格适中；三是并行 A/D 转换器，速度快，价格也昂贵。实验用 ADC0809 属第二类，是 8 位 A/D 转换器。每采集一次一般需 100μs。由于 ADC0809A/D 转换器转换结束后会自动产生 EOC 信号（高电平有效），取反后将其与 8031 的 INT0 相连，可以用中断方式读取 A/D 转换结果。

5.4.5 实验内容及步骤

实验内容：

利用实验仪上的0809做A/D转换实验，实验仪上的W1电位器提供模拟量输入。编制程序，将模拟量转换成数字量，通过发光二极管L1～L8显示。

实验步骤如下：

(1) 把A/D区0809的0通道IN0用插针接至W1的中心抽头V01插孔（0～5V）。

(2) 0809的CLK插孔与分频输出端T4相连。

(3) 将W2的输入VIN接+12V插孔，+12V插孔再连到外置电源的+12上（电源内置时，该线已连好）。调节W2，使VREF端为+5V。

(4) 将A/D区的VREF连到W2的输出VREF端。

(5) EXIC1上插上74LS02芯片，将有关线路按图连接好。

(6) 将A/D区D0～D7用排线与BUS1区XD0～XD7相连。

(7) 将BUS3区P3.0用连到数码管显示区DATA插孔。

(8) 将BUS3区P3.1用连到数码管显示区CLK插孔。

(9) 单脉冲发生/SP插孔连到数码管显示区CLR插孔。

(10) 仿真实验系统在"P……"状态下。

(11) 以连续方式从起始地址06D0运行程序，在数码管上显示当前采集的电压值转换后的数字量，调节W1数码管显示将随着电压变化而相应变化，典型值为0—00H，2.5V—80H，5V—FFH。

5.4.6 问题思考

单片机与0809的接口电路改为中断，如何修改硬件连接与程序？

5.4.7 实验作业

以图表形式写出实验结果。

5.5 D/A转换实验

5.5.1 实验目的

(1) 了解D/A转换与单片机的接口方法。

(2) 了解D/A转换芯片0832的性能及编程方法。

(3) 了解单片机系统中扩展D/A转换芯片的基本方法。

5.5.2 实验原理及程序

实验电路原理如图5-6所示。

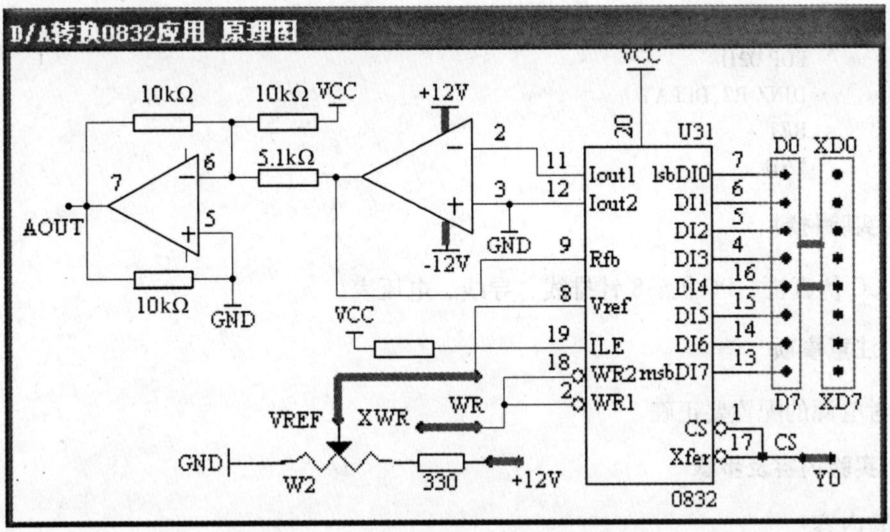

图 5-6 D/A 转换 0832 应用原理图

程序如下：

```
ORG 0740H
HA6S:   MOV SP,#53H
HA6S1:  MOV R6,#00H
HA6S2:  MOV DPTR,#8000H
        MOV A,R6
        MOVX @DPTR,A
        MOV R2,#0BH
        LCALL DELAY
        INC R6
        CJNE R6,#0FFH,HA6S2
HA6S3:  MOV DPTR,#8000H
        DEC R6
        MOV A,R6
        MOVX @DPTR,A
        MOV R2,#0BH
        LCALL DELAY
        CJNE R6,#00H,HA6S3
        SJMP HA6S1
DELAY:  PUSH 02H
DELAY1: PUSH 02H
DELAY2: PUSH 02H
DELAY3: DJNZ R2,DELAY3
        POP 02H
        DJNZ R2,DELAY2
```

```
POP 02H
DJNZ R2,DELAY1
POP 02H
DJNZ R2,DELAY
RET
END
```

5.5.3 实验材料

DVCC 仿真机、PC 机、8 针排线、导线、电压表。

5.5.4 注意事项

参考电源的配置要正确。

5.5.5 实验内容及步骤

实验内容：

利用 0832 输出一个从 -5V 开始逐渐升到 0V 再逐渐升至 5V，再从 5V 逐渐降至 0V，再降至 -5V 的锯齿波电压。

实验步骤：

（1）把 D/A 区 0832 片选 CS 信号线接至译码输出插孔 Y0。

（2）将 +12V 插孔、-12V 插孔通过导线连到外置电源上，如果电源内置时，则 +12V、-12V 电源已连好。

（3）将 D/A 区 WR 插孔连到 BUS3 区 XWR 插孔。

（4）将电位器 W2 的输出 VREF 连到 D/A 区的 VREF 上，电位器 W2 的输 VIN 连到 +12V插孔，调节 W2 使 VREF 为 +5V。

（5）用 8 针排线将 D/A 区 D0 ~ D7 与 BUS2 区 XD0 ~ XD7 相连。

（6）在"P……"状态下，从起始地址 0740H 开始连续运行程序（输入 0740 后按 EXEC 键）。

（7）用万用表或示波器测 D/A 输出端 AOUT，应能测出不断加大和减小的电压值。

5.5.6 实验作业

如何减少测量误差？以图表形式写出实验结果。

5.6 串并转换实验

5.6.1 实验目的

（1）掌握 8031 串行口方式 0 工作方式及编程方法。

（2）掌握利用串行口扩展 I/O 通道的方法。

5.6.2 实验原理及程序

实验电路原理如图 5-7 所示。

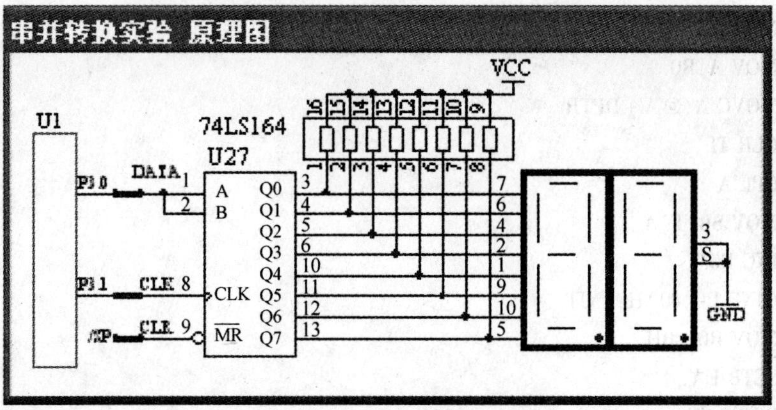

图 5-7 串并转换实验原理图

程序如下：

```
TIMER   EQU 01H
        ORG 000BH
        AJMP INT_T0
        ORG 0790H

START:   MOV SP,#53H
         MOV TMOD,#01H
         MOV TL0,#00H
         MOV TH0,#4BH
         MOV R0,#0H
         MOV TIMER,#20
         MOV SCON,#00H
         CLR TI
         CLR RI
         SETB TR0
         SETB ET0
         SETB EA
         SJMP   $

INT_T0: PUSH ACC
        PUSH PSW
        CLR EA
        CLR TR0
        MOV TL0,#0H
        MOV TH0,#4BH
        SETB TR0
        DJNZ TIMER,EXIT
```

```
        MOV TIMER,#20
        MOV DPTR,#CDATA
        MOV A,R0
        MOVC A,@ A + DPTR
        CLR TI
        CPL A
        MOV SBUF,A
        INC R0
        CJNE R0,#0AH,EXIT
        MOV R0,#0H
EXIT:   SETB EA
        POP PSW
        POP ACC
        RETI
CDATA:  DB 03H,9FH,25H,0DH,99H,49H,41H,1FH,01H,09H
END
```

5.6.3　实验材料

DVCC 仿真机、PC 机、导线。

5.6.4　注意事项

实际接线时只有一个数码管。

5.6.5　实验内容及步骤

实验内容：

利用 0831 串行口和串行输入并行输出移位寄存器 74LS164，扩展一个 8 位输出通道，用于驱动一个数码显示器，在数码显示器上循环显示从 8031 串行口输出的 0 ~9 这 10 个数字。

实验步骤：

（1）将 S/P 区 DATA 插孔接 BUS 3 区 P3. 0（RXD）插孔。

（2）将 S/P 区 CLK 插孔接 BUS 3 区 P3. 1（TXD）插孔。

（3）将 S/P 区 CLR 插孔接 MP 区 /SP 插孔，上电时对 164 复位。

（4）在 DVCC 系统处于仿真 1 态即“P.”状态下，将地址 000B 内容改为 E1B1，作为定时器 0 的入口地址。

（5）将状态切换为“P……”状态，从地址 0790H 开始连续执行程序。

（6）在扩展的一位数码管上循环显示 0 ~9 这 10 个数字。

5.6.6　实验作业

若要扩展 2 个 8 位并行输出口如何修改硬件连接与软件编程？以图表形式写出实验结果。

5.7 步进电机控制

5.7.1 实验目的

（1）了解步进电机控制的基本原理。
（2）掌握步进电机转动编程方法。

5.7.2 实验原理及程序

实验原理电路如图 5-8 所示。

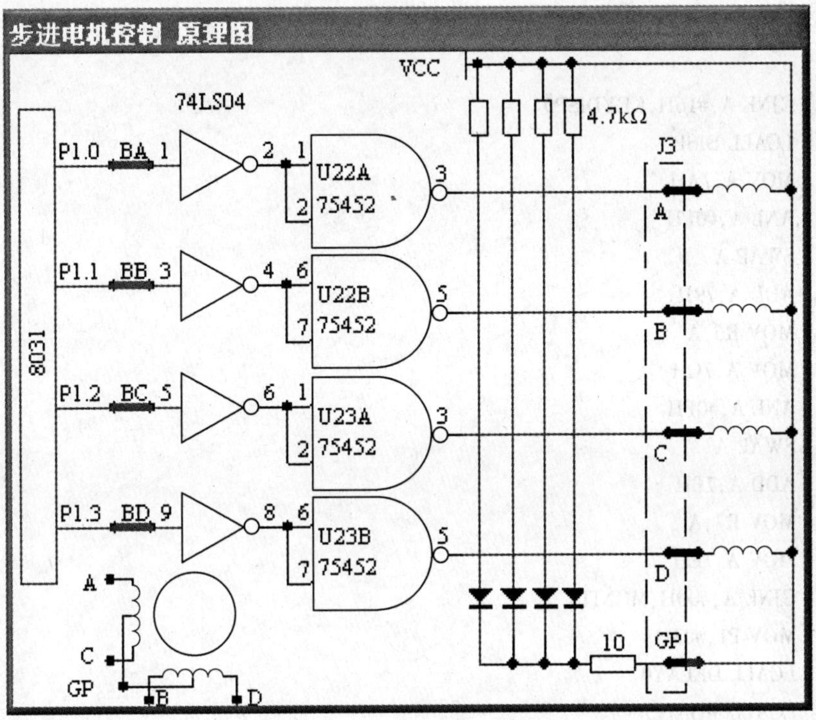

图 5-8 步进电机控制原理图

程序如下：

```
        ORG 0A30H
MONIT:  MOV SP,#50H
        MOV 7EH,#00H
        MOV 7DH,#02H
        MOV R0,#7CH
        MOV A,#08H
        MOV R4,#04H
MONIT1: MOV @R0,A
```

```
          DEC R0
          DJNZ R4,MONIT1
          MOV A,#7EH
          MOV DPTR,#1FFFH        ;DISPFLAG
          MOVX @DPTR,A
          MOV 76H,#00H
          MOV 77H,#00H
KEYDISP0: LCALL KEY
          JC DATAKEY
          AJMP MONIT2
DATAKEY:  LCALL DATAKEY1
          DB 79H,7EH
          SJMP KEYDISP0

MONIT2:   CJNE A,#16H,KEYDISP0
          LCALL DISP
          MOV A,7AH
          ANL A,#0FH
          SWAP A
          ADD A,79H
          MOV R6,A
          MOV A,7CH
          ANL A,#0FH
          SWAP A
          ADD A,7BH
          MOV R7,A
          MOV A,7EH
          CJNE A,#00H,MONIT4
MONIT3:   MOV P1,#03H
          LCALL DELAY0
          LCALL MONIT5
          MOV P1,#06H
          LCALL DELAY0
          LCALL MONIT5
          MOV P1,#0CH
          LCALL DELAY0
          LCALL MONIT5
          MOV P1,#09H
          LCALL DELAY0
          LCALL MONIT5
          SJMP MONIT3
MONIT4:   MOV P1,#09H
          LCALL DELAY0
```

```
        LCALL MONIT5
        MOV P1,#0CH
        LCALL DELAY0
        LCALL MONIT5
        MOV P1,#06H
        LCALL DELAY0
        LCALL MONIT5
        MOV P1,#03H
        LCALL DELAY0
        LCALL MONIT5
        SJMP MONIT4
MONIT5: DEC R6
        CJNE R6,#0FFH,MONIT6
        DEC R7
        CJNE R7,#0FFH,MONIT6
        LJMP MONIT
MONIT6: LCALL MONIT7
        RET

MONIT7: MOV R0,#79H
        MOV A,R6
        LCALL MONIT8
        MOV A,R7
        LCALL MONIT8
        LCALL DISP
        RET
MONIT8: MOV R1,A
        ACALL MONIT9
        MOV A,R1
        SWAP A
MONIT9: ANL A,#0FH
        MOV @R0,A
        INC R0
        RET
DELAY0: MOV R0,#7DH
        MOV A,@R0
        SWAP A
        MOV R4,A
DELAY1: MOV R5,#80H
DELAY2: DJNZ R5,DELAY2
        LCALL DISP
        DJNZ R4,DELAY1          ; ***
        RET
```

```
DATAKEY1:MOV R4,A
         MOV DPTR,#1FFFH
         MOVX A,@DPTR
         MOV R1,A
         MOV A,R4
         MOV @R1,A
         CLR A
         POP 83H
         POP 82H
         MOVC A,@A+DPTR
         INC DPTR
         CJNE A,01H,DATAKEY3
         DEC R1
         CLR A
         MOVC A,@A+DPTR
DATAKEY2:PUSH 82H
         PUSH 83H
         MOV DPTR,#1FFFH
         MOVX @DPTR,A
         POP 83H
         POP 82H
         INC DPTR
         PUSH 82H
         PUSH 83H
         RET
DATAKEY3:DEC R1
         MOV A,R1
         SJMP DATAKEY2

KEY0:   MOV R6,#20H
        MOV DPTR,#1FFFH
        MOVX A,@DPTR
        MOV R0,A
        MOV A,@R0
        MOV R7,A
        MOV A,#10H
        MOV @R0,A
KEY3:   LCALL KEYDISP
        JNB 0E5H,KEY2
        DJNZ R6,KEY3
        MOV DPTR,#1FFFH                  ;***
        MOVX A,@DPTR
```

```
         MOV R0,A                        ; ***
         MOV A,R7
         MOV @R0,A
KEY:     MOV R6,#50H
KEY1:    LCALL KEYDISP
         JNB 0E5H,KEY2                   ; ***
         DJNZ R6,KEY1
         SJMP KEY0
KEY2:    MOV R6,A
         MOV A,R7
         MOV @R0,A
         MOV A,R6                        ;A = KEYDATA
KEYEND:  RET

KEYDISP:   LCALL DISP
           LCALL KEYSM
           MOV R4,A                      ;KEYDATA
           MOV R1,#76H                   ;DATASAME TIME
           MOV A,@R1
           MOV R2,A
           INC R1
           MOV A,@R1
           MOV R3,A                      ;LAST KEYDATA
           XRL A,R4
                                         ;TWO TIME KEYDATA
           MOV R3,04H                    ;NEW KEYDATA - - -R3
           MOV R4,02H                    ;TIME - - -R4
           JZ KEYDISP1
           MOV R2,#88H
           MOV R4,#88H
KEYDISP1:  DEC R4
           MOV A,R4
           XRL A,#82H
           JZ KEYDISP2
           MOV A,R4                      ;R4 = TIME
           XRL A,#0EH
           JZ KEYDISP2
           MOV A,R4
           ORL A,R4
           JZ KEYDISP3
           MOV R4,#20H                   ;R4 = 20H
           DEC R2
           LJMP KEYDISP5
```

```
KEYDISP3:MOV R4,#0FH
KEYDISP2:MOV R2,04H
         MOV R4,03H
KEYDISP5:MOV R1,#76H
         MOV A,R2
         MOV @R1,A
         INC R1
         MOV A,R3
         MOV @R1,A
         MOV A,R4            ; ****
         CJNE R3,#10H,KEYDISP4
KEYDISP4:RET

DISP:   SETB 0D4H
        MOV R1,#7EH
        MOV R2,#20H
        MOV R3,#00H
DISP1:  MOV DPTR,#0FF21H
        MOV A,R2
        MOVX @DPTR,A
        MOV DPTR,#DATA1
        MOV A,@R1
        MOVC A,@A+DPTR
        MOV DPTR,#0FF22H
        MOVX @DPTR,A
DISP2:  DJNZ R3,DISP2
        DEC R1
        CLR C
        MOV A,R2
        RRC A
        MOV R2,A
        JNZ DISP1
        MOV A,#0FFH
        MOV DPTR,#0FF22H
        MOVX @DPTR,A
        CLR 0D4H
        RET
DATA1:    DB 0C0H,0F9H,0A4H,0B0H,99H,92H,82H,0F8H,80H,90H
          DB 88H,83H,0C6H,0A1H,86H,8EH,0FFH,0CH,89H,0DEH

KEYSM:    SETB 0D4H
          MOV A,#0FFH
          MOV DPTR,#0FF22H
```

```
          MOVX @DPTR,A              ;OFF DISP
KEYSM0:   MOV R2,#0FEH
          MOV R3,#08H
          MOV R0,#00H
KEYSM1:   MOV A,R2
          MOV DPTR,#0FF21H
          MOVX @DPTR,A
          NOP
          RL A
          MOV R2,A
          MOV DPTR,#0FF23H
          MOVX A,@DPTR
          CPL A
          NOP
          NOP
          NOP
          ANL A,#0FH
          JNZ KEYSM2
          INC R0                    ;NOKEY
          DJNZ R3,KEYSM1
          SJMP KEYSM10
KEYSM2:   CPL A                     ;YKEY
          JB 0E0H,KEYSM3
          MOV A,#00H
          SJMP KEYSM7
KEYSM3:   JB 0E1H,KEYSM4
          MOV A,#08H
          SJMP KEYSM7
KEYSM4:   JB 0E2H,KEYSM5
          MOV A,#10H
          SJMP KEYSM7
KEYSM5:   JB 0E3H,KEYSM10
          MOV A,#18H
KEYSM7:   ADD A,R0
          CLR 0D4H
          CJNE A,#10H,KEYSM9
KEYSM9:   JNC KEYSM10
          MOV DPTR,#DATA2
          MOVC A,@A+DPTR
KEYSM10:RET
DATA2:    DB 07H,04H,08H,05H,09H,06H,0AH,0BH
          DB 01H,00H,02H,0FH,03H,0EH,0CH,0DH
          END
```

5.7.3 实验材料

DVCC 仿真机、PC 机、导线。

5.7.4 注意事项

实验前要确定学生对步进电机的知识有一定的了解。

5.7.5 实验内容及步骤

实验内容：

从键盘上输入正、反转命令，转速参数和转动步数显示在显示器上，CPU 再读取显示器上显示的正、反转命令，转速级数（16 级）和转动步数后执行。转动步数减为零时停止转动。

实验步骤：

（1）步进电机插头插到实验系统 J3 插座中，P1.0～P1.3 接到 BA～BD 插孔。

（2）在“P.”状态下，从起始地址开始（0A30H）连续执行程序。输入起始地址后按 EXEC 键。

（3）在键盘上输入数字在显示器上显示，第一位为 0 表示正转，为 1 表示反转，第二位 0～F 为转速等级，第三到第六位设定步数，设定完毕后，按 EXEC 键，步进电机开始旋转。

5.7.6 实验作业

为什么用单片机控制步进电机最适合？写出实验结果。

6 检测与转换技术

6.1 金属箔式应变片——全桥性能实验

6.1.1 实验目的

了解金属箔式应变片的应变效应，单臂电桥、全桥工作原理和性能。

6.1.2 实验原理

金属丝在外力作用下发生机械形变时，其电阻值会发生变化，这就是金属的电阻应变效应。金属的电阻表达式为：

$$R = \rho \frac{l}{S} \tag{6-1}$$

当金属电阻丝受到轴向拉力 F 作用时，将伸长 Δl，横截面积相应减小 ΔS，电阻率因晶格变化等因素的影响而改变 $\Delta\rho$，故引起电阻值变化 ΔR。对式（6-1）全微分，并用相对变化量来表示，则有：

$$\frac{\Delta R}{R} = \frac{\Delta l}{l} - \frac{\Delta S}{S} + \frac{\Delta\rho}{\rho} \tag{6-2}$$

式中，$\Delta l/l$ 为电阻丝的轴向应变，用 ε 表示，常用单位 $\mu\varepsilon$（$1\mu\varepsilon = 1\times10^{-6}$mm/mm）。若径向应变为 $\Delta r/r$，电阻丝的纵向伸长和横向收缩的关系用泊松比 μ 表示为 $\Delta r/r = -\mu(\Delta/l)$，因为 $\Delta S/S = 2(\Delta r/r)$，则式（6-2）可以写成：

$$\frac{\Delta R}{R} = \frac{\Delta l}{l}(1+2\mu) + \frac{\Delta\rho}{\rho} = \left(1 + 2\mu + \frac{\Delta\rho/\rho}{\Delta l/l}\right)\frac{\Delta l}{l} = k_0\frac{\Delta l}{l} \tag{6-3}$$

式（6-3）为“应变效应”的表达式。k_0 称金属电阻的灵敏系数，从式（6-3）可见，k_0 受两个因素影响，一个是 $1+2\mu$，它是材料的几何尺寸变化引起的，另一个是 $\Delta\rho/(\rho\varepsilon)$，是材料的电阻率 ρ 随应变引起的（称“压阻效应”）。对于金属材料而言，以前者为主，则 $k_0 \approx 1+2\mu$，对半导体，k_0 值主要是由电阻率相对变化所决定。实验也表明，在金属丝拉伸比例极限内，电阻相对变化与轴向应变成比例。通常金属丝的灵敏系数 $k_0 =$ 2 左右。

用应变片测量受力时，将应变片粘贴于被测对象表面上。在外力作用下，被测对象表面产生微小机械变形时，应变片敏感栅也随同变形，其电阻值发生相应变化。通过转换电路转换为相应的电压或电流的变化，根据式（6-3），可以得到被测对象的应变值 ε，而根据应力应变关系：

$$\sigma = E\varepsilon \tag{6-4}$$

式中，σ 为测试的应力；E 为材料弹性模量。

可以测得应力值 σ。通过弹性敏感元件，将位移、力、力矩、加速度、压力等物理量转换为应变，因此可以用应变片测量上述各量，从而做成各种应变式传感器。电阻应变片可分为金属丝式应变片，金属箔式应变片，金属薄膜应变片。

6.1.3 实验材料

传感器实验箱（一）中应变式传感器实验单元、砝码、智能直流电压表（或虚拟仪表中直流电压表）、±15V 电源、±5V 电源，传感器调理电路挂件。

6.1.4 注意事项

（1）不要在砝码盘上放置超过 1kg 的物体，否则容易损坏传感器。

（2）电桥的电压为 ±5V，绝不可错接成 ±15V，否则可能烧毁应变片。

（3）“传感器调理电路”实验挂箱中有两组 ±15V 电源，位于“差动变压器实验”单元的 ±15V 电源负责对“差动变压器实验”单元、“应变片传感器实验”单元、“移相器”单元、“相敏检波”单元、“压电式传感器实验”单元和“低通滤波”单元供电，位于“电容式传感器实验”单元的 ±15V 电源只给本单元供电。注意：两组电源不要一起连接，否则对实验效果会有影响。

6.1.5 实验内容与步骤

（1）应变片的安装位置如图 6-1 所示，应变式传感器已装在传感器实验箱（一）上，传感器中各应变片已接入模板的左上方的 R_1、R_2、R_3、R_4，可用万用表测量 $R_1 = R_2 = R_3 = R_4 = 350\Omega$。

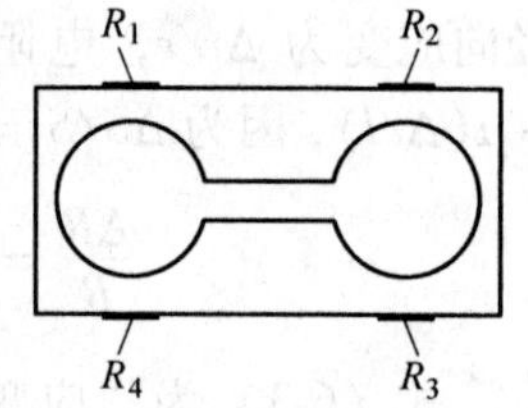

图 6-1 应变式传感器安装示意图

（2）把 ±15V 直流稳压电源接入“传感器调理电路”实验挂箱，检查无误后，开启实验台面板上的直流稳压电源开关，调节 R_{W3} 使之大致位于中间位置（R_{W3} 为 10 圈电位器），再进行差动放大器调零，方法为：将差动放大器的正、负输入端与地短接，输出端 U_{o2} 接直流电压表，调节实验模板上调零电位器 R_{W4}，使直流电压表显示为零，关闭直流稳压电源开关（注意：R_{W3} 的位置一旦确定，就不能改变。）

（3）按图 6-2 将应变式传感器的其中一个应变片 R_1（即模板左上方的 R_1）接入电桥作为一个桥臂与 R_5、R_6、R_7 接成直流电桥（R_5、R_6、R_7 模块内已接好），接好电桥调零电位器 R_{W1}，接上桥路电源 ±5V，如图 6-2 所示。检查接线无误后，合上直流稳压电源开关，调节 R_{W1}，使直流电压表显示为零。

（4）在砝码盘上放置一只砝码，待直流电压表数值显示稳定后，读取数显值，以后每次增加一个砝码并读取相应的测量值，直到 200g 砝码加完，记下实验结果填入表 6-1，关闭电源。

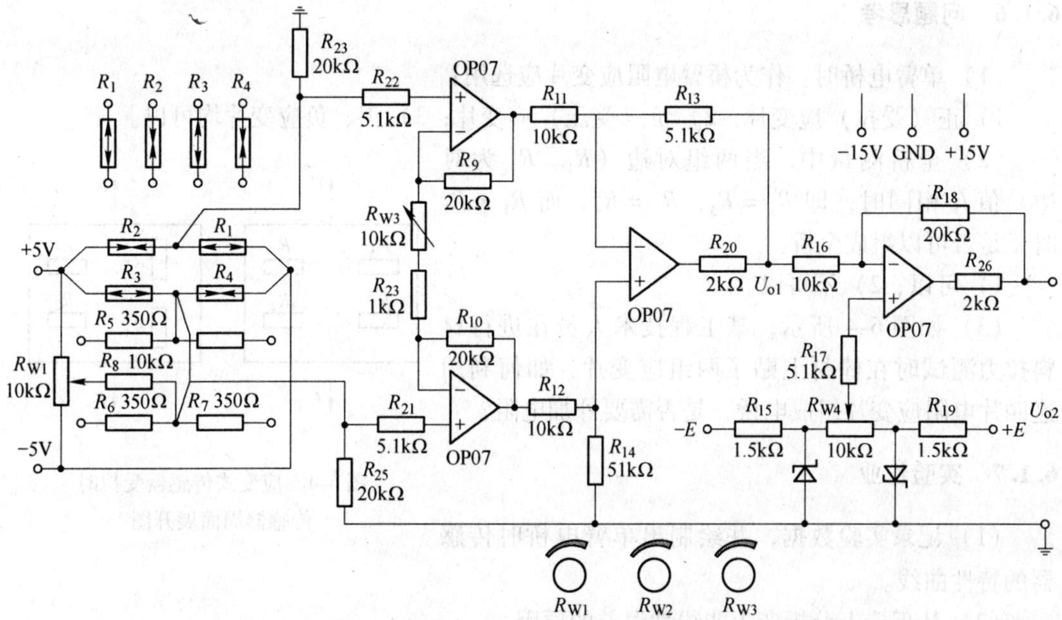

图 6-2 应变式传感器单臂电桥实验接线图

表 6-1 单臂电桥输出电压与所加负载质量值

质量/g										
电压/mV										

（5）根据表6-1计算系统灵敏度 $S = \Delta U/\Delta W$（ΔU 输出电压的变化量，ΔW 质量变化量）和非线性误差 $\delta_{f1} = \Delta m/y_{FS} \times 100\%$。式中 Δm（多次测量时的平均值）为输出值与拟合直线的最大偏差；y_{FS}满量程输出平均值，此处为200g。

（6）全桥测量电路中，将受力性质相同的两个应变片接入电桥对边，当应变片初始阻值：$R_1 = R_2 = R_3 = R_4$，其变化值 $\Delta R_1 = \Delta R_2 = \Delta R_3 = \Delta R_4$ 时，其桥路输出电压 $U_{o3} = KE\varepsilon$。其输出灵敏度比半桥又提高了一倍，非线性误差和温度误差均得到明显改善。根据图 6-3 接线，实验方法同上。将实验结果填入表 6-2，进行灵敏度和非线性误差计算。

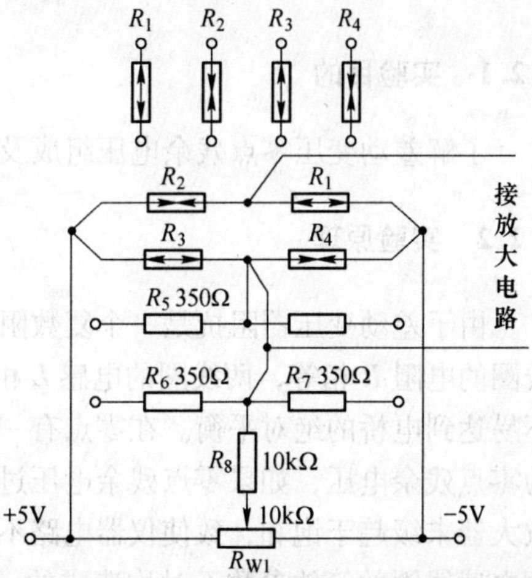

图 6-3 应变式传感器全桥实验接线图

表 6-2 全桥输出电压与加负载质量值

质量/g										
电压/mV										

6.1.6　问题思考

（1）单臂电桥时，作为桥臂电阻应变片应选用：

1）正（受拉）应变片；2）负（受压）应变片；3）正、负应变片均可以。

（2）全桥测量中，当两组对边（R_1、R_3 为对边）值 R 相同时，即 $R_1=R_3$，$R_2=R_4$，而 $R_1 \neq R_2$ 时，是否可以组成全桥：

1）可以；2）不可以。

（3）如图 6-4 所示，某工程技术人员在进行材料拉力测试时在棒材上贴了两组应变片，如何利用这四片电阻应变片组成电桥，是否需要外加电阻？

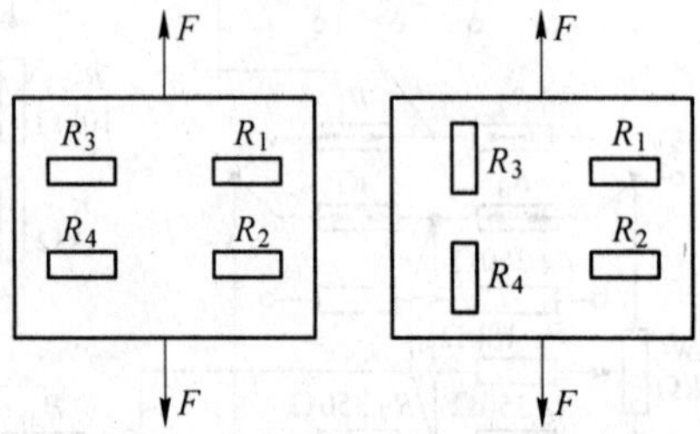

图 6-4　应变式传感器受拉时传感器周面展开图

6.1.7　实验作业

（1）记录实验数据，并绘制出单臂电桥时传感器的特性曲线。

（2）从理论上分析产生非线性误差的原因。

（3）根据所记录的数据绘制出全桥时传感器的特性曲线。

（4）比较单臂、半桥、全桥输出时的灵敏度和非线性度，并从理论上加以分析比较，得出相应的结论。

6.2　差动变压器零点残余电压测定及补偿

6.2.1　实验目的

了解差动变压零点残余电压组成及其补偿方法。

6.2.2　实验原理

由于差动变压器阻抗是一个复数阻抗，有感抗也有阻抗，为了达到电桥平衡，就要求线圈的电阻 R 相等，两线圈的电感 L 相等。实际上，这种情况是难以精确达到的，就是说不易达到电桥的绝对平衡。在零点有一个最小的输出电压，一般把这个最小的输出电压称为零点残余电压，如果零点残余电压过大，会使灵敏度下降，非线性误差增大，甚至造成放大器末级趋于饱和，致使仪器电路不能正常工作。造成零残电压的原因，总的来说，是两电感线圈的等效参数不对称造成的。包括差动变压器二只次级线圈的等效参数不对称，初级线圈的纵向排列的不均匀性，二次级的不均匀、不一致，铁芯 B-H 特性的非线性等。

6.2.3　实验材料

信号源、测微头、差动变压器、传感器调理电路挂件、虚拟示波器、传感器实验箱（一）。

6.2.4　注意事项

（1）在做实验前，应先用示波器监测差动变压器激励信号的幅度，使之为 U_{p-p} 值为 2V，不能太大，否则差动变压器发热严重，影响其性能，甚至烧毁线圈。

（2）模块上 L_2、L_3 线圈旁边的“ * ”表示两线圈的同名端。

6.2.5　实验内容与步骤

（1）将差动变压器及测微头安装在传感器实验箱（一）的传感器支架上，将“差动式”传感器引线插头插入实验模板的插座中。

（2）调节功率信号发生器，使之输出频率为 4 ~ 5kHz、幅度为 $U_{p-p}=2V$ 的正弦信号，并用示波器的 CH1 监视输出。

（3）按图 6-5 接线，实验模板上 R_1、C_1、R_{W1}、R_{W2} 为电桥单元中调平衡网络。

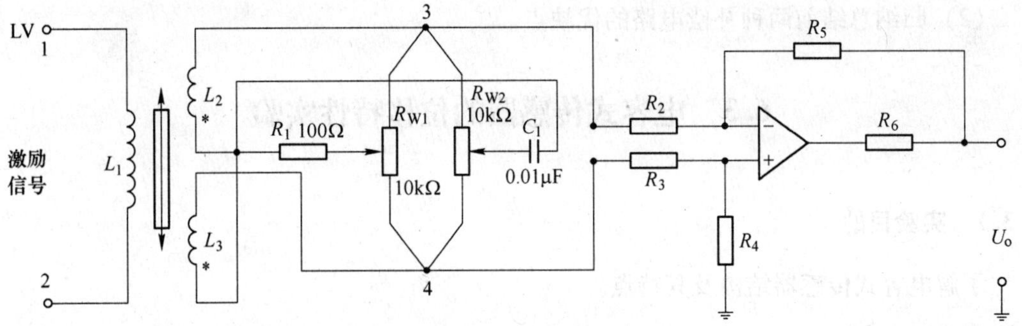

图 6-5　零点残余电压补偿电路之一

（4）将差动变压器实验单元的输出端 U_o 接入交流毫伏表，并接入示波器的 CH2。

（5）把 ±15V 直流稳压电源接入“传感器调理电路”实验挂箱，检查无误后，开启实验台面板上的直流稳压电源开关。

（6）调整测微头，使差动放大器输出电压最小。

（7）依次调整 R_{W1}、R_{W2}，使差动放大器输出电压降至最小。

（8）将示波器第二通道的灵敏度提高，观察零点残余电压的波形，注意与激励电压相比较，保存观察到的波形。

（9）测量差动变压器的零点残余电压值（有效值）（注：这时的零点残余电压是经放大后的零点残余电压）。

6.2.6　问题思考

（1）请分析经过补偿后的零点残余电压波形。

（2）本实验也可用图 6-6 所示的电路，请分析原理。

6.2.7　实验作业

（1）分析产生零点残余电压的原因，对差动变压器的性能有哪些不利影响。用哪些方

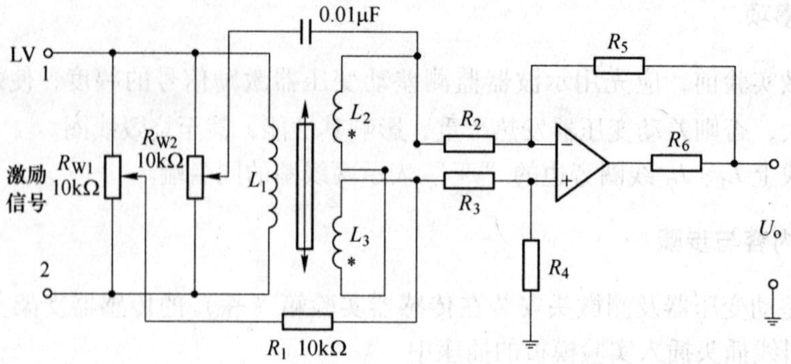

图 6-6　零点残余电压补偿电路之二

法可以减小零点残余电压?

（2）归纳总结前两种补偿电路的优缺点。

6.3　电容式传感器的位移特性实验

6.3.1　实验目的

了解电容式传感器结构及其特点。

6.3.2　实验原理

利用平板电容 $C = \varepsilon s/d$ 和其他结构的关系式通过相应的结构和测量电路可以选择 ε、S、d 中三个参数中，保持两个参数不变，而只改变其中一个参数，则会有变介质型（ε 变）、变位移型（d 变）、变面积型（S 变）三种形式的传感器。变面积型电容传感器中，平板结构对极距特别敏感，测量精度受到影响，而圆柱形结构受极板径向变化的影响很小，且理论上具有很好的线性关系（但实际由于边缘效应的影响，会引起极板间的电场分布不均，导致非线性问题仍然存在，且灵敏度下降，但比变极距型好得多），故其成为实际中最常用的结构，其中线位移单组式的电容量 C 在忽略边缘效应时为：

$$C = \frac{2\pi\varepsilon l}{\ln(r_2/r_1)} \tag{6-5}$$

式中，l 为外圆筒与内圆柱覆盖部分的长度；r_2、r_1 为外圆筒内半径和内圆柱外半径。

当两圆筒相对移动 Δl 时，电容变化量 ΔC 为：

$$\Delta C = \frac{2\pi\varepsilon l}{\ln(r_2/r_1)} - \frac{2\pi\varepsilon(l-\Delta l)}{\ln(r_2/r_1)} = \frac{2\pi\varepsilon\Delta l}{\ln(r_2/r_1)} = C_0\frac{\Delta l}{l} \tag{6-6}$$

于是，可得其静态灵敏度为：

$$k_g = \frac{\Delta C}{\Delta l}\left[\frac{2\pi\varepsilon(l+\Delta l)}{\ln(r_2/r_1)} - \frac{2\pi\varepsilon(l-\Delta l)}{\ln(r_2/r_1)}\right] \Big/ \Delta l = \frac{4\pi\varepsilon}{\ln(r_2/r_1)} \tag{6-7}$$

可见灵敏度与 r_2/r_1 有关，r_2 与 r_1 越接近，灵敏度越高，虽然内外极筒原始覆盖长度 l 与灵敏度无关，但 l 不可太小，否则边缘效应将影响到传感器的线性。

本实验为变面积式电容传感器，采用差动式圆柱形结构，因此可以很好的消除极距变化对测量精度的影响，并且可以减小非线性误差和增加传感器的灵敏度。

6.3.3 实验材料

电容传感器、传感器实验箱（一）、传感器调理电路挂件、测微头、直流稳压源、智能直流电压表（或虚拟仪表中直流电压表）。

6.3.4 注意事项

（1）传感器要轻拿轻放，绝不可掉到地上。

（2）做实验时，不要用手或其他物体接触传感器，否则将会使线性变差。

6.3.5 实验内容与步骤

（1）按图 6-7 接线，将电容式传感器装于传感器实验箱（一）的黑色支架上，将传感器引线插头插入传感器调理电路中电容式传感器实验单元的插孔中。

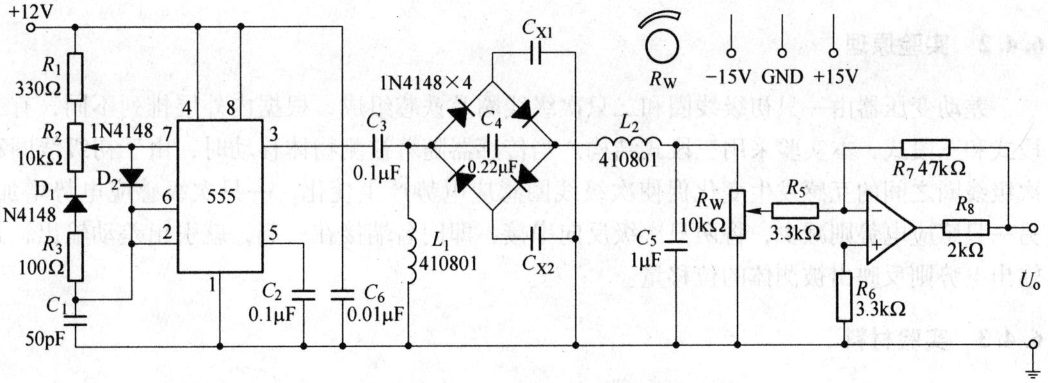

图 6-7 电容传感器位移实验接线图

（2）R_W 调节到大概中间位置（R_W 为 10 圈电位器），将“电容传感器实验”单元的输出端 U_o 接入直流电压表。

（3）把 ±15V 直流稳压电源接入“传感器调理电路”实验挂箱，检查无误后，开启实验台面板上的直流稳压电源开关。

（4）旋转测微头，改变电容传感器动极板的位置，每隔 0.2mm 记下位移 X 与输出电压值，填入表 6-3。

表 6-3 电容传感器位移与输出电压值

X/mm										
U/mV										

（5）根据表 6-3 数据计算电容传感器的系统灵敏度 S 和非线性误差 δ_f。

6.3.6 问题思考

（1）简述什么是电容式传感器的边缘效应，它会对传感器的性能带来哪些不利影响。

（2）电容式传感器和电感式传感器相比，有哪些优缺点？

6.3.7 实验作业

（1）整理实验数据，根据所得的实验数据做出传感器的特性曲线，并利用最小二乘法做出拟合直线，计算该传感器的非线性误差。

（2）根据实验结果，分析引起这些非线性的原因，并说明怎样提高传感器的线性度。

6.4 差动变压器的性能测定

6.4.1 实验目的

（1）了解差动变压器的工作原理和特性。

（2）了解三段式差动变压器的结构。

6.4.2 实验原理

差动变压器由一只初级线圈和二只次级线圈及铁芯组成，根据内外层排列不同，有二段式和三段式，本实验采用三段式结构。当传感器随着被测物体移动时，由于初级线圈和次级线圈之间的互感发生变化促使次级线圈感应电势产生变化，一只次级感应电势增加，另一只感应电势则减少，将两只次级反向串接，即同名端接在一起，就引出差动输出，其输出电势则反映出被测体的位移量。

6.4.3 实验材料

传感器实验箱（一）、传感器调理电路挂件、测微头、差动变压器、信号源。

6.4.4 注意事项

（1）在做实验前，应先用示波器监测差动变压器激励信号的幅度，使之为 $U_{p\text{-}p}$ 值为 2V，不能太大，否则差动变压器发热严重，影响其性能，甚至烧毁线圈。

（2）模块上 L_2、L_3 线圈旁边的“＊”表示两线圈的同名端。

6.4.5 实验内容与步骤

（1）按图 6-8 接线将差动变压器及测微头安装在传感器实验箱（一）的传感器支架

上，将“差动式”传感器引线插头插入实验模板的插座中。

(2) 调节功率信号发生器，使之输出频率为4～5kHz、幅度为 $U_{p\text{-}p}=2V$ 的正弦信号，并用示波器的CH1监视输出。

(3) 将功率信号发生器的功率输出端接“差动变压器实验”单元激励电压输入端，把“差动变压器实验”单元的输出端3、4接入示波器的CH2，同时接入交流毫伏表。

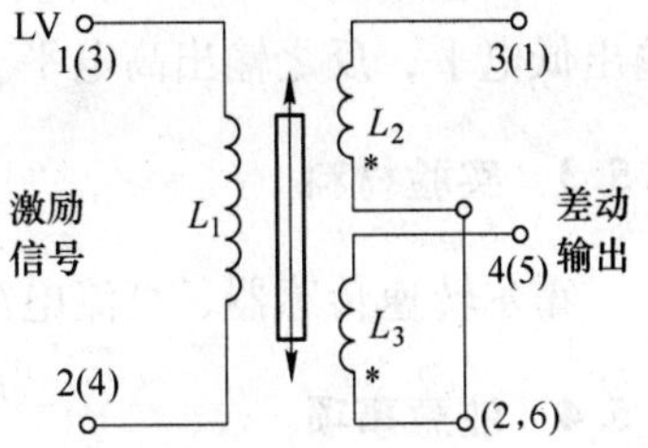

图6-8 差动变压器连接示意图

(4) 旋动测微头，使示波器第二通道显示的波形 $U_{p\text{-}p}$ 为最小，这时可以左右移动旋动测微头，假设其中一个方向为正位移，另一个方向为负位移，从 $U_{p\text{-}p}$ 最小开始旋动测微头，每0.2mm从交流毫伏表上读出输出电压 $U_{p\text{-}p}$ 值，填入表6-4，再从 $U_{p\text{-}p}$ 最小处反向位移做实验，在实验过程中，注意左、右位移时，初、次级波形的相位关系。

表6-4 差动变压器位移 X 值与输出电压数据表

U/mV										
X/mm										

(5) 实验过程中注意差动变压器输出的最小值即为差动变压器的零点残余电压的大小，根据表6-4画出 $U_{op\text{-}p}$-X 曲线，作出量程为±1mm、±3mm灵敏度和非线性误差。

6.4.6 问题思考

(1) 用差动变压器测量较高频率的振幅，例如1kHz的振动幅值，可以吗？差动变压器测量频率的上限受什么影响？

(2) 试分析差动变压器与一般电源变压器的异同。

6.4.7 实验作业

(1) 根据实验测得的数据，绘制出测微头左移和右移时传感器的特性曲线。

(2) 分析产生非线性误差的原因。

6.5 霍尔转速传感器测速实验

6.5.1 实验目的

了解霍尔转速传感器的应用。

6.5.2 实验原理

利用霍尔效应表达式：$U_H=K_HIB$，当被测圆盘上装有 N 只磁性体时，圆盘每转一周磁场就变化 N 次。每转一周霍尔电势就同频率相应变化，输出电势通过放大、整形和计数电路就可以测量被测旋转物的转速。

本实验采用3144E开关型霍尔传感器，当转盘上的磁钢转到传感器正下方时，传感器输出低电平，反之输出高电平。

6.5.3 实验材料

霍尔转速传感器、直流电源+5V，转动源2~24V、转动源电源、转速测量部分。

6.5.4 注意事项

（1）转动源的正负输入端不能接反，否则可能击穿电机里面的晶体管。

（2）转动源的输入电压不可超过24V，否则容易烧毁电机。

（3）转动源的输入电压不可低于2V，否则由于电机转矩不够大，不能带动转盘，长时间也可。

6.5.5 实验内容与步骤

（1）霍尔转速传感器及转动源已经安装于传感器实验箱（二）上，其中霍尔转速传感器位于转动源的右边。

（2）将+5V直流源加于霍尔转速传感器的电源端。

（3）将霍尔转速传感器的输出接入信号发生器的测频端，在信号发生器的面板上按下外测按钮和滤波按钮。

（4）将面板上的直流稳压电源调节到5V，接入传感器实验箱（二）上的转动电源端。

（5）调节转动源的输入电压，使转盘的速度发生变化，观察频率计的频率变化。

（6）调节转动源的输入电压，使转盘的转速发生变化，把界面切换到示波器状态，观察传感器输出波形的变化。

6.5.6 问题思考

根据上面实验观察到的波形，分析为什么方波的高电平比低电平要宽。

6.5.7 实验作业

（1）根据实验测得的数据，绘制出频率和转速的特性曲线。

（2）分析产生非线性误差的原因。

7 电力电子技术

7.1 锯齿波同步移相触发电路实验

7.1.1 实验目的

(1) 加深理解锯齿波同步移相触发电路的工作原理及各元件的作用。

(2) 掌握锯齿波同步移相触发电路的调试方法。

7.1.2 实验原理

锯齿波同步移相触发电路由同步检测、锯齿波形成、移相控制、脉冲形成、脉冲放大等环节组成。

7.1.3 实验材料

实验材料见表7-1。

表 7-1 实验材料

序 号	型 号	备 注
1	DJK01 电源控制屏	该控制屏包含“三相电源输出”等几个模块。
2	DJK03-1 晶闸管触发电路	该挂件包含“锯齿波同步移相触发电路”等模块。
3	双踪示波器	

7.1.4 注意事项

(1) 各观察孔不要接入强电，各观察孔之间不能短接。

(2) 将电源打到直流调速侧。

(3) 注意初始相位的确定过程。

7.1.5 实验内容与步骤

实验内容：

(1) 锯齿波同步移相触发电路的调试。

(2) 锯齿波同步移相触发电路各点波形的观察和分析。

实验步骤：

(1) 将 DJK01 电源控制屏的电源选择开关拨到“直流调速”侧，使输出线电压为

200V（不能拨到“交流调速”侧工作，因为DJK03-1的正常工作电源电压为（220 ± 22）V，而“交流调速”侧输出的线电压为240V。如果输入电压超出其标准工作范围，挂件的使用寿命将减少，甚至会导致挂件的损坏。在“DZSZ-1型电机及自动控制实验装置”上使用时，通过操作控制屏左侧的自耦调压器，将输出的线电压调到220V左右，然后才能将电源接入挂件），用两根导线将200V交流电压接到DJK03-1的“外接220V”端，按下“启动”按钮，打开DJK03-1电源开关，这时挂件中所有的触发电路都开始工作，用双踪示波器观察锯齿波同步触发电路各观察孔的电压波形。

1）同时观察同步电压和“1”点的电压波形，了解“1”点波形形成的原因。

2）观察“1”、“2”点的电压波形，了解锯齿波宽度和“1”点电压波形的关系。

3）调节电位器RP1，观测“2”点锯齿波斜率的变化。

4）观察“3”~“6”点电压波形和输出电压的波形，记下各波形的幅值与宽度，并比较“3”点电压U_3和“6”点电压U_6的对应关系。

（2）调节触发脉冲的移相范围。将控制电压U_{ct}调至零（将电位器R_{P2}顺时针旋到底），用示波器观察同步电压信号和“6”点U_6的波形，调节偏移电压U_b（即调R_{P3}电位器），使$\alpha = 170°$，其波形如图7-1所示。

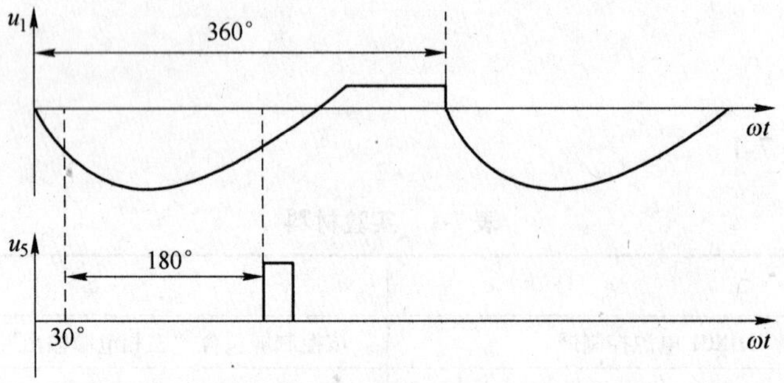

图7-1　锯齿波同步移相触发电路波形图

（3）调节U_{ct}（即电位器R_{P2}）使$\alpha = 60°$，观察并记录$U_1 \sim U_6$及输出“G、K”脉冲电压的波形，标出其幅值与宽度，并记录在表7-2中（可在示波器上直接读出，读数时应将示波器的“V/DIV”和“t/DIV”微调旋钮旋到校准位置）。

表7-2　实验数据

项　目	U_1	U_2	U_3	U_4	U_5	U_6
幅值/V						
宽度/ms						

7.1.6　问题思考

如果要求在$U_{ct} = 0$的条件下，使$\alpha = 90°$，如何调整？

7.1.7 实验作业

（1）整理、描绘实验中记录的各点波形，并标出其幅值和宽度。

（2）总结锯齿波同步移相触发电路移相范围的调试方法。

（3）讨论、分析实验中出现的各种现象。

7.2 单相半控桥整流电路实验

7.2.1 实验目的

（1）加深对单相桥式半控整流电路带阻性、阻感性负载时各工作情况的理解。

（2）了解续流二极管在单相桥式半控整流电路中的作用，学会对实验中出现的问题加以分析和解决。

7.2.2 实验原理

本实验线路如图 7-2 所示，两组锯齿波同步移相触发电路均在 DJK03-1 挂件上，它们由同一个同步变压器供电，保持与输入电压的同步，触发信号加到共阴极的两个晶闸管，图中的 R 用 D42 三相可调电阻，将两个 900Ω 接成并联形式，二极管 VD_1、VD_2、VD_3 及开关 S_1 均在 DJK06 挂件上，电感 L_d 在 DJK02 面板上，有 100mH、200mH、700mH 三档可供选择，本实验用 700mH，直流电压表、电流表从 DJK02 挂件获得。

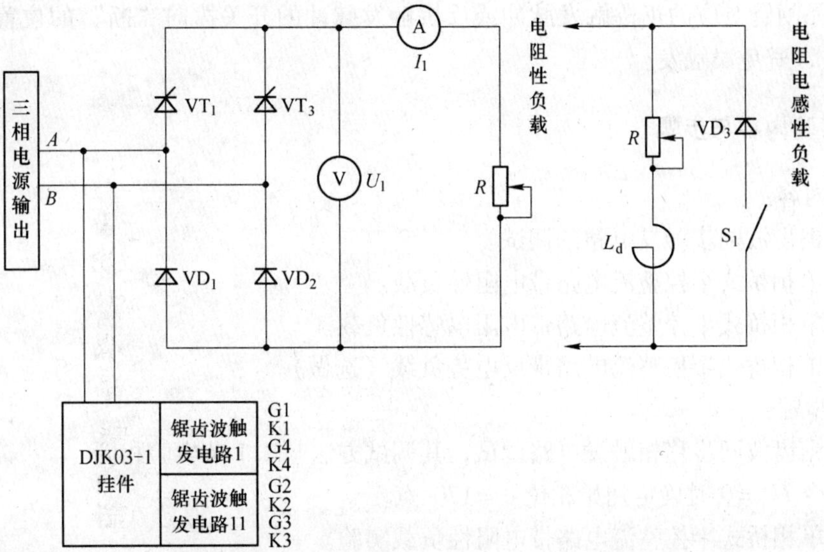

图 7-2 单相桥式半控整流电路实验线路图

7.2.3 实验材料

实验材料见表 7-3。

表 7-3 实验材料

序 号	型 号	备 注
1	DJK01 电源控制屏	该控制屏包含“三相电源输出”，“励磁电源”等几个模块
2	DJK02 晶闸管主电路	该挂件包含“晶闸管”以及“电感”等几个模块
3	DJK03-1 晶闸管触发电路	该挂件包含“锯齿波同步触发电路”模块
4	DJK06 给定及实验器件	该挂件包含“二极管”以及“开关”等几个模块
5	D42 三相可调电阻	
6	双踪示波器	
7	万用表	

7.2.4 注意事项

（1）参照7.1节的注意事项。

（2）为避免晶闸管意外损坏，实验时要注意以下几点：

1）首先调试触发电路，只有触发电路工作正常后，才可以接通主电路。

2）在接通主电路前，必须先将控制电压 U_{ct} 调到零，且将负载电阻调到最大阻值处；接通主电路后，才可逐渐加大控制电压 U_{ct}，避免过流。

（3）在本实验中，触发脉冲是从外部接入 DJKO2 面板上晶闸管的门极和阴极，此时，应将所用晶闸管对应的正桥触发脉冲或反桥触发脉冲的开关拨向“断”的位置，并将 U_{lf} 及 U_{lr} 悬空，避免误触发。

7.2.5 实验内容与步骤

实验内容：

（1）锯齿波同步触发电路的调试。

（2）单相桥式半控整流电路带电阻性负载。

（3）单相桥式半控整流电路带电阻电感性负载。

（4）单相桥式半控整流电路带反电势负载（选做）。

实验步骤：

（1）锯齿波同步移相触发电路调试，其调试方法与7.1节实验相同。

（2）令 $U_{ct}=0$ 时确定初始相位 $\alpha=170°$ 点。

（3）单相桥式半控整流电路带电阻性负载实验。

按原理图 7-2 接线，主电路接可调电阻 R，将电阻器调到最大阻值位置，按下“启动”按钮，用示波器观察负载电压 U_d、晶闸管两端电压 U_{VT} 和整流二极管两端电压 U_{VD1} 的波形，调节锯齿波同步移相触发电路上的移相控制电位器 R_{P2}，观察并记录在不同 α 角时 U_d、U_{VT}、U_{VD1} 的波形，测量相应电源电压 U_2 和负载电压 U_d 的数值，记录于表 7-4 中。

表 7-4 实验数据

α	30°	60°	90°	120°	150°
U_2					
U_d（记录值）					
U_d/U_2					
U_d（计算值）					

注：$U_d=0.9U_2(1+\cos\alpha)/2$。

（4）单相桥式半控整流电路带电阻电感性负载。

1）断开主电路后，将负载换成将平波电抗器 L_d(700mH) 与电阻 R 串联。

2）不接续流二极管 VD_3，接通主电路，用示波器观察不同控制角 α 时 U_d、U_{VT}、U_{VD1} 的波形，并测定相应的 U_2、U_d 数值，记录于表 7-5 中。

表 7-5 实验数据

α	30°	60°	90°
U_2			
U_d（记录值）			
U_d/U_2			
U_d（计算值）			

3）接上续流二极管 VD_3，接通主电路，观察不同控制角 α 时 U_d、U_{VD3} 的波形，并测定相应的 U_2、U_d 数值，记录于表 7-6 中。

表 7-6 实验数据

α	30°	60°	90°
U_2			
U_d（记录值）			
U_d/U_2			
U_d（计算值）			

（5）单相桥式半控整流电路带反电势负载（选做）。

1）断开主电路，将负载改为直流电动机，不接平波电抗器 L_d，调节锯齿波同步触发电路上的 R_{P2} 使 U_d 由零逐渐上升，用示波器观察并记录不同 α 时输出电压 U_d 和电动机电枢两端电压 U_a 的波形。

2）接上平波电抗器，重复上述实验。

7.2.6 问题思考

（1）单相桥式半控整流电路在什么情况下会发生失控现象？

（2）在加续流二极管前后，单相桥式半控整流电路中晶闸管两端的电压波形如何？

7.2.7 实验作业

（1）画出电阻性负载和阻感性负载 α 角分别为 30°、60°、90°时的 U_d 的波形。

（2）画出电阻性负载和电阻电感性负载时 $U_d/U_2=f(\alpha)$ 的曲线。

（3）说明续流二极管对消除失控现象的作用。

7.3 三相半波可控整流电路实验

7.3.1 实验目的

了解三相半波可控整流电路的工作原理，研究可控整流电路在电阻负载和电阻电感性负载时的工作情况。

7.3.2 实验原理

三相半波可控整流电路用了三只晶闸管，与单相电路比较，其输出电压脉动小，输出功率大。不足之处是晶闸管电流即变压器的副边电流在一个周期内只有1/3时间有电流流过，变压器利用率较低。图7-3中晶闸管用DJK02正桥组的三个，电阻 R 用D42三相可调电阻，将两个900Ω电阻接成并联形式，L_d 电感用DJK02面板上的700mH，其三相触发信号由DJK02-1内部提供，只需在其外部加一个给定电压接到 U_{ct} 端即可。直流电压表、电流表由DJK02获得。

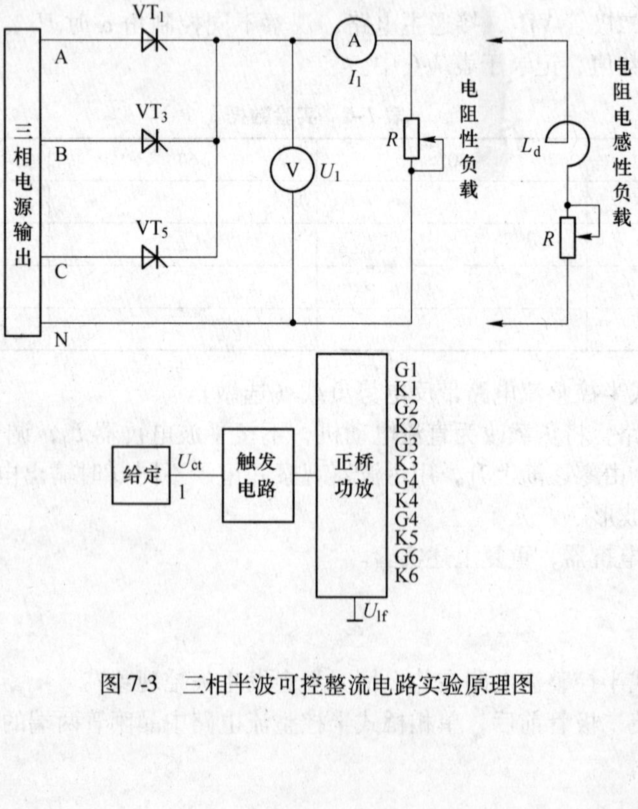

图7-3 三相半波可控整流电路实验原理图

7.3.3 实验材料

实验材料见表7-7。

表 7-7　实验材料

序号	型号	备注
1	DJK01 电源控制屏	该控制屏包含“三相电源输出”，“励磁电源”等几个模块
2	DJK02 晶闸管主电路	
3	DJK02-1 三相晶闸管触发电路	该挂件包含“触发电路”，“正桥功放”，“反桥功放”等几个模块
4	DJK06 给定及实验器件	该挂件包含“给定”以及“开关”等模块
5	D42 三相可调电阻	
6	双踪示波器	
7	万用表	

7.3.4　注意事项

（1）整流电路与三相电源连接时，一定要注意相序，必须一一对应。

（2）注意 α 角的读取与单相整流不同。

（3）U_2 是指相电压而不是线电压。

7.3.5　实验内容与步骤

实验内容：

（1）研究三相半波可控整流电路带电阻性负载时工作情况。

（2）研究三相半波可控整流电路带电阻电感性负载时工作情况。

实验步骤：

（1）DJK02 和 DJK02-1 上的“触发电路”调试。

1）打开 DJK01 总电源开关，操作“电源控制屏”上的“三相电网电压指示”开关，观察输入的三相电网电压是否平衡。

2）将 DJK01“电源控制屏”上“调速电源选择开关”拨至“直流调速”侧。

3）用 10 芯的扁平电缆，将 DJK02 的“三相同步信号输出”端和 DJK02-1“三相同步信号输入”端相连，打开 DJK02-1 电源开关，拨动“触发脉冲指示”钮子开关，使“窄”的发光管亮。

4）观察 A、B、C 三相的锯齿波，并调节 A、B、C 三相锯齿波斜率调节电位器（在各观测孔左侧），使三相锯齿波斜率尽可能一致。

5）将 DJK06 上的“给定”输出 U_g 直接与 DJK02-1 上的移相控制电压 U_{ct} 相接，将给定开关 S_2 拨到接地位置（即 $U_{ct}=0$），调节 DJK02-1 上的偏移电压电位器，用双踪示波器观察 A 相同步电压信号和“双脉冲观察孔” VT_1 的输出波形，使 $\alpha=170°$。

6）适当增加给定 U_g 的正电压输出，观测 DJK02-1 上“脉冲观察孔”的波形，此时应观测到单窄脉冲和双窄脉冲。

7）将 DJK02-1 面板上的 U_{lf} 端接地，用 20 芯的扁平电缆，将 DJK02-1 的“正桥触发脉冲输出”端和 DJK02“正桥触发脉冲输入”端相连，并将 DJK02“正桥触发脉冲”的六个开关拨至“通”，观察正桥 VT_1 ~ VT_6 晶闸管门极和阴极之间的触发脉冲是否正常。

（2）三相半波可控整流电路带电阻性负载。按图 7-3 接线，将电阻器放在最大阻值处，按下“启动”按钮，DJK06 上的“给定”从零开始，慢慢增加移相电压，使 α 能从 30°到 170°范围内调节，用示波器观察并记录 $\alpha=30°$、60°、90°、120°、150°时整流输出电压 U_d 和晶闸管两端电压 U_{vt} 的波形，并记录相应的电源电压 U_2 及 U_d 的数值于表 7-8 中。

表 7-8 实验数据

α	30°	60°	90°	120°	150°
U_2					
U_d（记录值）					
U_d/U_2					
U_d（计算值）					

注：$U_d=1.17U_2\cos\alpha(\alpha=0°\sim30°)$；$U_d=0.675U_2[1+\cos(\alpha+\frac{\pi}{6})](\alpha=30°\sim150°)$。

（3）三相半波整流带电阻电感性负载。将 DJK02 上 700mH 的电抗器与负载电阻 R 串联后接入主电路，观察不同移相角 α 时 U_d、U_{vt} 的输出波形，并在表 7-9 中记录相应的电源电压 U_2 及 U_d 值。

表 7-9 实验数据

α	30°	60°	90°	120°
U_2				
U_d（记录值）				
U_d/U_2				
U_d（计算值）				

7.3.6 问题思考

三相半波整流电路中变压器是否存在直流磁化的问题，为什么？

7.3.7 实验作业

绘出当 $\alpha=90°$ 时，整流电路供电给电阻性负载、电阻电感性负载时的 U_d 及 U_{vt} 的波形，整理测量数据，并进行分析讨论。

7.4 单相全控桥电路整流及有源逆变实验

7.4.1 实验目的

（1）加深理解单相桥式全控整流及逆变电路的工作原理。

（2）研究单相桥式变流电路整流的全过程。

（3）研究单相桥式变流电路逆变的全过程，掌握实现有源逆变的条件。

（4）掌握产生逆变颠覆的原因及预防方法。

7.4.2　实验原理

图7-4为单相桥式整流带电阻电感性负载，其输出负载 R 用D42三相可调电阻器，将两个900Ω接成并联形式，电抗 L_d 用DJK02面板上的700mH，直流电压表、电流表均在DJK02面板上。触发电路采用DJK03-1组件挂箱上的“锯齿波同步移相触发电路Ⅰ”和“锯齿波同步移相触发电路Ⅱ”。

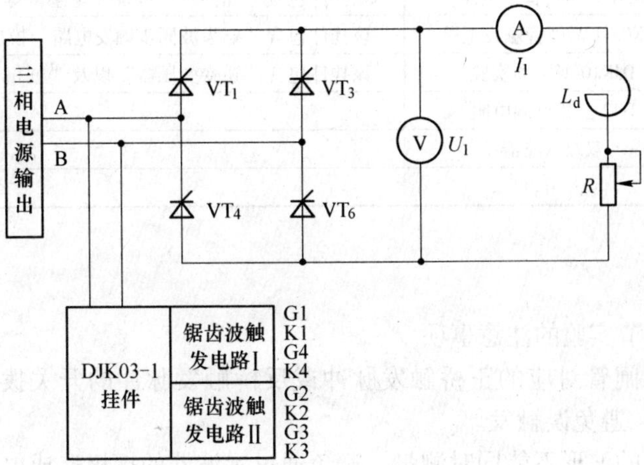

图7-4　单相桥式整流实验原理图

图7-5为单相桥式有源逆变原理图，三相电源经三相不可控整流，得到一个上负下正的直流电源，供逆变桥路使用，逆变桥路逆变出的交流电压经升压变压器反馈回电网。“三相不可控整流”是DJK10上的一个模块，其“心式变压器”在此作为升压变压器用，从晶闸管逆变出的电压接“心式变压器”的中压端 A_m、B_m，返回电网的电压从其高压端 A、B 输出，为了避免输出的逆变电压过高而损坏心式变压器，故将变压器接成Y/Y接法。图中的电阻 R、电抗 L_d 和触发电路与整流所用相同。

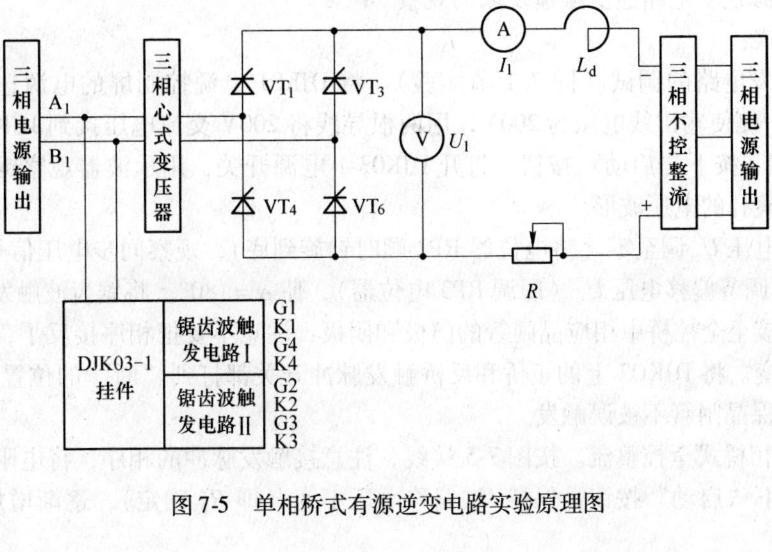

图7-5　单相桥式有源逆变电路实验原理图

7.4.3　实验材料

实验材料见表7-10。

表7-10　实验材料

序　号	型　号	备　注
1	DJK01 电源控制屏	该控制屏包含“三相电源输出”，“励磁电源”等几个模块
2	DJK02 晶闸管主电路	该挂件包含“晶闸管”以及“电感”等几个模块
3	DJK03-1 晶闸管触发电路	该挂件包含“锯齿波同步触发电路”模块
4	DJK10 变压器实验	该挂件包含“逆变变压器”以及“三相不控整流”等模块
5	D42 三相可调电阻	
6	双踪示波器	
7	万用表	

7.4.4　注意事项

（1）参照7.2节实验的注意事项。

（2）将所用晶闸管对应的正桥触发脉冲或反桥触发脉冲的开关拨向“断”的位置，并将 U_{lf} 及 U_{lr} 悬空，避免误触发。

（3）U_d 和 U_{VT} 的波形不能同时测量，避免通过示波器的探极造成电源短路，烧坏晶闸管所串熔断器或晶闸管。

（4）注意4个晶闸管所接触发脉冲的顺序，且G接门极K接阴极。

（5）如果输出电压的调节范围小，或只有正值没有负值，可能同步电压反相。

7.4.5　实验内容与步骤

实验内容：

（1）单相桥式全控整流电路带电阻电感负载。

（2）单相桥式有源逆变电路带电阻电感负载。

（3）有源逆变电路逆变颠覆现象的观察。

实验步骤：

（1）触发电路的调试（同7.1节实验）。将DJK01电源控制屏的电源选择开关打到“直流调速”侧使输出线电压为200V，用两根导线将200V交流电压接到DJK03-1的“外接220V”端，按下“启动”按钮，打开DJK03-1电源开关，用示波器观察锯齿波同步触发电路各观察孔的电压波形。

将控制电压 U_{ct} 调至零（将电位器RP2顺时针旋到底），观察同步电压信号和“6”点 U_6 的波形，调节偏移电压 U_b（即调RP3电位器），使 $\alpha=180°$。将锯齿波触发电路的输出脉冲端分别接至全控桥中相应晶闸管的门极和阴极，注意不要把相序接反了，否则无法进行整流和逆变。将DJKO2上的正桥和反桥触发脉冲开关都打到“断”的位置，并使 U_{lf} 和 U_{lr} 悬空，确保晶闸管不被误触发。

（2）单相桥式全控整流。按图7-5接线，注意接触发脉冲的相序，将电阻器放在最大阻值处，按下“启动”按钮，保持 U_b 偏移电压不变（即 R_{P3} 固定），逐渐增加 U_{ct}（调节

R_{P2}），在 $\alpha=30°$、60°、90°、120°时，用示波器观察、记录整流电压 U_d 和晶闸管两端电压 U_{vt}的波形，并记录电源电压 U_2 和负载电压 U_d 的数值于表 7-11 中。

表 7-11 实验数据

α	30°	60°	90°	120°
U_2				
U_d（记录值）				
U_d（计算值）				

注：$U_d=0.9U_2(1+\cos\alpha)/2$。

（3）单相桥式有源逆变电路实验。按图 7-6 接线，将电阻器放在最大阻值处，按下“启动”按钮，保持 U_b 偏移电压不变（即 R_{P3} 固定），逐渐增加 U_{ct}（调节 R_{P2}），在 $\beta=30°$、60°、90°时，观察记录逆变电压 U_d 和晶闸管两端电压 U_{VT}的波形，并记录负载电压 U_d 的数值于表 7-12 中。

表 7-12 实验数据

β	30°	60°	90°
U_2			
U_d（记录值）			
U_d（计算值）			

（4）逆变颠覆现象的观察。调节 U_{ct}，使 $\alpha=150°$，观察 U_d 波形。突然关断触发脉冲（可将触发信号拆去），用双踪慢扫描示波器观察逆变颠覆现象，记录逆变颠覆时的 U_d 波形。

7.4.6 问题思考

分析逆变颠覆的原因及逆变颠覆后会产生的后果。

7.4.7 实验作业

（1）画出各 α 角的输出电压 U_d 和 U_{VT}的波形。

（2）画出电路的移相特性 $U_d=f(\alpha)$ 曲线。

7.5 直流斩波电路实验

7.5.1 实验目的

（1）加深理解斩波器电路的工作原理。

（2）掌握斩波器主电路、触发电路的调试步骤和方法。

（3）熟悉斩波器电路各点的电压波形。

7.5.2 实验原理

本实验采用脉宽可调的晶闸管斩波器，主电路如图 7-6 所示。其中 VT_1 为主晶闸管，

VT_2 为辅助晶闸管，C 和 L_1 构成振荡电路，它们与 VD_2、VD_1、L_2 组成 VT_1 的换流关断电路。当接通电源时，C 经 L_1、VD_2、L_2 及负载充电至 $+U_{d0}$，此时 VT_1、VT_2 均不导通，当主脉冲到来时，VT_1 导通，电源电压将通过该晶闸管加到负载上。当辅助脉冲到来时，VT_2 导通，C 通过 VT_2、L_1 放电，然后反向充电，其电容的极性从 $+U_{d0}$ 变为 $-U_{d0}$，当充电电流下降到零时，VT_2 自行关断，此时 VT_1 继续导通。VT_2 关断后，电容 C 通过 VD_1 及 VT_1 反向放电，流过 VT_1 的电流开始减小，当流过 VT_1 的反向放电电流与负载电流相同的时候，VT_1 关断；此时，电容 C 继续通过 VD_1、L_2、VD_2 放电，然后经 L_1、VD_1、L_2 及负载充电至 $+U_{d0}$，电源停止输出电流，等待下一个周期的触发脉冲到来。VD_3 为续流二极管，为反电势负载提供放电回路。

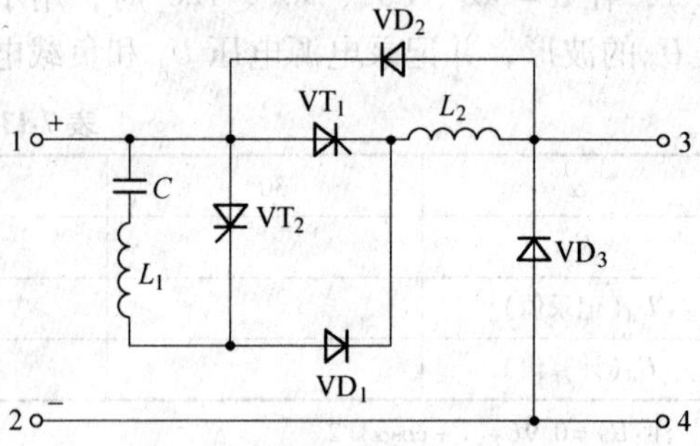

图 7-6 斩波主电路原理图

从以上斩波器工作过程可知，控制 VT_2 脉冲出现的时刻即可调节输出电压的脉宽，从而可达到调节输出直流电压的目的。VT_1、VT_2 的触发脉冲间隔由触发电路确定。

实验接线如图 7-7 所示，电阻 R 用 D42 三相可调电阻，用其中一个 900Ω 的电阻；励磁电源和直流电压、电流表均在控制屏上。

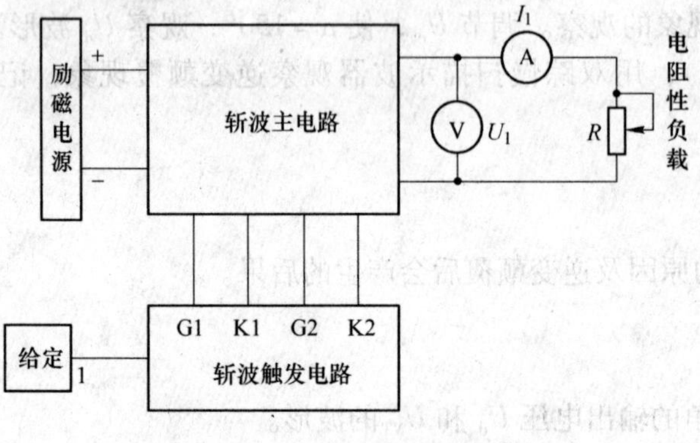

图 7-7 直流斩波器实验线路图

7.5.3 实验材料

实验材料见表 7-13。

表 7-13 实验材料

序 号	型 号	备 注
1	DJK01 电源控制屏	该控制屏包含“三相电源输出”，“励磁电源”等几个模块
2	DJK05 直流斩波电路	该挂件包含触发电路及主电路两个部分
3	DJK06 给定及实验器件	该挂件包含“给定”以及“开关”模块
4	D42 三相可调电阻	
5	双踪示波器	
6	万用表	

7.5.4 注意事项

（1）触发电路调试好后，才能接主电路实验。

（2）将 DJK06 上的“给定”与 DJK05 的公共端相连，以使电路正常工作。

（3）负载电流不要超过 0.5A。

7.5.5 实验内容与步骤

实验内容：

（1）直流斩波器触发电路调试。

（2）直流斩波器接电阻性负载。

（3）直流斩波器接电阻电感性负载（选做）。

实验步骤：

（1）斩波器触发电路调试。调节 DJK05 面板上的电位器 R_{P1}、R_{P2}，R_{P1} 调节锯齿波的上下电平位置，而 R_{P2} 为调节锯齿波的频率。先调节 R_{P2}，将频率调节到 200～300Hz 之间，然后在保证三角波不失真的情况下，调节 R_{P1} 为三角波提供一个偏置电压（接近电源电压），使斩波主电路工作的时候有一定的起始直流电压，供晶闸管一定的维持电流，保证系统能可靠工作，将 DJK06 上的给定接入，观察触发电路的第二点波形，增加给定，使占空比从 0.3 调到 0.9。

（2）斩波器带电阻性负载。

1）按图 7-7 实验线路接线，直流电源由电源控制屏上的励磁电源提供，接斩波主电路（要注意极性），斩波器主电路接电阻负载，将触发电路的输出“G1”、“K1”、“G2”、“K2”分别接至 VT_1、VT_2 的门极和阴极。

2）用示波器观察并记录触发电路的“G1”、“K1”、“G2”、“K2”波形，并记录输出电压 U_d 及晶闸管两端电压 U_{VT1} 的波形，注意观测各波形间的相对相位关系。

3）调节 DJK06 上的“给定”值，观察在不同 τ（即主脉冲和辅助脉冲的间隔时间）时 U_d 的波形，并在表 7-14 中记录相应的 U_d 和 τ，从而画出 $U_d=f(\tau/T)$ 的关系曲线，其中 τ/T 为占空比。

表 7-14 实验数据

晶闸管导通时间 τ					
U_d					

（3）斩波器带电阻电感性负载（选做）。要完成该实验，需加一电感。关断主电源后，将负载改接成电阻电感性负载，重复上述电阻性负载时的实验步骤。

7.5.6 问题思考

（1）直流斩波器有哪几种调制方式，本实验中的斩波器为何种调制方式？

（2）本实验采用的斩波器主电路中电容 C 起什么作用？

7.5.7 实验作业

（1）整理并画出实验中记录下的各点波形，画出不同负载下 $U_d=f(\tau/T)$ 的关系曲线。

（2）讨论、分析实验中出现的各种现象。

7.6 单相交流调压实验

7.6.1 实验目的

（1）加深理解单相交流调压电路的工作原理。

（2）加深理解单相交流调压电路带电感性负载对脉冲及移相范围的要求。

（3）了解 KC05 晶闸管移相触发器的原理和应用。

7.6.2 实验原理

本实验采用 KC05 晶闸管集成移相触发器。该触发器适用于双向晶闸管或两个反向并联晶闸管电路的交流相位控制，具有锯齿波线性好、移相范围宽、控制方式简单、易于集中控制、有失交保护、输出电流大等优点。

单相晶闸管交流调压器的主电路由两个反向并联的晶闸管组成，如图 7-8 所示。图中电阻 R 用 D42 三相可调电阻，将两个 900Ω 接成并联接法，晶闸管则利用 DJK02 上的反桥元件，交流电压表、电流表由 DJK01 控制屏上得到，电抗器 L_d 从 DJK02 上得到，用 700mH。

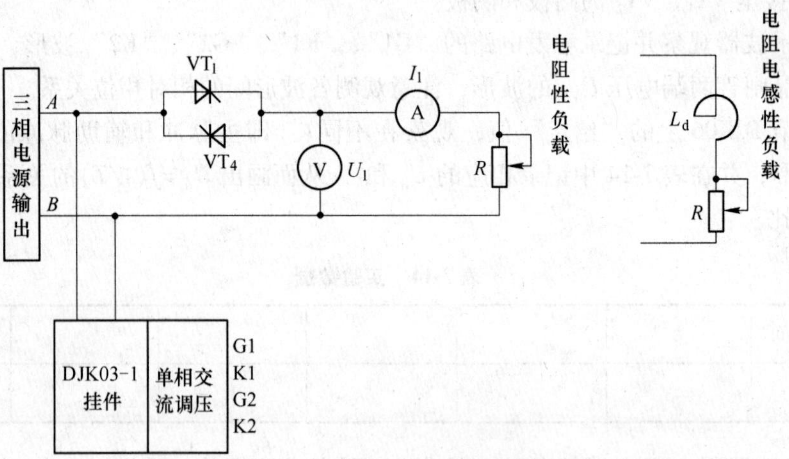

图 7-8 单相交流调压主电路原理图

7.6.3 实验材料

实验材料见表 7-15。

表 7-15 实验材料

序号	型号	备注
1	DJK01 电源控制屏	该控制屏包含“三相电源输出”,“励磁电源”等几个模块
2	DJK02 晶闸管主电路	该挂件包含“晶闸管”以及“电感”等模块
3	DJK03 晶闸管触发电路	该挂件包含“单相调压触发电路”等模块
4	D42 三相可调电阻	
5	双踪示波器	
6	万用表	

7.6.4 注意事项

(1) 触发脉冲是从外部接入 DJK02 面板上晶闸管的门极和阴极，此时，应将所用晶闸管对应的正桥触发脉冲或反桥触发脉冲的开关拨向“断”的位置，将 U_{lf} 及 U_{lr} 悬空，避免误触发。

(2) 可以用 DJK02-1 上的触发电路来触发晶闸管。

(3) 由于“G”、“K”输出端有电容影响，故观察触发脉冲电压波形时，需将输出端“G”和“K”分别接到晶闸管的门极和阴极（或者也可用约 100Ω 左右阻值的电阻接到“G”、“K”两端，来模拟晶闸管门极与阴极的阻值），否则无法观察到正确的脉冲波形。

7.6.5 实验内容与步骤

实验内容：

(1) KC05 集成移相触发电路的调试。

(2) 单相交流调压电路带电阻性负载。

(3) 单相交流调压电路带电阻电感性负载。

实验步骤：

(1) KC05 集成晶闸管移相触发电路调试。将 DJK01 电源控制屏的电源选择开关打到“直流调速”侧使输出线电压为 200V，用两根导线将 200V 交流电压接到 DJK03 的“外接 220V”端，按下“启动”按钮，打开 DJK03 电源开关，用示波器观察“1” ~ “5”端输出脉冲的波形。调节电位器 R_{P1}，观察锯齿波斜率是否变化，调节 R_{P2}，观察输出脉冲的移相范围如何变化，移相能否达到 170°，记录上述过程中观察到的各点电压波形。

(2) 单相交流调压接电阻电感性负载。

1) 在进行电阻电感性负载实验时，需要调节负载阻抗角的大小，因此应该知道电抗器的内阻和电感量。常采用直流伏安法来测量内阻，如图 7-9 所示。电抗器的内阻为：

$$R_{\mathrm{L}} = \frac{U_{\mathrm{L}}}{I}$$

电抗器的电感量可采用交流伏安法测量，如图 7-10 所示。由于电流大时，对电抗器的电感量影响较大，采用自耦调压器调压，多测几次取其平均值，从而可得到交流阻抗。

$$Z_{\mathrm{L}} = \frac{U_{\mathrm{L}}}{I}$$

电抗器的电感为：

$$\omega L = \sqrt{Z_{\mathrm{L}}^{2} - R_{\mathrm{L}}^{2}}$$

这样，即可求得负载阻抗角

$$\varphi = \arctan \frac{\omega L}{R_d + R_L}$$

在实验中，欲改变阻抗角，只需改变滑线变阻器 R_d 的电阻值即可。

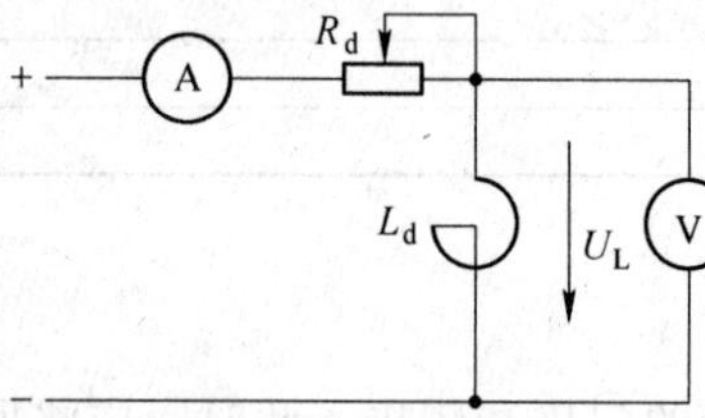

图 7-9 用直流伏安法测电抗器内阻

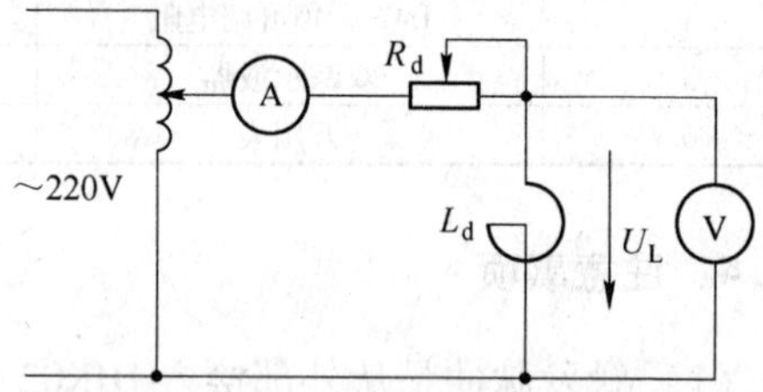

图 7-10 用交流伏安法测定电感量

2）切断电源，如图 7-8 接线，将 DJK02 面板上的两个晶闸管反向并联而构成交流调压器，将触发器的输出脉冲端“G1”、“K1”、“G2”和“K2”分别接至主电路相应晶闸管的门极和阴极。将 L 与 R 串联，接为电阻电感性负载。按下“启动”按钮，用双踪示波器观察负载电压 U_d 和晶闸管电压 U_{VT} 的波形。调节 R 的数值，使阻抗角为一定值，调节“单相调压触发电路”上的电位器 R_{P2}，观察在不同 α 角时波形的变化情况，记录 $\alpha > \varphi$、$\alpha = \varphi$、$\alpha < \varphi$ 三种情况下负载两端的电压 U_d 和晶闸管电压 U_{VT} 波形。

（3）单相交流调压带电阻性负载实验。将电感 L 短接，改为电阻性负载，用示波器观察负载电压、晶闸管两端电压 U_{VT} 的波形。调节“单相调压触发电路”上的电位器 R_{P2}，观察在不同 α 角时各点波形的变化，并记录 $\alpha = 30°$、$60°$、$90°$、$120°$时的数据及波形。

7.6.6 问题思考

（1）交流调压在带电感性负载时可能会出现什么现象，为什么，如何解决？

（2）交流调压有哪些控制方式，有哪些应用场合？

7.6.7 实验作业

（1）整理、画出实验中所记录的各类波形。

（2）分析阻感性负载时，α 角与 φ 角相应关系的变化对调压器工作的影响。

（3）分析实验中出现的各种问题。

8 PLC 原理及应用

8.1 十字路口交通灯控制

8.1.1 实验目的

熟练使用基本指令，根据控制要求，掌握 PLC 的编程方法和程序调试方法，了解使用 PLC 解决一个实际问题。

8.1.2 实验原理

信号灯受一个启动开关控制，当启动开关接通时，信号灯系统开始工作，且先南北红灯亮，东西绿灯亮。当启动开关断开时，所有信号灯都熄灭；南北红灯亮维持 25s，在南北红灯亮的同时东西绿灯也亮，并维持 20s；到 20s 时，东西绿灯闪亮，闪亮 3s 后熄灭。在东西绿灯熄灭时，东西黄灯亮，并维持 2s。到 2s 时，东西黄灯熄灭，东西红灯亮，同时，南北红灯熄灭，绿灯亮，东西红灯亮维持 30s。南北绿灯亮维持 20s，然后闪亮 3s 后熄灭。同时南北黄灯亮，维持 2s 后熄灭，这时南北红灯亮，东西绿灯亮。周而复始。图 8-1 为十字路口交通灯控制实验面板图。

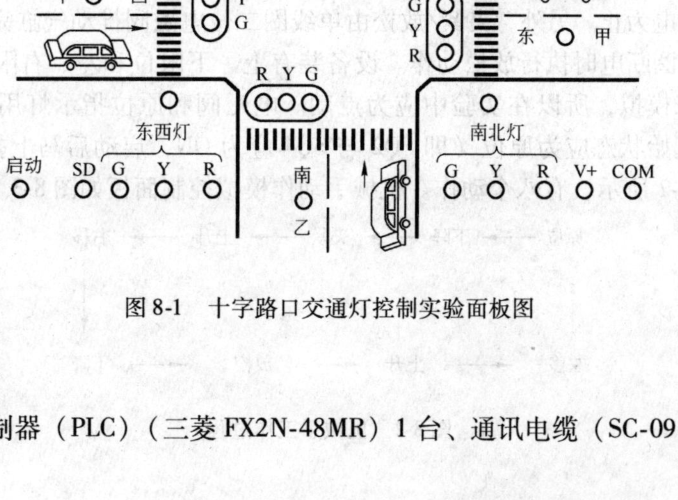

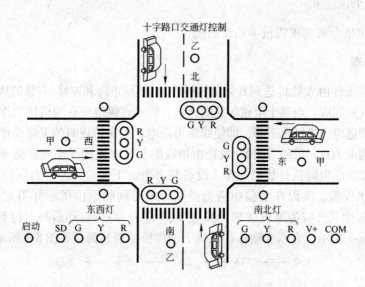

图 8-1 十字路口交通灯控制实验面板图

8.1.3 实验材料

可编程序控制器（PLC）（三菱 FX2N-48MR）1 台、通讯电缆（SC-09）1 根、PLC 教

学实验系统（EL-PLC-Ⅱ）1 台、微机（WINXP、WIN7）1 台、编程软件包（GX-Developer）1 套、导线若干。

8.1.4 注意事项

自编程序可不接甲、乙两灯。

8.1.5 实验内容与步骤

（1）输入输出接线。

（2）打开主机电源将程序下载到主机中。

（3）启动并运行程序观察实验现象。

8.1.6 实验作业

（1）写出 I/O 分配表（表 8-1）、程序梯形图、指令表。

表 8-1 I/O 分配表

输入		输出				输出		
		南北				东西		

（2）仔细观察实验现象，认真记录实验中发现的问题、错误、故障及解决方法。

8.2 机械手动作的模拟

8.2.1 实验目的

用数据移位指令来实现机械手动作的模拟。

8.2.2 实验原理

本实验是将工件由 A 处传送到 B 处的机械手，上升/下降和左移/右移的执行用双线圈二位电磁阀推动气缸完成。当某个电磁阀线圈通电，就一直保持现有的机械动作，例如一旦下降的电磁阀线圈通电，机械手下降，即使线圈再断电，仍保持现有的下降动作状态，直到相反方向的线圈通电为止。另外，夹紧/放松由单线圈二位电磁阀推动气缸完成，线圈通电执行夹紧动作，线圈断电时执行放松动作。设备装有上、下限位和左、右限位开关，限位开关用钮子开关来模拟，所以在实验中应为点动。电磁阀和原位指示灯用发光二极管来模拟。本实验的起始状态应为原位（即 SQ2 与 SQ4 应为 ON，启动后马上打到 OFF），它的工作过程如图 8-2 所示，有八个动作。机械手动作模拟控制面板如图 8-3 所示。

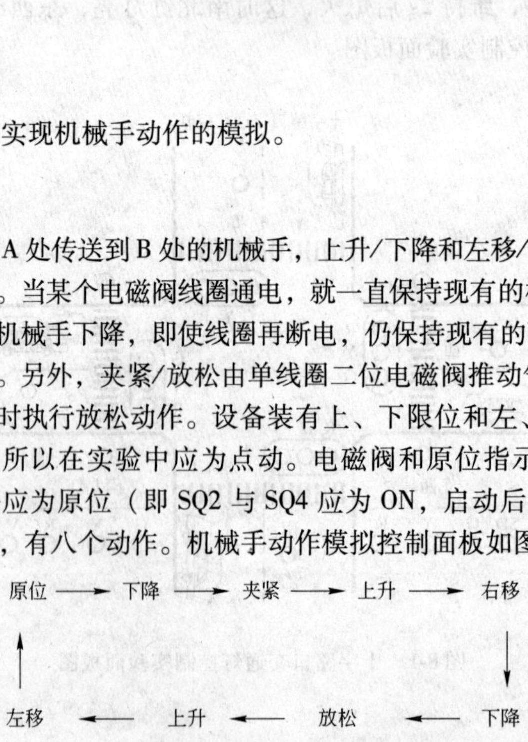

图 8-2 机械手工作过程

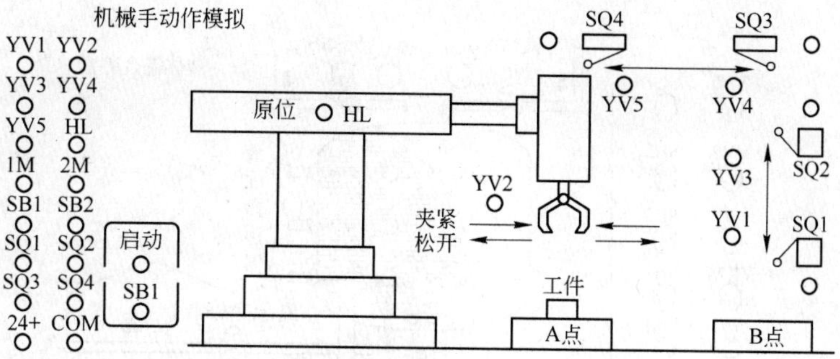

图 8-3　机械手动作模拟控制实验面板图

8.2.3　实验材料

可编程序控制器 PLC(三菱 FX2N-48MR)1 台、通讯电缆(SC-09)1 根、PLC 教学实验系统(EL-PLC-Ⅱ)1 台、微机(WINXP、WIN7)1 台、编程软件包(GX-Developer)1 套、导线若干。

8.2.4　注意事项

限位开关的控制。

8.2.5　实验内容与步骤

(1) 输入输出接线。

(2) 打开主机电源将程序下载到主机中。

(3) 启动并运行程序观察实验现象。

8.2.6　实验作业

(1) 写出 I/O 分配表、程序梯形图、指令表。

(2) 仔细观察实验现象，认真记录实验中发现的问题、错误、故障及解决方法。

8.3　液体混合装置控制

8.3.1　实验目的

熟练使用置位和复位等各条基本指令，通过对工程实例的模拟，熟练地掌握 PLC 的编程和程序调试。

8.3.2　实验原理

本实验为两种液体混合装置（见图 8-4），SL1、SL2、SL3 为液面传感器，液体 A、B 阀门与混合液阀门由电磁阀 YV1、YV2、YV3 控制，M 为搅匀电机，控制要求如下。

初始状态。装置投入运行时，液体 A、B 阀门关闭，混合液阀门打开 20s 将容器放空后关闭。

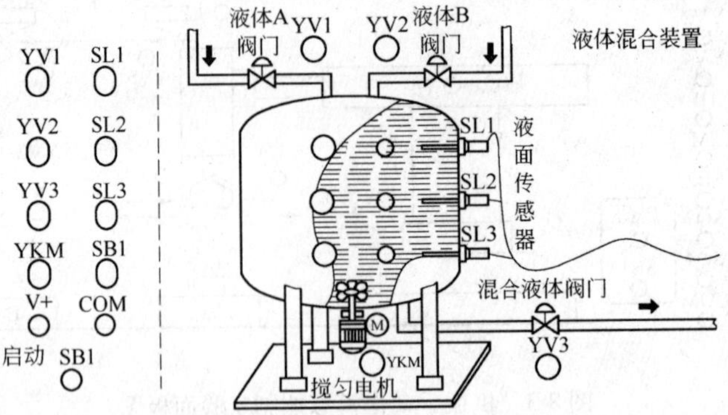

图 8-4　液体混合装置控制实验面板图

启动操作。按下启动按钮 SB1，装置就开始按下列约定的规律操作：混合液体阀打开先将剩余液体放完。液体 A 阀门打开，液体 A 流入容器。当液面到达 SL2 时，SL2 接通，关闭液体 A 阀门，打开液体 B 阀门。液面到达 SL1 时，关闭液体 B 阀门，搅匀电机开始搅匀。搅匀电机工作 6s 后停止搅动，混合液体阀门打开，开始放出混合液体。当液面下降到 SL3 时，SL3 由接通变为断开，再过 2s 后，容器放空，混合液阀门关闭，开始下一周期。

停止操作。按下停止按钮 SB2 后，在当前的混合液操作处理完毕后，才停止操作（停在初始状态上）。

8.3.3　实验材料

可编程序控制器 PLC(三菱 FX2N-48MR)1 台、通讯电缆(SC-09)1 根、PLC 教学实验系统(EL-PLC-Ⅱ)1 台、微机(WINXP. WIN7)1 台、编程软件包(GX-Developer)1 套、导线若干。

8.3.4　注意事项

液面传感器由开关模拟。

8.3.5　实验内容与步骤

（1）输入输出接线。

（2）打开主机电源将程序下载到主机中。

（3）启动并运行程序观察实验现象。

8.3.6　实验作业

（1）写出 I/O 分配表、程序梯形图、指令表。

（2）仔细观察实验现象，认真记录实验中发现的问题、错误、故障及解决方法。

8.4　跳 转 实 验

8.4.1　实验目的

（1）熟悉编程软件及编程方式。

（2）掌握跳转指令的使用。

8.4.2 实验原理

自行设计程序进行跳转指令的练习。使 X1 为“1”时，LED 灯 1 ~ LED 灯 3 轮流闪烁；使 X1 为“0”时，LED 灯 4 ~ LED 灯 6 轮流闪烁。

8.4.3 实验材料

可编程序控制器 PLC（三菱 FX2N-48MR）1 台、通讯电缆（SC-09）1 根、PLC 教学实验系统（EL-PLC-Ⅱ）1 台、微机（WINXP、WIN7）1 台、编程软件包（GX-Developer）1 套、导线若干。

8.4.4 注意事项

实验利用跳转指令编程，LED 灯可利用基本指令实验的输出显示。

8.4.5 实验内容与步骤

（1）设计程序。

（2）上机实验。

8.4.6 实验作业

（1）写出 I/O 分配表、程序梯形图。

（2）仔细观察实验现象，认真记录实验中发现的问题、错误、故障及解决方法。

8.5 装配流水线控制

8.5.1 实验目的

了解移位寄存器在控制系统中的应用及针对位移寄存器指令的编程方法。

8.5.2 实验原理

在本实验中，传送带共有二十个工位。工件从 1 号位装入，依次经过 2 号位、3 号位、…、16 号位。在这个过程中，工件分别在 A（操作 1）、B（操作 2）、C（操作 3）三个工位完成三种装配操作，经最后一个工位后送入仓库。注：其他工位均用于传送工件。实验面板如图 8-5 所示。

8.5.3 实验材料

可编程序控制器 PLC（三菱 FX2N-48MR）1 台、通讯电缆（SC-09）1 根、PLC 教学实验系统（EL-PLC-Ⅱ）1 台、微机（WINXP、WIN7）1 台、编程软件包（GX-Developer）1 套、导线若干。

8.5.4 注意事项

（1）复位、移位指令接线不要接错。

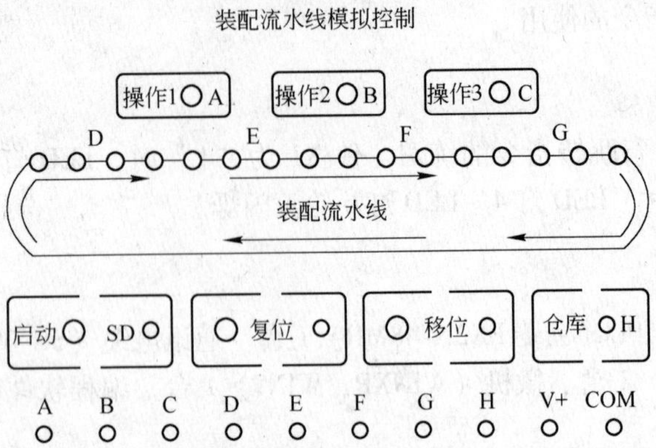

图 8-5　装配流水线控制实验面板图

（2）先按复位指令后再按移位指令开始。

8.5.5　实验内容与步骤

（1）输入输出接线。

（2）打开主机电源将程序下载到主机中。

（3）启动并运行程序观察实验现象。

8.5.6　实验作业

（1）写出 I/O 分配表（填入表 8-2 中）、程序梯形图、指令表。

表 8-2　I/O 分配表

输　入					
输　出					

（2）仔细观察实验现象，认真记录实验中发现的问题、错误、故障及解决方法。

8.6　天塔之光模拟控制

8.6.1　实验目的

用 PLC 构成闪光灯控制系统。

8.6.2　实验原理

本实验启动后系统会按以下规律显示：L1→L1、L2→L1、L3→L1、L4→L1、L2→L1、L2、L3、L4→L1、L8→L1、L7→L1、L6→L1、L5→L1、L8→L1、L5、L6、L7、L8→L1→L1、L2、L3、L4→L1、L2、L3、L4、L5、L6、L7、L8→L1……如此循环，周而复始。扳下启动开关实验停止。实验面板如图 8-6 所示。

8.6.3　实验材料

可编程序控制器 PLC（三菱 FX2N-48MR）1 台、通讯电缆（SC-09）1 根、PLC 教学实验系统（EL-PLC-Ⅱ）1 台、微机（WINXP、WIN7）1 台、编程软件包（GX-Developer）1 套、导线若干。

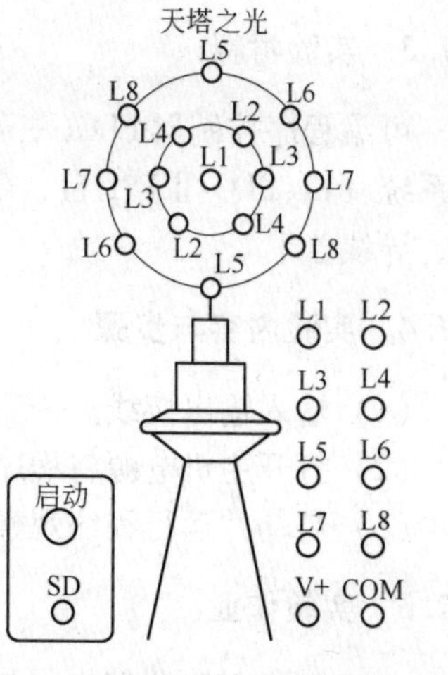

图 8-6　天塔之光控制实验面板图

8.6.4　实验内容与步骤

（1）输入输出接线。

（2）打开主机电源将程序下载到主机中。

（3）启动并运行程序观察实验现象。

8.6.5　实验作业

（1）写出 I/O 分配表（填入表 8-3 中）、程序梯形图、指令表。

表 8-3　I/O 分配表

输入接线		输出接线								

（2）仔细观察实验现象，认真记录实验中发现的问题、错误、故障及解决方法。

8.7　水塔水位控制模拟

8.7.1　实验目的

用 PLC 构成水塔水位自动控制系统。

8.7.2　实验原理

当水池水位低于水池低水位界（S4 为 ON 表示），阀 Y 打开进水（Y 为 ON）定时器开始定时，4s 后，如果 S4 还不为 OFF，那么阀 Y 指示灯闪烁，表示阀 Y 没有进水，出现故障，S3 为 ON 后，阀 Y 关闭（Y 为 OFF）。当 S4 为 OFF 时，且水塔水位低于水塔低水位界时 S2 为 ON，电机 M 运转抽水。当水塔水位高于水塔高水位界时电机 M 停止。

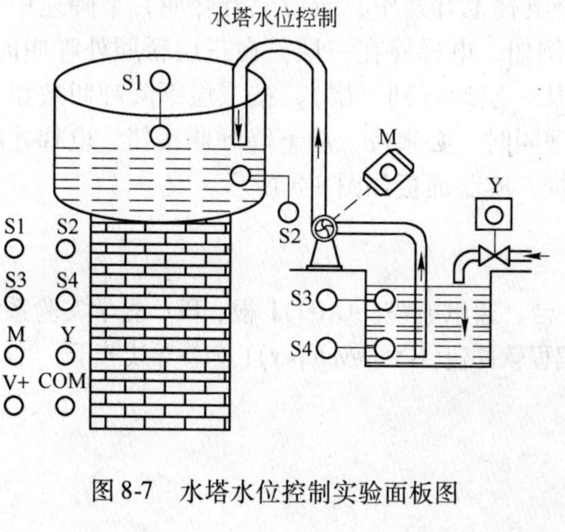

图 8-7　水塔水位控制实验面板图

实验面板如图 8-7 所示。面板中 S1 表示水塔的水位上限，S2 表示水塔水位下限，S3 表示水池水位上限，S4 表示水池水位下限，M1 为抽水电机，Y 为水阀。

8.7.3 实验材料

可编程序控制器 PLC（三菱 FX2N-48MR）1 台、通讯电缆（SC-09）1 根、PLC 教学实验系统（EL-PLC-Ⅱ）1 台、微机（WINXP、WIN7）1 台、编程软件包（GX-Developer）1 套、导线若干。

8.7.4 实验内容与步骤

（1）输入输出接线。

（2）打开主机电源将程序下载到主机中。

（3）启动并运行程序观察实验现象。

8.7.5 实验作业

（1）写出 I/O 分配表（填入表 8-4 中）、程序梯形图、指令表。

表 8-4 I/O 分配表

输入					输出		

（2）仔细观察实验现象，认真记录实验中发现的问题、错误、故障及解决方法。

8.8 四层电梯控制系统的模拟

8.8.1 实验目的

（1）通过对工程实例的模拟，熟练地掌握 PLC 的编程和程序调试方法。

（2）熟悉四层楼电梯采用轿厢外按钮控制的编程方法。

8.8.2 实验原理

电梯由安装在各楼层门口的上升、下降呼叫按钮进行呼叫操纵，操纵内容为电梯运行方向。轿厢内设有楼层内选按钮 S1 ~ S4，用以选择需停靠的楼层。L1 为一层指示、L2 为二层指示……，SQ1 ~ SQ4 为到位行程开关。电梯上升途中只响应上升呼叫，下降途中只响应下降呼叫，任何反方向的呼叫均无效。例如，电梯停在一层，在三层轿厢外呼叫时，须按三层上升呼叫按钮，电梯才响应呼叫（从一层运行到三层），按三层下降呼叫按钮无效；反之，若电梯停在四层，在三层轿厢外呼叫时，必须按三层下降呼叫按钮，电梯才响应呼叫，按三层上升呼叫按钮无效，依此类推。实验面板如图 8-8 所示。

8.8.3 实验材料

可编程序控制器 PLC（三菱 FX2N-48MR）1 台、通讯电缆（SC-09）1 根、PLC 教学实验系统（EL-PLC-Ⅱ）1 台、微机（WINXP、WIN7）1 台、编程软件包（GX-Developer）1 套、导线若干。

8.8.4 实验内容与步骤

（1）输入输出接线。

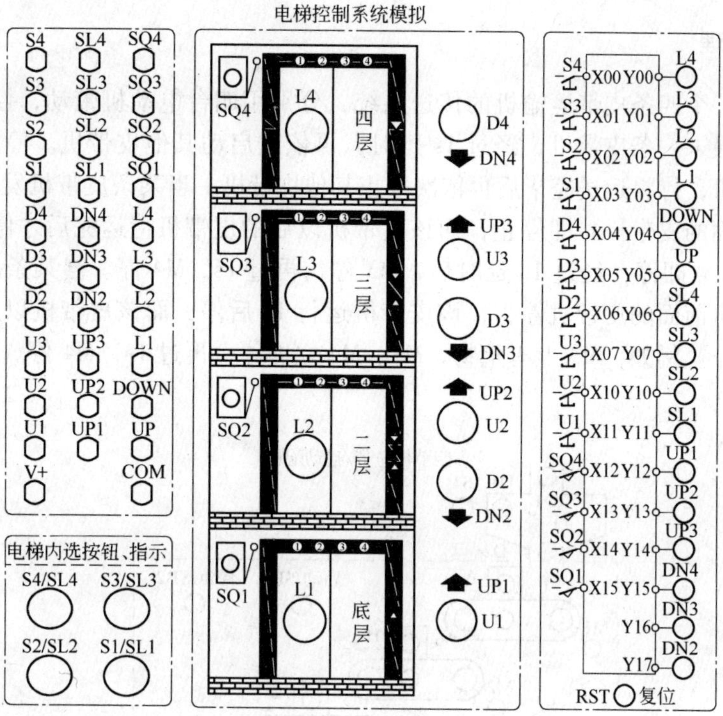

图 8-8 电梯控制实验面板图

(2) 打开主机电源将程序下载到主机中。

(3) 启动并运行程序观察实验现象。

8.8.5 实验报告

(1) 写出 I/O 分配表（填入表 8-5 中）、程序梯形图、指令表。

表 8-5 I/O 分配表

序 号	名 称	输入点	序 号	名 称	输出点

(2) 仔细观察实验现象，认真记录实验中发现的问题、错误、故障及解决方法。

8.9 四节传送带的模拟

8.9.1 实验目的

通过使用各基本指令，进一步熟练掌握 PLC 的编程和程序调试。

8.9.2 实验原理

本实验是一个四条皮带运输机的传送系统，分别用四台电动机带动，控制要求如下：启动时先启动最末一条皮带机，经过 1s 延时，再依次启动其他皮带机。停止时应先停止最前一条皮带机，待料运送完毕后再依次停止其他皮带机。当某条皮带机发生故障时，该皮带机及其前面的皮带机立即停止，而该皮带机以后的皮带机待运完后才停止。例如 M2 故障，M1、M2 立即停，经过 1s 延时后，M3 停，再过 1s，M4 停。当某条皮带机上有重物时，该皮带机前面的皮带机停止，该皮带机运行 1s 后停，而该皮带机以后的皮带机待料运完后才停止。例如，M3 上有重物，M1、M2 立即停，再过 1s，M4 停。实验面板如图 8-9 所示。

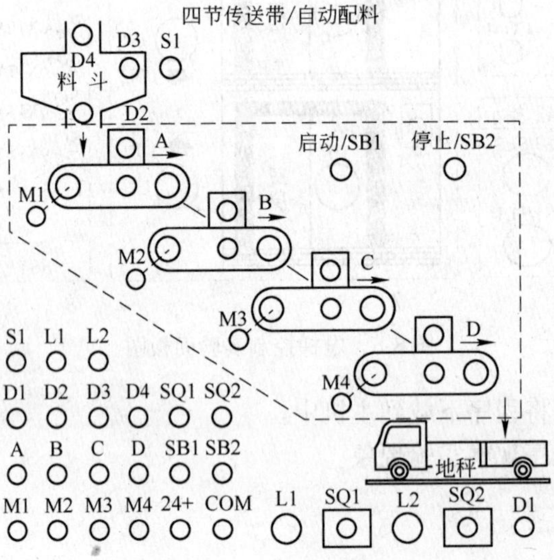

图 8-9 四节传送带控制实验面板图

8.9.3 实验材料

可编程序控制器 PLC（三菱 FX2N-48MR）1 台、通讯电缆（SC-09）1 根、PLC 教学实验系统（EL-PLC-Ⅱ）1 台、微机（WINXP、WIN7）1 台、编程软件包（GX-Developer）1 套、导线若干。

8.9.4 实验内容与步骤

（1）输入输出接线。

（2）打开主机电源将程序下载到主机中。

（3）启动并运行程序观察实验现象。

8.9.5 实验报告

（1）写出 I/O 分配表（填入表 8-6）、程序梯形图、指令表。

表 8-6 I/O 指令表

输入							输出				

（2）仔细观察实验现象，认真记录实验中发现的问题、错误、故障及解决方法。

8.10 部分实验参考程序

（1）十字路口交通灯参考程序（8.1 节）。

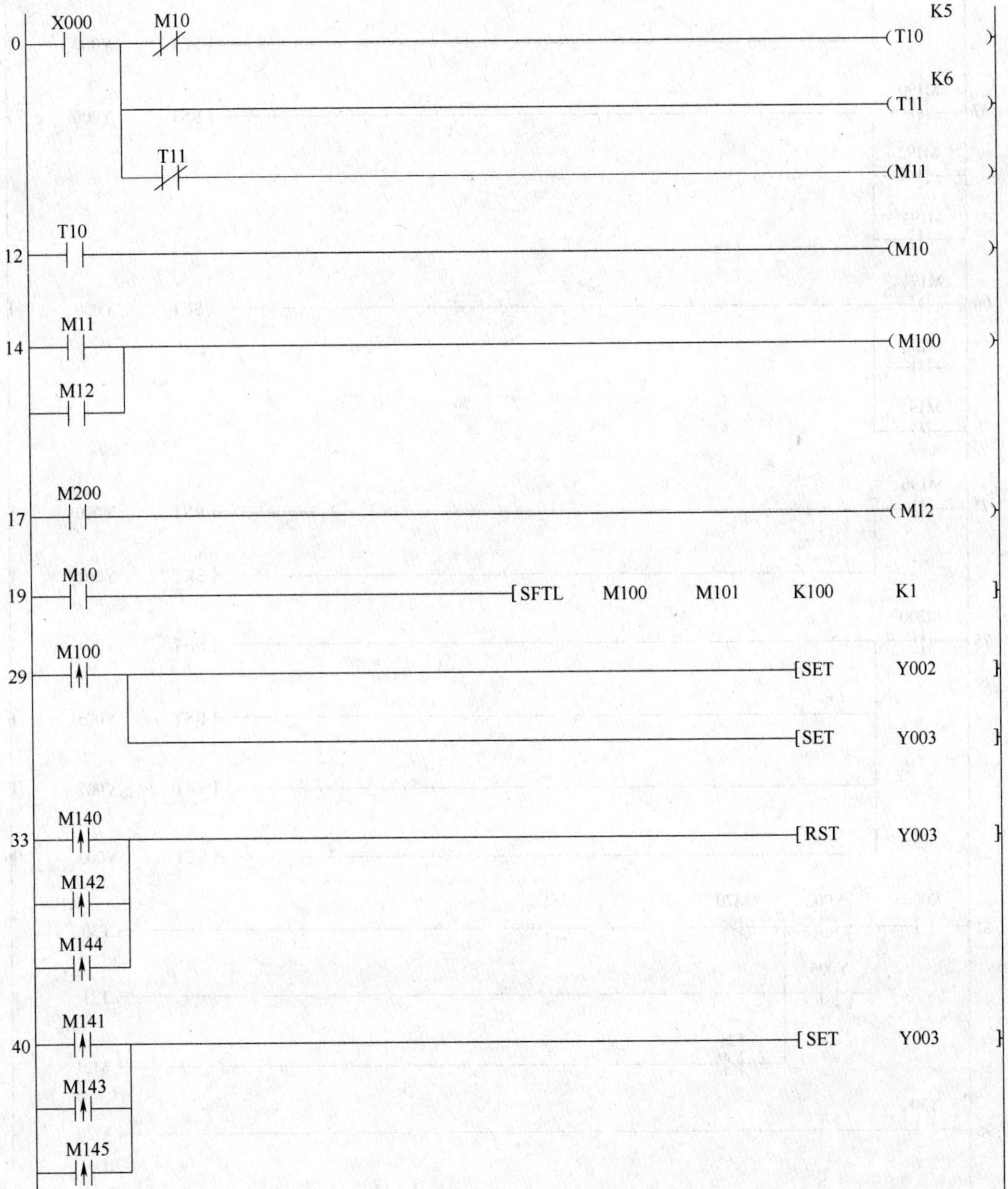

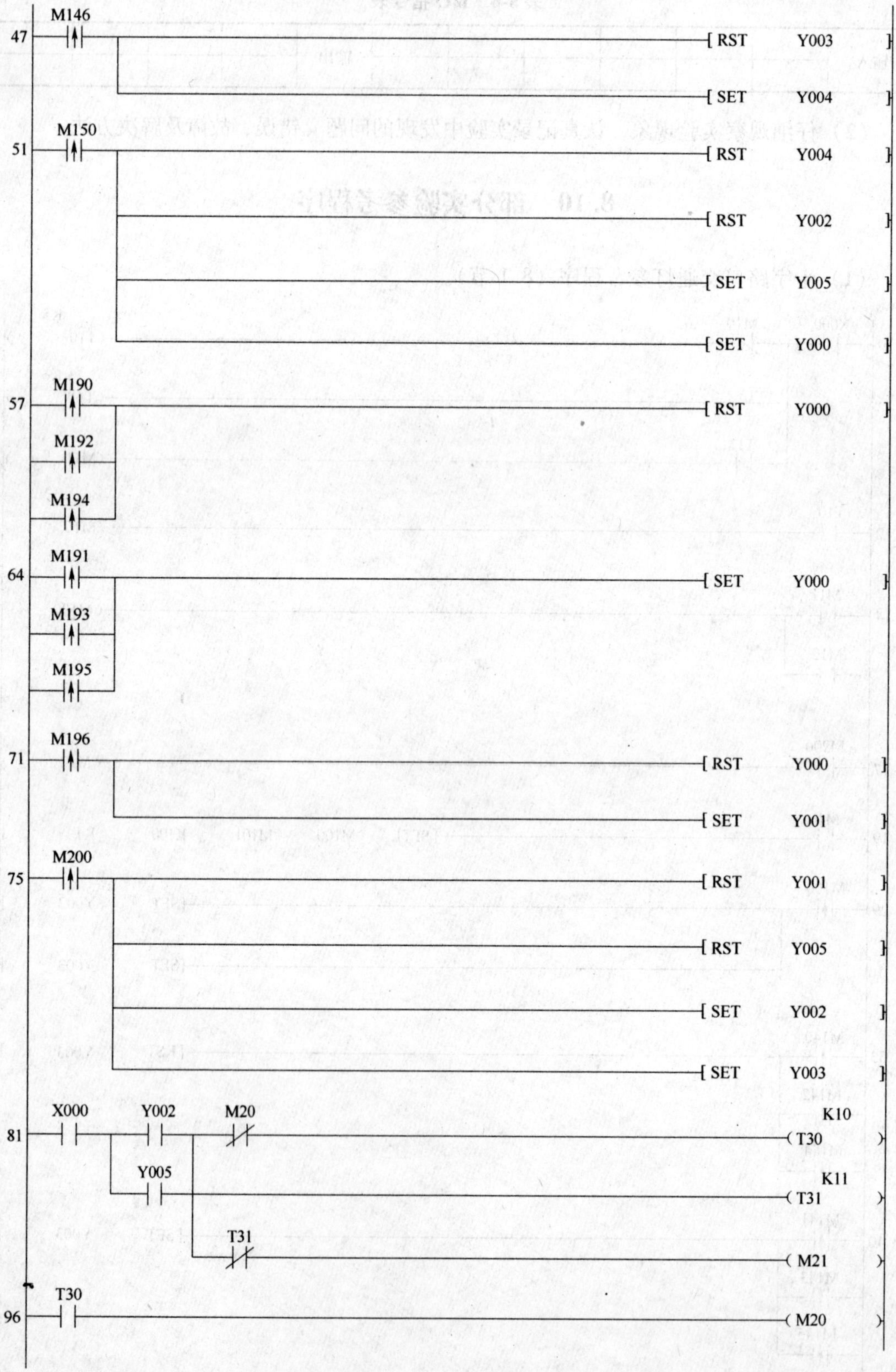
47
M146
RST Y003
SET Y004
51
M150
RST Y004
RST Y002
SET Y005
SET Y000
57
M190
M192
M194
RST Y000
64
M191
M193
M195
SET Y000
71
M196
RST Y000
SET Y001
75
M200
RST Y001
RST Y005
SET Y002
SET Y003
81
X000
Y002
M20
K10
T30
Y005
K11
T31
T31
M21
96
T30
M20

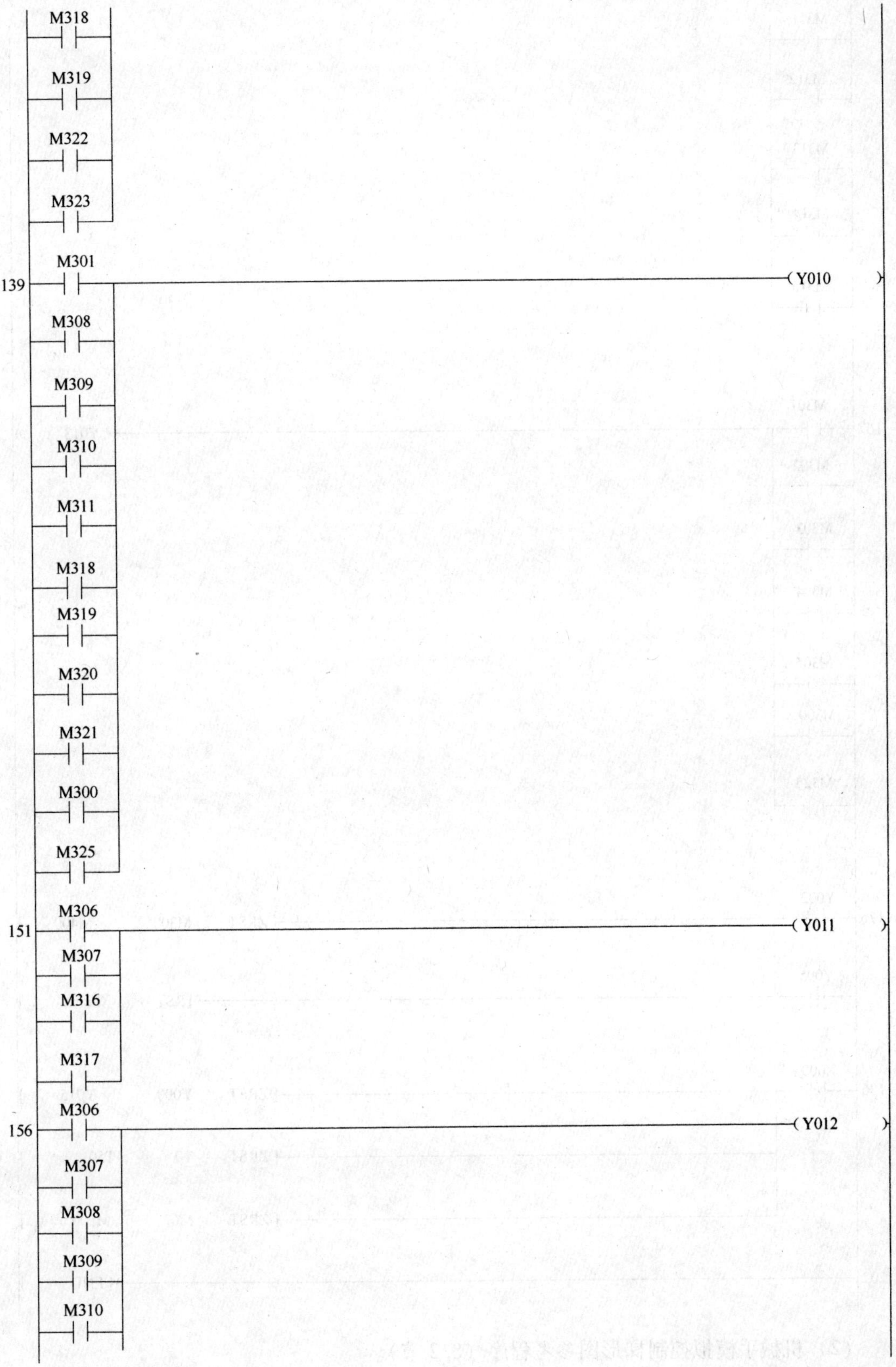
M318
M319
M322
M323
139
M301
Y010
M308
M309
M310
M311
M318
M319
M320
M321
M300
M325
151
M306
Y011
M307
M316
M317
156
M306
Y012
M307
M308
M309
M310

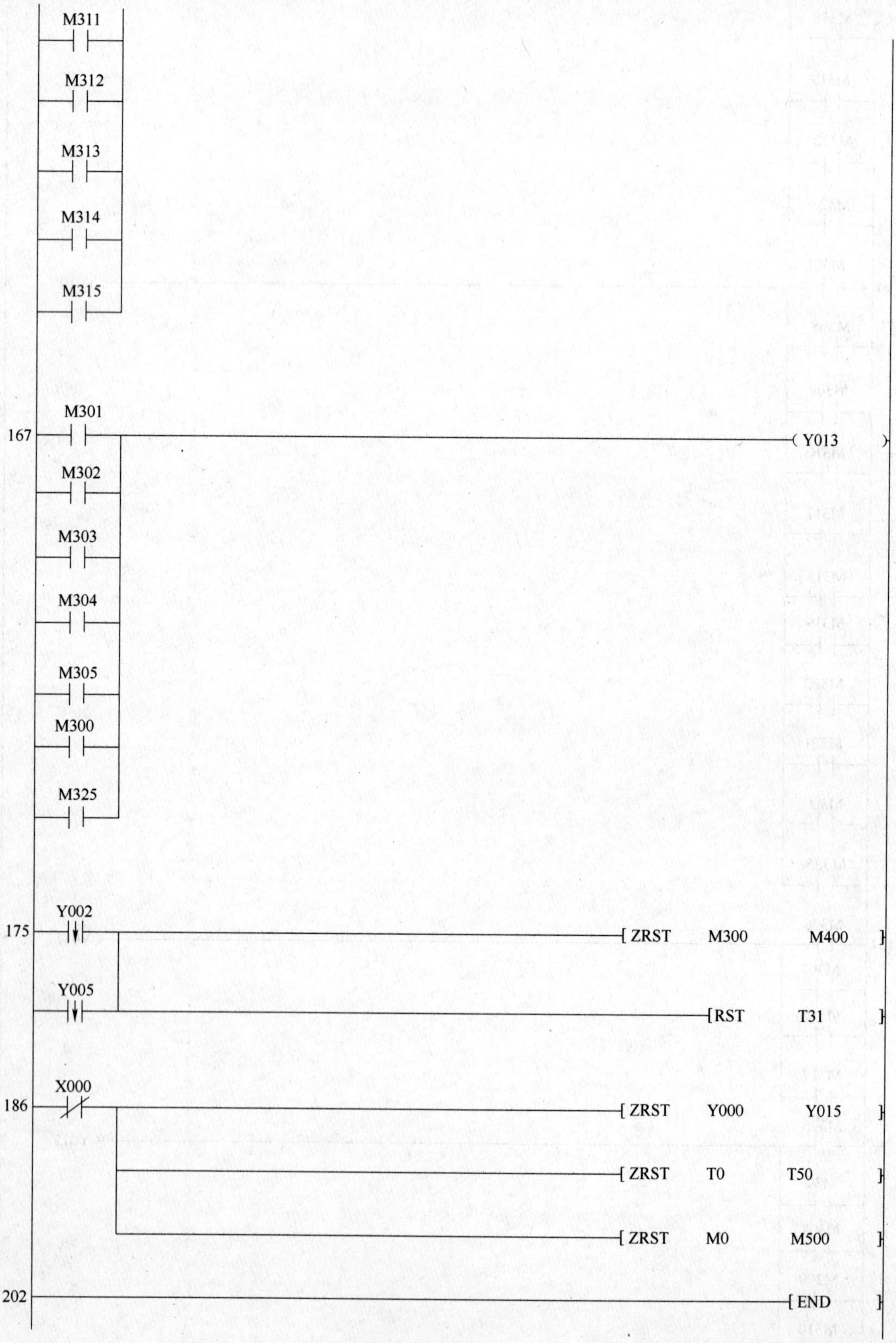

（2）机械手模拟控制梯形图参考程序（8.2 节）。

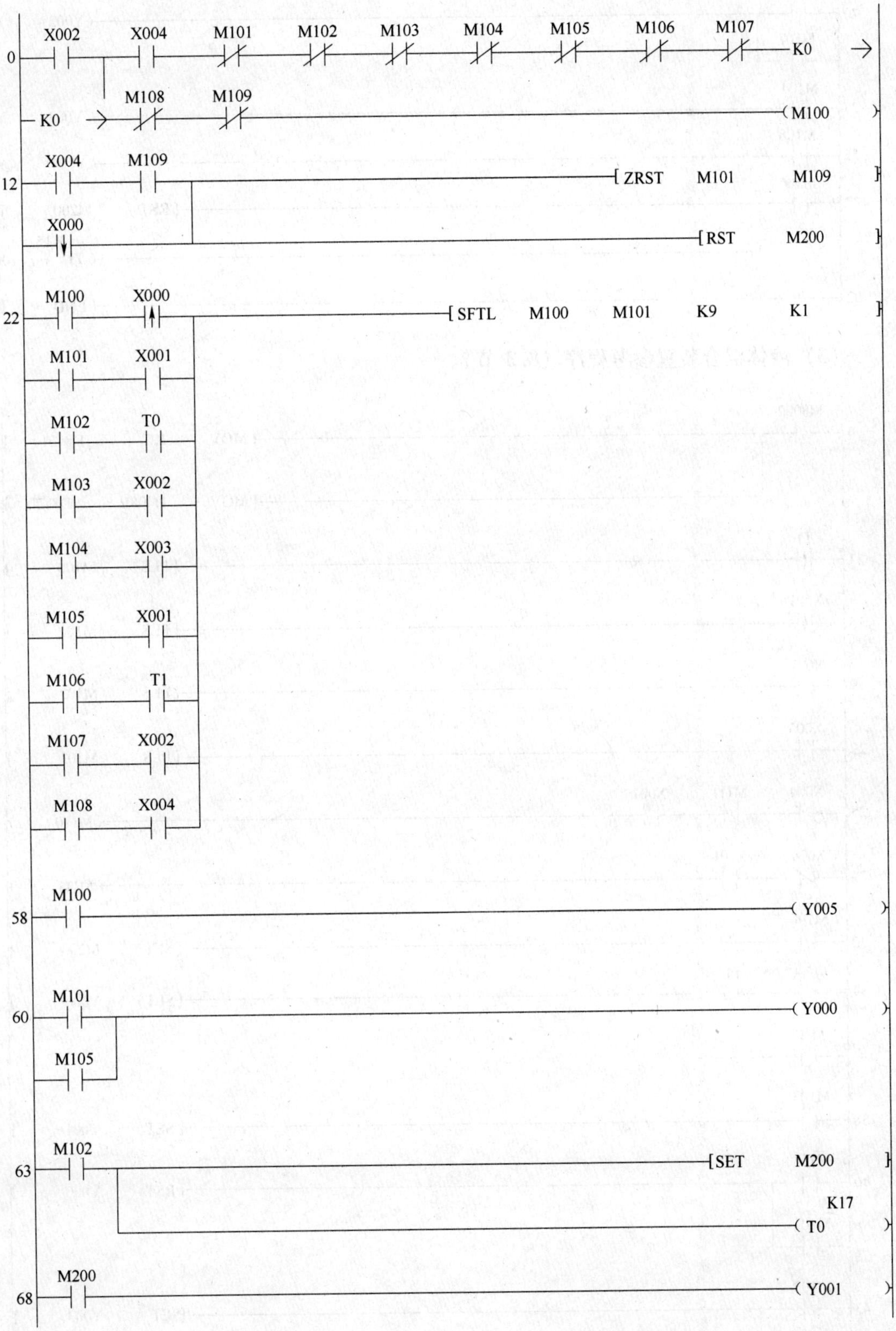
0
X002
X004
M101
M102
M103
M104
M105
M106
M107
K0
K0
M108
M109
M100
12
X004
M109
ZRST M101 M109
X000
RST M200
22
M100
X000
SFTL M100 M101 K9 K1
M101
X001
M102
T0
M103
X002
M104
X003
M105
X001
M106
T1
M107
X002
M108
X004
58
M100
Y005
60
M101
Y000
M105
63
M102
SET M200
K17
T0
68
M200
Y001

```
        M103
70 ─────┤├─────┬──────────────────────────────────────────────( Y002  )
        M107    │
   ─────┤├──────┘
        M104
73 ─────┤├──────────────────────────────────────────────────────( Y003  )
        M108
75 ─────┤├──────────────────────────────────────────────────────( Y004  )
        M106
77 ─────┤├─────┬──────────────────────────────────────[ RST    M200   ]
               │                                                  K15
               └────────────────────────────────────────────( T1     )
82 ────────────────────────────────────────────────────────────[ END   ]
```

(3) 液体混合装置参考程序（8.3 节）。

```
        M8002
0  ─────┤├─────┬──────────────────────────────[ MOV    K0      D8121 ]
               │
               └──────────────────────────────[ MOV    H408E   D8120 ]

        T1
11 ─────┤↑├──────────────────────────────────────────[ PLS    M100  ]

        X001
15 ─────┤↓├──────────────────────────────────────────[ PLS    M101  ]

        X002
19 ─────┤├───────────────────────────────────────────[ PLS    M102  ]

        X003
22 ─────┤├───────────────────────────────────────────[ PLS    M103  ]

        X004   M111   X001
25 ─────┤/├────┤/├────┤├──────────────────────────────────( M110  )

        X004   X001
29 ─────┤/├────┤├──────────────────────────────────────────( M111  )

        M100
32 ─────┤├────────────────────────────────────────────[ SET    M200  ]

        M200   T1
34 ─────┤├────┬─┤├────────────────────────────────────[ SET    Y000  ]
        M100  │
   ─────┤├────┘

        M103
38 ─────┤├────────────────────────────────────────────[ SET    Y001  ]

        M103
40 ─────┤├────┬───────────────────────────────────────[ RST    Y000  ]
        M101  │
   ─────┤├────┘

        M102
43 ─────┤├────────────────────────────────────────────[ SET    Y003  ]
```

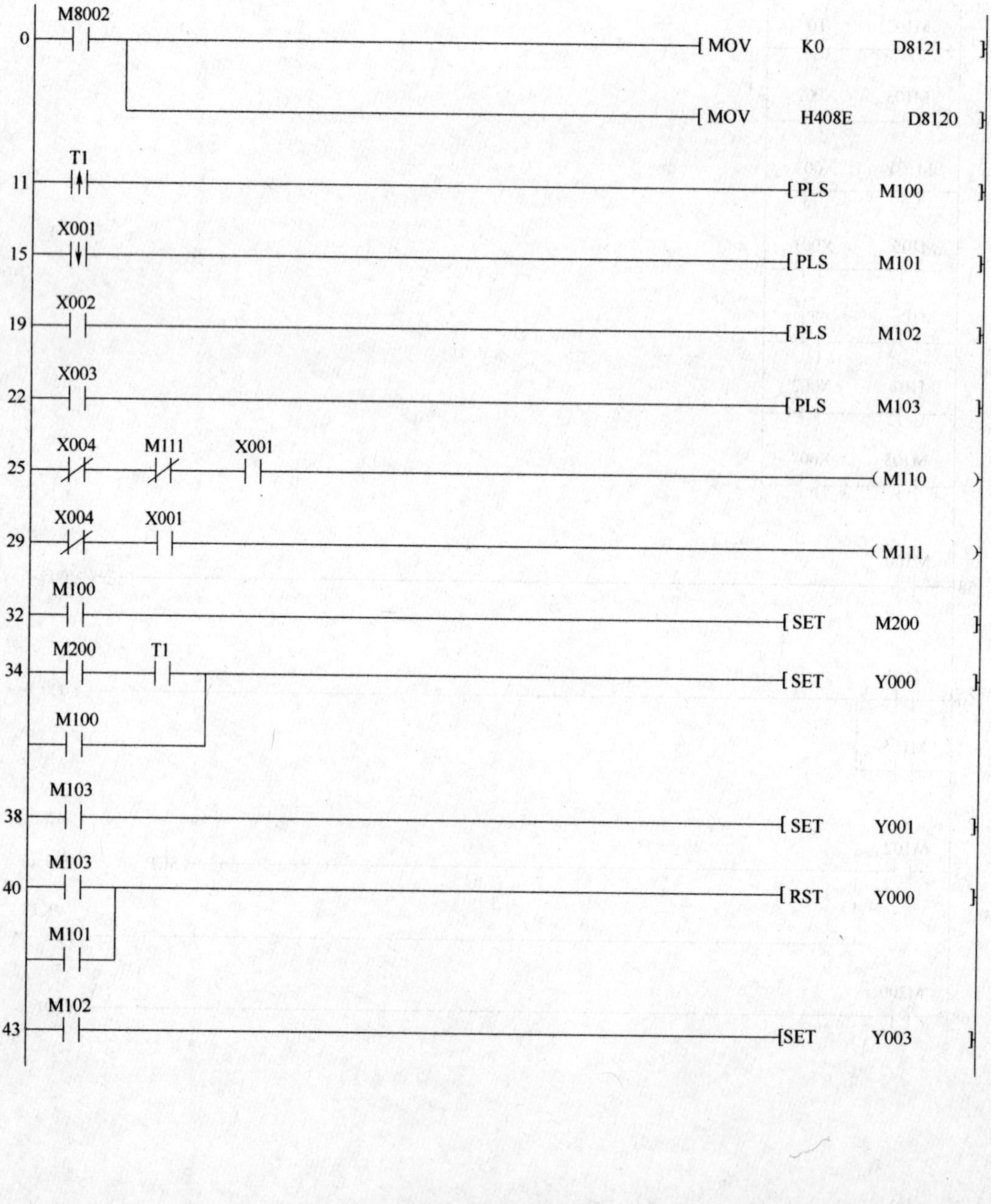

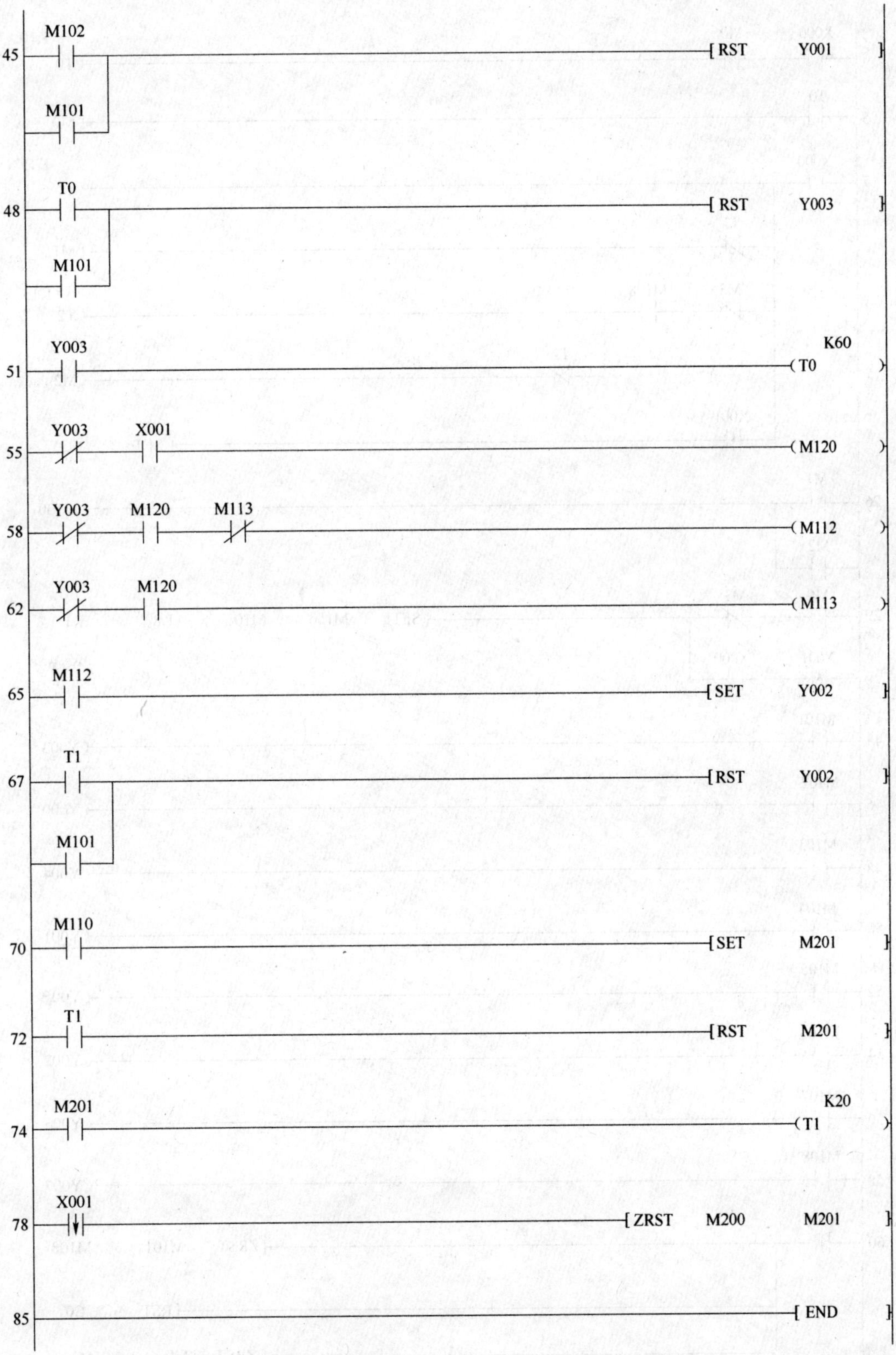
45 M102 [RST Y001]
M101
48 T0 [RST Y003]
M101
51 Y003 K60 (T0)
55 Y003 X001 (M120)
58 Y003 M120 M113 (M112)
62 Y003 M120 (M113)
65 M112 [SET Y002]
67 T1 [RST Y002]
M101
70 M110 [SET M201]
72 T1 [RST M201]
74 M201 K20 (T1)
78 X001 [ZRST M200 M201]
85 [END]

（4）装配流水线参考程序（8.5 节）。

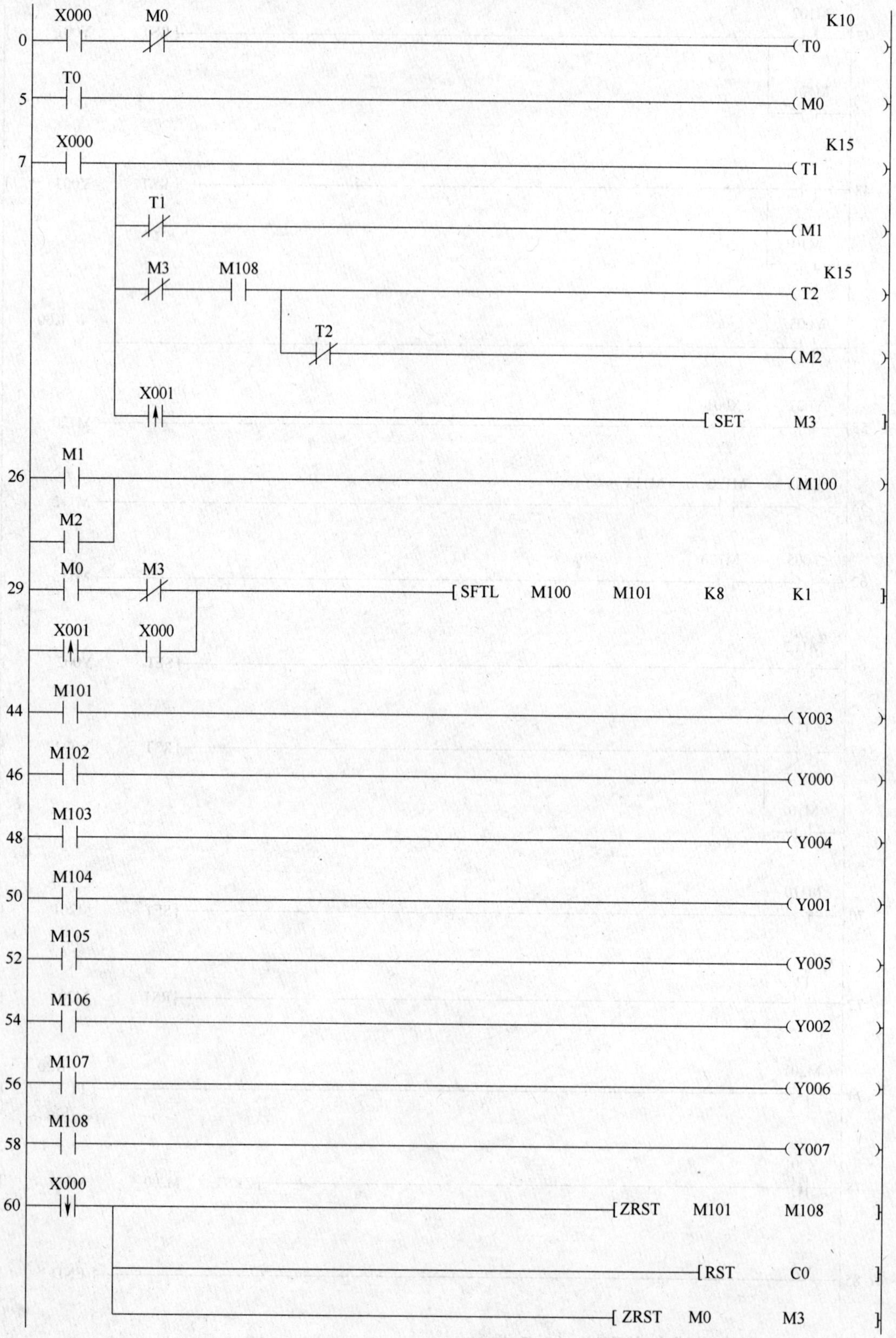
0
X000
M0
K10
T0
5
T0
M0
7
X000
K15
T1
T1
M1
M3
M108
K15
T2
T2
M2
X001
SET M3
26
M1
M100
M2
29
M0
M3
SFTL M100 M101 K8 K1
X001
X000
44
M101
Y003
46
M102
Y000
48
M103
Y004
50
M104
Y001
52
M105
Y005
54
M106
Y002
56
M107
Y006
58
M108
Y007
60
X000
ZRST M101 M108
RST C0
ZRST M0 M3

74
X000
X002
ZRST
M102
M108
Y007
SET
M101
M3
88
END

9 电机及拖动基础

9.1 直流并励电动机

9.1.1 实验目的

（1）掌握用实验方法测取直流并励电动机的工作特性和机械特性。

（2）掌握直流并励电动机的调速方法。

9.1.2 预习要点

（1）什么是直流电动机的工作特性和机械特性？

（2）直流电动机调速原理是什么？

9.1.3 实验项目

（1）工作特性和机械特性。保持 $U=U_N$ 和 $I_f=I_{fN}$ 不变，测取 n、T_2、$\eta=f(I_a)$、$n=f(T_2)$。

（2）调速特性。

1）改变电枢电压调速。保持 $U=U_N$、$I_f=I_{fN}$ = 常数，T_2 = 常数，测取 $n=f(U_a)$。

2）改变励磁电流调速。保持 $U=U_N$，T_2 = 常数，测取 $n=f(I_f)$。

3）观察能耗制动过程。

9.1.4 实验方法

（1）实验设备见表 9-1。

表 9-1 实验设备

序 号	型 号	名 称	数 量
1	DD03	导轨、测速发电机及转速表	1 台
2	DJ23	校正直流测功机	1 台
3	DJ15	直流并励电动机	1 台
4	D31	直流电压、毫安、电流表	2 件
5	D42	三相可调电阻器	1 件
6	D44	可调电阻器、电容器	1 件
7	D51	波形测试及开关板	1 件

（2）屏上挂件排列顺序：D31、D42、D51、D31、D44。

（3）并励电动机的工作特性和机械特性。

1）按图 9-1 接线。校正直流测功机 MG 按他励发电机连接，在此作为直流电动机 M 的负载，用于测量电动机的转矩和输出功率。R_{f1} 选用 D44 的 1800Ω 阻值。R_{f2} 选用 D42 的 900Ω 串联 900Ω 共 1800Ω 阻值。R_1 用 D44 的 180Ω 阻值。R_2 选用 D42 的 900Ω 串联 900Ω 再加 900Ω 并联 900Ω 共 2250Ω 阻值。

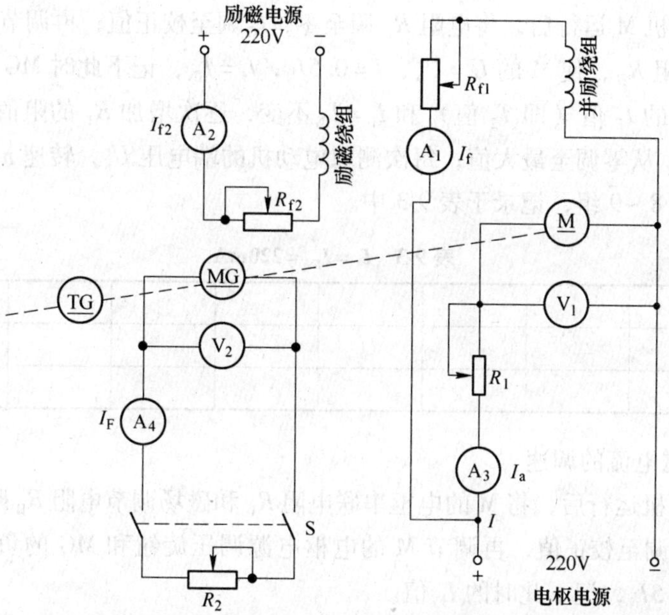

图 9-1 直流并励电动机接线图

2）将直流并励电动机 M 的磁场调节电阻 R_{f1} 调至最小值，电枢串联启动电阻 R_1 调至最大值，接通控制屏下边右方的电枢电源开关使其启动，其旋转方向应符合转速表正向旋转的要求。

3）M 启动正常后，将其电枢串联电阻 R_1 调至零，调节电枢电源的电压为 220V，调节校正直流测功机的励磁电流 I_{f2} 为校正值（50mA 或 100mA），再调节其负载电阻 R_2 和电动机的磁场调节电阻 R_{f1}，使电动机达到额定值：$U=U_N$，$I=I_N$，$n=n_N$。此时 M 的励磁电流 I_f 即为额定励磁电流 I_{fN}。

4）保持 $U=U_N$，$I_f=I_{fN}$，I_{f2} 为校正值不变的条件下，逐次减小电动机负载。测取电动机电枢输入电流 I_a，转速 n 和校正电机的负载电流 I_F（由校正曲线查出电动机输出对应转矩 T_2）。共取数据 9～10 组，记录于表 9-2 中。

表 9-2　$U=U_N=220V$，$I_f=I_{fN}=102.5mA$，$I_{f2}=100mA$

实验数据	I_a/A								
	n/r · min^{-1}								
	I_F/A								

续表 9-2

计算数据	P_2/W								
	P_1/W								
	η/%								

（4）调速特性。

1）改变电枢端电压的调速。

① 直流电动机 M 运行后，将电阻 R_1 调至零，I_{f2}调至校正值，再调节负载电阻 R_2、电枢电压及磁场电阻 R_{f1}，使 M 的 $U=U_N$，$I=0.5I_N$，$I_f=I_{fN}$，记下此时 MG 的 I_F 值。

② 保持此时的 I_F 值（即 T_2 值）和 $I_f=I_{fN}$不变，逐次增加 R_1 的阻值，降低电枢两端的电压 U_a，使 R_1 从零调至最大值，每次测取电动机的端电压 U_a，转速 n 和电枢电流 I_a。

③ 共取数据 8 ~9 组，记录于表 9-3 中。

表 9-3　$I_f=I_{fN}=220$mA

U_a/V									
n/r · min^{-1}									
I_a/A									

2）改变励磁电流的调速。

① 直流电动机运行后，将 M 的电枢串联电阻 R_1 和磁场调节电阻 R_{f1}调至零，将 MG 的磁场调节电阻 I_{f2}调至校正值，再调节 M 的电枢电源调压旋钮和 MG 的负载，使电动机 M 的 $U=U_N$，$I=0.5I_N$，记下此时的 I_F 值。

② 保持此时 MG 的 I_F 值（T_2 值）和 M 的 $U=U_N$ 不变，逐次增加磁场电阻阻值，直至 $n=1.3n_N$，每次测取电动机的 n、I_f 和 I_a。共取 7 ~8 组记录于表 9-4 中。

表 9-4　$U=U_N=220$V

n/r · min^{-1}								
I_f/mA								
I_a/A								

9.2　直流他励电动机电动及回馈制动的工作特性

9.2.1　实验目的

掌握用实验方法测取直流他励电动机的工作特性和机械特性。

9.2.2　预习要点

（1）什么是直流电动机的工作特性和机械特性？

（2）直流电动机调速原理是什么？

9.2.3 实验项目

工作特性和机械特性。保持 $U=U_N$ 和 $I_f=I_{fN}$ 不变，测取 n、T_2、$\eta=f(I_a)$、$n=f(T_2)$。

9.2.4 实验方法

（1）实验设备见表 9-5。

表 9-5 实验设备

序 号	型 号	名 称	数 量
1	DD03	导轨、测速发电机及转速表	1 件
2	DJ15	直流并励电动机	1 件
3	DJ23	校正直流测功机	1 件
4	D31	直流电压、毫安、安培表	2 件
5	D41	三相可调电阻器	1 件
6	D42	三相可调电阻器	1 件
7	D44	可调电阻器、电容器	1 件
8	D51	波形测试及开关板	1 件

（2）屏上挂件排列顺序：D51、D31、D42、D41、D31、D44。按图 9-2 接线，图中 M 用编号为 DJ15 的直流并励电动机（接成他励方式），MG 用编号为 DJ23 的校正直流测功机，直流电压表 V_1、V_2 的量程为 1000V，直流电流表 A_1、A_3 的量程为 200mA，A_2、A_4

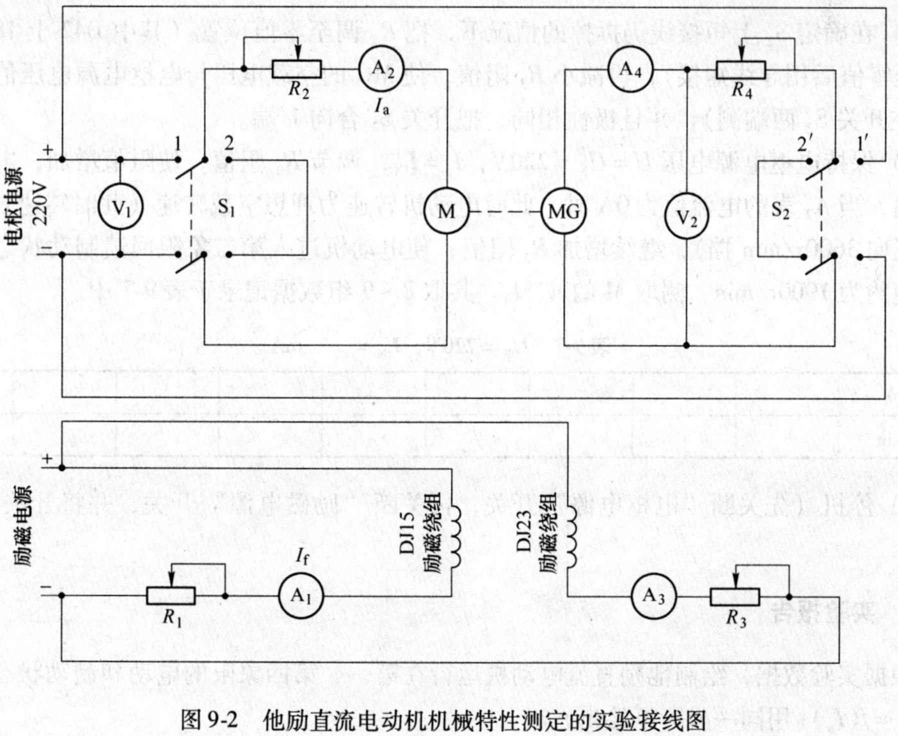

图 9-2 他励直流电动机机械特性测定的实验接线图

的量程为5A。R_1、R_2、R_3 及 R_4 依不同的实验而选不同的阻值。

（3）$R_2=0$ 时电动及回馈制动状态下的机械特性。

1）R_1、R_2 分别选用 D44 的 1800Ω 和 180Ω 阻值，R_3 选用 D42 上 4 只 900Ω 串联共 3600Ω 阻值，R_4 选用 D42 上 1800Ω 再加上 D41 上 6 只 90Ω 串联共 2340Ω 阻值。

2）R_1 阻值置最小位置，R_2、R_3 及 R_4 阻值置最大位置，转速表置正向 1800r/min 量程。开关 S_1、S_2 选用 D51 挂箱上的对应开关，并将 S_1 合向 1 电源端，S_2 合向 2′短接端（见图 9-2）。

3）开机时需检查控制屏下方左、右两边的“励磁电源”开关及“电枢电源”开关都须在断开的位置，然后按次序先开启控制屏上的“电源总开关”，再按下“开”按钮，随后接通“励磁电源”开关，最后检查 R_2 阻值确在最大位置时接通“电枢电源”开关，使他励直流电动机 M 启动运转。调节“电枢电源”电压为220V；调节 R_2 阻值至零位置，调节 R_3 阻值，使电流表 A_3 为 100mA。

4）调节电动机 M 的磁场调节电阻 R_1 阻值和电机 MG 的负载电阻 R_4 阻值（先调节 D42 上 1800Ω 阻值，调至最小后应用导线短接）。使电动机 M 的 $n=n_N=1600\text{r/min}$，$I_N=I_f+I_a=1.2\text{A}$。此时他励直流电动机的励磁电流 I_f 为额定励磁电流 I_{fN}。保持 $U=U_N=220\text{V}$，$I_f=I_{fN}$，A_3 表为 100mA。增大 R_4 阻值，直至空载（拆掉开关 S_2 的 2′上的短接线），测取电动机 M 在额定负载至空载范围的 n、I_a，共取 8 ~9 组数据记录于表 9-6 中。

表 9-6　$U_N=220\text{V}$，$I_{fN}=$　　　mA

I_a/A									
$n/\text{r}\cdot\text{min}^{-1}$									

5）在确定 S_2 上短接线仍拆掉的情况下，把 R_4 调至零值位置（其中 D42 上 1800Ω 阻值调至零值后用导线短接），再减小 R_3 阻值，使 MG 的空载电压与电枢电源电压值接近相等（在开关 S_2 两端测），并且极性相同，把开关 S_2 合向 1′端。

6）保持电枢电源电压 $U=U_N=220\text{V}$，$I_f=I_{fN}$，调节 R_3 阻值，使阻值增加，电动机转速升高，当 A_2 表的电流值为0A 时，此时电动机转速为理想空载转速（此时转速表量程应打向正向 3600r/min 挡），继续增加 R_3 阻值，使电动机进入第二象限回馈制动状态运行直至转速约为 1900r/min，测取 M 的 n、I_a。共取 8 ~9 组数据记录于表 9-7 中。

表 9-7　$U_N=220\text{V}$，$I_{fN}=$　　　mA

I_a/A									
$n/\text{r}\cdot\text{min}^{-1}$									

7）停机（先关断“电枢电源”开关，再关断“励磁电源”开关，并将开关 S_2 合向 2′端）。

9.2.5 实验报告

根据实验数据，绘制他励直流电动机运行在第一、第四象限的电动和制动状态的机械特性 $n=f(I_a)$（用同一坐标纸绘出）。

9.2.6 问题思考

回馈制动实验中，如何判别电动机运行在理想空载点?

9.3 单相变压器

9.3.1 实验目的

（1）通过空载和短路实验测定变压器的变比和参数。

（2）通过负载实验测取变压器的运行特性。

9.3.2 预习要点

（1）变压器的空载和短路实验有什么特点？实验中电源电压一般加在哪一方较合适?

（2）在空载和短路实验中，各种仪表应怎样联接才能使测量误差最小?

（3）如何用实验方法测定变压器的铁耗及铜耗。

9.3.3 实验项目

（1）空载实验。测取空载特性 $U_0=f(I_0)$，$P_0=f(U_0)$，$\cos\varphi_0=f(U_0)$。

（2）短路实验。测取短路特性 $U_K=f(I_K)$，$P_K=f(I_K)$，$\cos\varphi_K=f(I_K)$。

9.3.4 实验方法

（1）实验设备。

（2）屏上排列顺序 D33、D32、D34-3、DJ11、D42、D43。

（3）空载实验。

1）在三相调压交流电源断电的条件下，按图 9-3 接线。被测变压器选用三相组式变压器 DJ11 中的一只作为单相变压器，其额定容量 $P_N=77W$，$U_{1N}/U_{2N}=220/55V$，$I_{1N}/I_{2N}=0.35/1.4A$。变压器的低压线圈 a、x 接电源，高压线圈 A、X 开路。

2）选好所有电表量程。将控制屏左侧调压器旋钮向逆时针方向旋转到底，即将其调

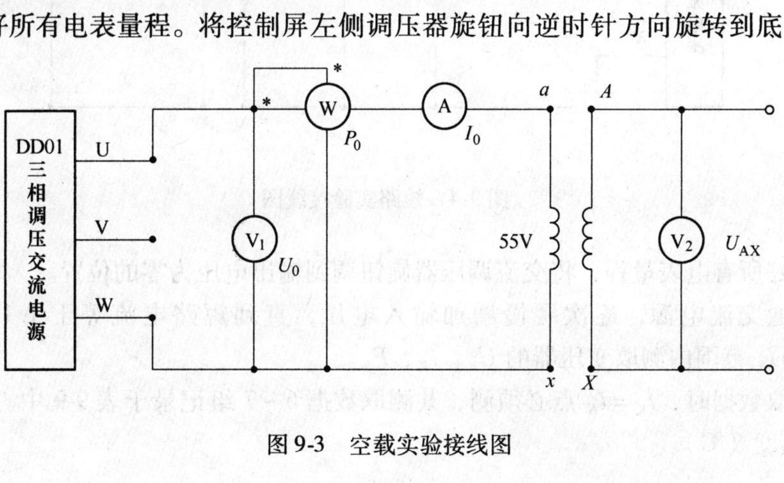

图 9-3　空载实验接线图

到输出电压为零的位置。

3）合上交流电源总开关，按下“开”按钮，便接通了三相交流电源。调节三相调压器旋钮，使变压器空载电压 $U_0=1.2U_N$，然后逐次降低电源电压，在 $1.2\sim0.2U_N$ 的范围内，测取变压器的 U_0、I_0、P_0。

4）测取数据时，$U=U_N$ 点必须测，并在该点附近测的点较密，共测取数据6～7组。记录于表9-8中。

5）为了计算变压器的变比，在 U_N 以下测取原方电压的同时测出副方电压数据也记录于表9-8中。

表9-8　实验数据

序　号	实 验 数 据				计算数据
	U_0/V	I_0/A	P_0/W	U_{AX}/V	$\cos\varphi_0$

（4）短路实验。

1）按下控制屏上的“关”按钮，切断三相调压交流电源，按图9-4接线（以后每次改接线路，都要关断电源）。将变压器的高压线圈接电源，低压线圈直接短路。

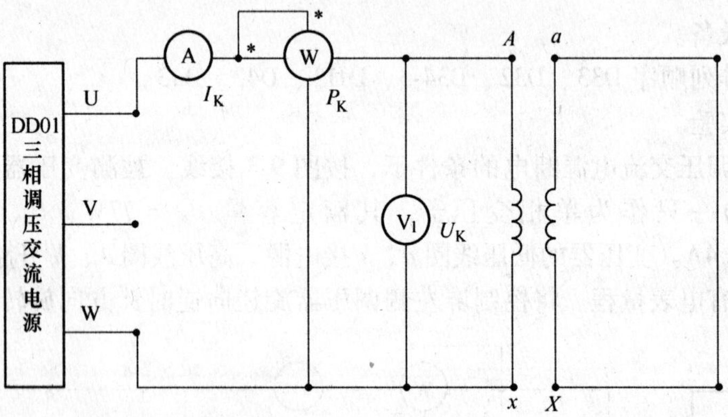

图9-4　短路实验接线图

2）选好所有电表量程，将交流调压器旋钮调到输出电压为零的位置。

3）接通交流电源，逐次缓慢增加输入电压，直到短路电流等于 $1.1I_N$ 为止，在 $(0.2\sim1.1)I_N$ 范围内测取变压器的 U_K、I_K、P_K。

4）测取数据时，$I_K=I_N$ 点必须测，共测取数据6～7组记录于表9-9中。实验时记下周围环境温度（℃）。

表 9-9 实验数据

序号	实验数据			计算数据
	U_K/V	I_K/A	P_K/W	$\cos\varphi_K$

9.3.5 注意事项

（1）在变压器实验中，应注意电压表、电流表、功率表的合理布置及量程选择。

（2）短路实验操作要快，否则线圈发热引起电阻变化。

9.3.6 实验报告

（1）计算变比。由空载实验测变压器的原副方电压的数据，分别计算出变比，然后取其平均值作为变压器的变比 K。

$$K = U_{AX}/U_{ax}$$

（2）绘出空载特性曲线和计算激磁参数。

1）绘出空载特性曲线 $U_0 = f(I_0)$，$P_0 = f(U_0)$，$\cos\varphi_0 = f(U_0)$。

2）计算激磁参数。从空载特性曲线上查出对应于 $U_0 = U_N$ 时的 I_0 和 P_0 值，并由下式算出激磁参数。

$$r_m = \frac{P_0}{I_0^2}$$

$$\cos\varphi_0 = \frac{P_0}{U_0 I_0}$$

$$Z_m = \frac{U_0}{I_0}$$

$$X_m = \sqrt{Z_m^2 - r_m^2}$$

（3）绘出短路特性曲线和计算短路参数。

1）绘出短路特性曲线 $U_K = f(I_K)$、$P_K = f(I_K)$、$\cos\varphi_K = f(I_K)$。

2）计算短路参数。从短路特性曲线上查出对应于短路电流 $I_K = I_N$ 时的 U_K 和 P_K 值，由下式算出实验环境温度为 θ(℃)时的短路参数。

$$Z'_K = \frac{U_K}{I_K}$$

$$r'_K = \frac{P_K}{I_K^2}$$

$$X'_K = \sqrt{Z'^2_K - r'^2_K}$$

折算到低压 $$Z_K = \frac{Z'_K}{K^2}$$

$$r_K = \frac{r'_K}{K^2}$$

$$X_K = \frac{X'_K}{K^2}$$

（4）利用空载和短路实验测定的参数，画出被试变压器折算到低压方的“T”型等效电路。

9.4 三相鼠笼异步电动机的工作特性

9.4.1 实验目的

（1）掌握三相异步电动机的空载和负载实验的方法。

（2）用直接负载法测取三相鼠笼式异步电动机的工作特性。

（3）测定三相鼠笼式异步电动机的参数。

9.4.2 预习要点

（1）异步电动机的工作特性指哪些特性？

（2）异步电动机的等效电路有哪些参数，它们的物理意义是什么？

（3）工作特性和参数的测定方法。

9.4.3 实验项目

（1）空载实验。

（2）短路实验。

9.4.4 实验方法

（1）实验设备见表9-10。

表9-10 实验设备

序 号	型 号	名 称	数 量
1	DD03	导轨、测速发电机及转速表	1件
2	DJ23	校正过的直流电机	1件
3	DJ16	三相鼠笼异步电动机	1件
4	D33	交流电压表	1件
5	D32	交流电流表	1件
6	D34-3	单三相智能功率、功率因数表	1件
7	D31	直流电压、毫安、安培表	1件
8	D42	三相可调电阻器	1件
9	D51	波形测试及开关板	1件

（2）屏上挂件排列顺序。D33、D32、D34-3、D31、D42、D51 三相鼠笼式异步电机的

组件编号为 DJ16。

（3）负载实验。

1）测量接线图如图 9-5 所示。同轴联接负载电机。图中 R_f 用 D42 上 1800Ω 阻值，R_L 用 D42 上 1800Ω 阻值加上 900Ω 并联 900Ω 共 2250Ω 阻值。

2）合上交流电源，调节调压器使之逐渐升压至额定电压并保持不变。

3）合上校正过的直流电机的励磁电源，调节励磁电流至校正值（50mA 或 100mA）并保持不变。

4）调节负载电阻 R_L（注：先调节 1800Ω 电阻，调至零值后用导线短接再调节 450Ω 电阻），使异步电动机的定子电流逐渐上升，直至电流上升到 1.25 倍额定电流。

5）从这负载开始，逐渐减小负载直至空载，在这范围内读取异步电动机的定子电流、输入功率、转速、直流电机的负载电流 I_F 等数据。

6）共取数据 8 ~9 组记录于表 9-11 中。

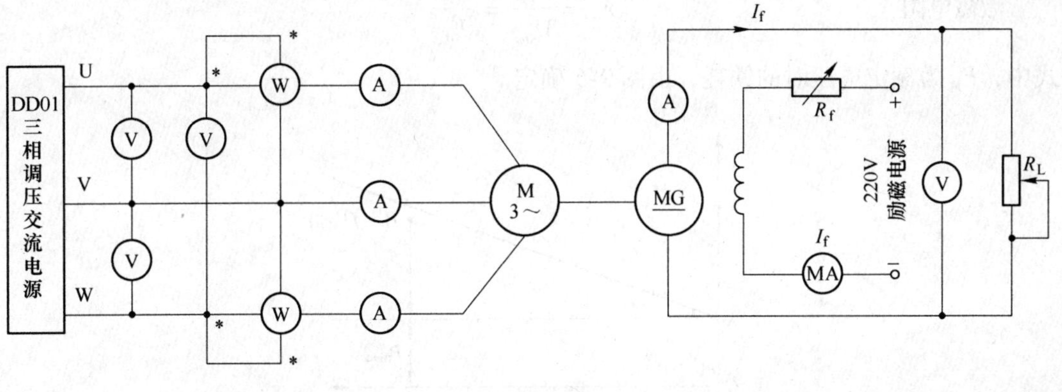

图 9-5　实验电路

表 9-11　$U_{1\varphi} = U_{1N} = 220V$（△接），$I_f =$ 　　mA

序　号	I_{1L}/A				P_1/W			I_F/A	T_2/N·m	n /r·min^{-1}
	I_A	I_B	I_C	I_{1L}	P_{I}	P_{II}	P_1			

9.4.5　实验报告

（1）作空载特性曲线：I_{0L}、P_0、$\cos\varphi_0 = f(U_{0L})$。

（2）由空载实验数据求激磁回路参数。

空载阻抗 $$Z_0 = \frac{U_{0\varphi}}{I_{0\varphi}} = \frac{\sqrt{3}U_{0L}}{I_{0L}}$$

空载电阻 $$r_0 = \frac{P_0}{3I_{0\varphi}^2} = \frac{P_0}{I_{0L}^2}$$

空载电抗 $$X_0 = \sqrt{Z_0^2 - r_0^2}$$

$$U_{0\varphi} = U_{0L}, I_{0\varphi} = \frac{I_{0L}}{\sqrt{3}}$$

式中，P_0 为电动机空载时的相电压、相电流、三相空载功率（△接法）。

激磁电抗 $$X_m = X_0 - X_{1\sigma}$$

激磁电阻 $$r_m = \frac{P_{Fe}}{3I_{0\varphi}^2} = \frac{P_{Fe}}{I_{0L}^2}$$

式中，P_{Fe}为额定电压时的铁耗，由图 9-6 确定。

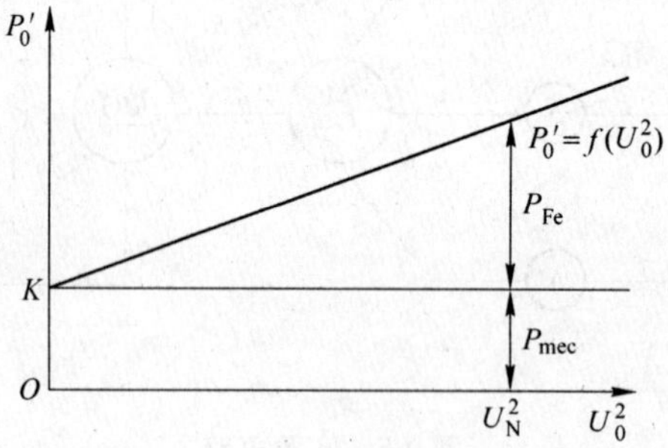

图 9-6 电机中铁耗和机械耗

（3）作工作特性曲线 P_1、I_1、η、S、$\cos\varphi_1 = f(P_2)$。

由负载实验数据计算工作特性，填入表 9-12 中。

表 9-12 $U_1 = 220V$（△接），$I_f =$ mA

序 号	电动机输入		电动机输出		计 算 值			
	$I_{1\varphi}$/A	P_1/W	T_2/N·m	n/r·min^{-1}	P_2/W	S/%	η/%	$\cos\varphi_1$

计算公式为：

$$I_{1\varphi}=\frac{I_{1L}}{\sqrt{3}}=\frac{I_A+I_B+I_C}{3\sqrt{3}}$$

$$S=\frac{1500-n}{1500}\times 100\%$$

$$\cos_{\varphi 1}=\frac{P_1}{3U_{1\varphi}I_{1\varphi}}$$

$$P_2=0.105nT_2$$

$$\eta=\frac{P_2}{P_1}\times 100\%$$

式中，$I_{1\varphi}$为定子绕组相电流，A；$U_{1\varphi}$为定子绕组相电压，V；S 为转差率；η 为效率。

（4）由损耗分析法求额定负载时的效率。电动机的损耗有铁耗 P_{Fe}，机械损耗 P_{mec}，定子铜耗 $P_{Cu1}=3I_{1\varphi}^2r_1$，转子铜耗 $P_{Cu2}=\frac{P_{em}}{100}S$（$P_{em}$为电磁功率，W，$P_{em}=P_1-P_{Cu1}-P_{Fe}$），杂散损耗 P_{ad}取为额定负载时输入功率的0.5%。

铁耗和机械损耗之和为

$$P'_0=P_{Fe}+P_{mec}=P_0-I_{0\varphi}^2r_1$$

为了分离铁耗和机械损耗，作曲线 $P'_0=f(U_0^2)$，如图9-6所示。

延长曲线的直线部分与纵轴相交于 K 点，K 点的纵坐标即为电动机的机械损耗 P_{mec}，过 K 点作平行于横轴的直线，可得不同电压的铁耗 P_{Fe}。

电机的总损耗

$$\Sigma P=P_{Fe}+P_{Cu1}+P_{Cu2}+P_{ad}+P_{mec}$$

于是求得额定负载时的效率为：

$$\eta=\frac{P_1-\Sigma P}{P_1}\times 100\%$$

式中，P_1、S、I_1 由工作特性曲线上对应于 P_2 为额定功率 P_N 时查得。

9.4.6 问题思考

（1）由空载实验数据求取异步电机的等效电路参数时，有哪些因素会引起误差？

（2）由直接负载法测得的电机效率和用损耗分析法求得的电机效率各有哪些因素会引起误差？

9.5 三相绕线异步电动机的调速

9.5.1 实验目的

通过实验掌握异步电动机的启动和调速的方法。

9.5.2 预习要点

（1）复习异步电动机有哪些调速指标。

（2）复习异步电动机的调速方法。

9.5.3 实验项目

线绕式异步电动机转子绕组串入可变电阻器调速。

9.5.4 实验方法

（1）实验设备见表9-13。

表9-13 实验设备

序 号	型 号	名 称	数 量
1	DD03	导轨、测速发电机及转速表	1件
2	DJ16	三相鼠笼异步电动机	1件
3	DJ17	三相线绕式异步电动机	1件
4	DJ23	校正过的直流电机	1件
5	D31	直流电压、毫安、安培表	1件
6	D32	交流电流表	1件
7	D33	交流电压表	1件
8	D43	三相可调电抗器	1件
9	D51	波形测试及开关板	1件
10	DJ17-1	启动与调速电阻箱	1件
11	DD05	测功支架、测功盘及弹簧秤	1套

（2）屏上挂件排列顺序为D33、D32、D51、D31、D43。

（3）线绕式异步电动机转子绕组串入可变电阻器调速。电机定子绕组Y形接法。

1）按图9-7接线。同轴联接校正直流电机MG作为线绕式异步电动机M的负载。电路接好后，将M的转子附加电阻调至最大。

2）合上电源开关，电机空载启动，保持调压器的输出电压为电机额定电压220V，转子附加电阻调至零。

3）调节校正电机的励磁电流I_f为校正值（100mA或50mA），再调节直流发电机负载电流，使电动机输出功率接近额定功率并保持这输出转矩T_2不变，改变转子附加电阻（每相附加电阻分别为0Ω、2Ω、5Ω、15Ω），测相应的转速记录于表9-14中。

9.5.5 实验报告

（1）比较异步电动机不同启动方法的优缺点。

（2）由启动实验数据求下述两种情况下的启动电流和起动转矩：1）外施额定电压U_N（直接法启动）；2）外施电压为$U_N/\sqrt{3}$（Y-△启动）。

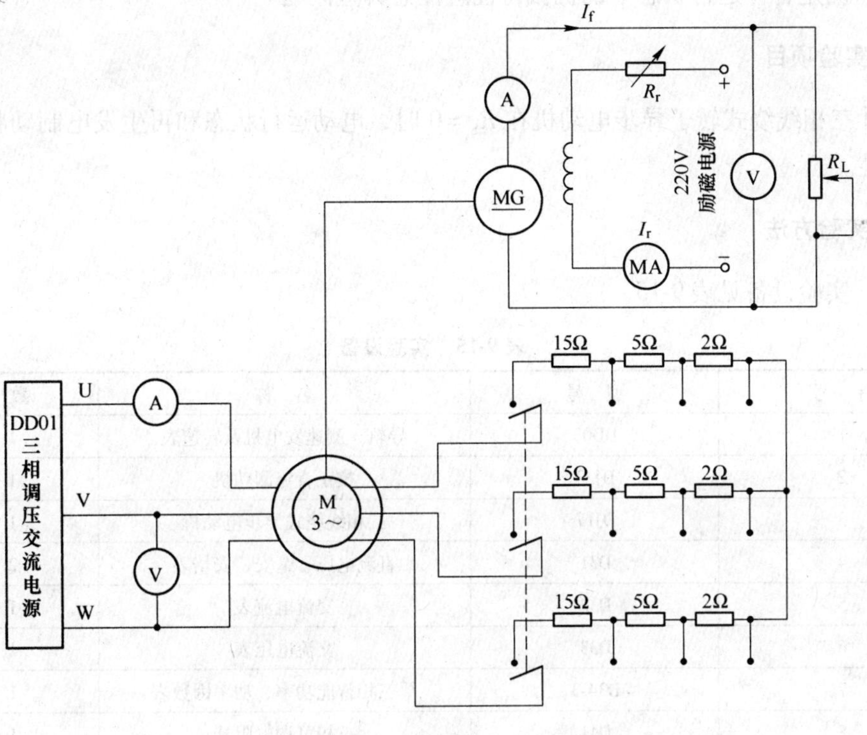

图 9-7 线绕式异步电机转子绕组串电阻启动

（3）线绕式异步电动机转子绕组串入电阻对启动电流的影响。

（4）线绕式异步电动机转子绕组串入电阻对电机转速的影响。

表 9-14 $U=220V$，$I_f=$ mA，$T_2=$ N·m

r_{st}/Ω	0	2	5	15
$n/r\cdot min^{-1}$				

9.5.6 问题思考

（1）启动电流和外施电压成正比，启动转矩和外施电压的平方成正比在什么情况下才能成立？

（2）启动时的实际情况和上述假定是否相符，不相符的主要因素是什么？

9.6 三相绕线异步电动机的机械特性

9.6.1 实验目的

了解三相线绕式异步电动机的机械特性。

9.6.2 预习要点

（1）如何利用现有设备测定三相线绕式异步电动机的机械特性。

（2）测定各种运行状态下的机械特性应注意哪些问题。

9.6.3　实验项目

设计三相线绕式转子异步电动机在 $R_S=0$ 时，电动运行状态和再生发电制动状态下的机械特性。

9.6.4　实验方法

（1）实验设备见表9-15。

表9-15　实验设备

序　号	型　号	名　称	数　量
1	DD03	导轨、测速发电机及转速表	1件
2	DJ23	校正直流测功机	1件
3	DJ17	三相线绕式异步电动机	1件
4	D31	直流电压、毫安、安培表	2件
5	D32	交流电流表	1件
6	D33	交流电压表	1件
7	D34-3	单三相智能功率、功率因数表	1件
8	D41	三相可调电阻器	1件
9	D42	三相可调电阻器	1件
10	D44	可调电阻器、电容器	1件
11	D51	波形测试及开关板	1件

（2）屏上挂件排列顺序为D33、D32、D34-3、D51、D31、D44、D42、D41、D31。

9.6.5　注意事项

调节串联的可调电阻时，要根据电流值的大小而相应选择调节不同电流值的电阻，防止个别电阻器过流而引起烧坏。

9.6.6　实验报告

（1）根据实验数据绘制各种运行状态下的机械特性。计算公式：

$$T=\frac{9.55}{n}[P_0-(U_aI_a-I_a^2R_a)]$$

式中，T 为受试异步电动机M的输出转矩，N·m；U_a 为测功机MG的电枢端电压，V；I_a 为测功机MG的电枢电流，A；R_a 为测功机MG的电枢电阻，Ω，可由实验室提供；P_0 为对应某转速 n 时的某空载损耗，W。

注：上式计算的 T 值为电机在 $U=110V$ 时的 T 值，实际的转矩值应折算为额定电压时的异步电机转矩。

（2）绘制电机M-MG机组的空载损耗曲线 $P_0=f(n)$。

10　过程控制工程基础

10.1　单容水箱特性测试

10.1.1　实验目的

（1）掌握单容水箱的阶跃响应的测试方法，并记录相应液位的响应曲线。

（2）根据实验得到的液位阶跃响应曲线，用相关的方法确定被测对象的特征参数 T 和传递函数。

10.1.2　实验原理

单容水箱特性测试结构如图 10-1 所示。

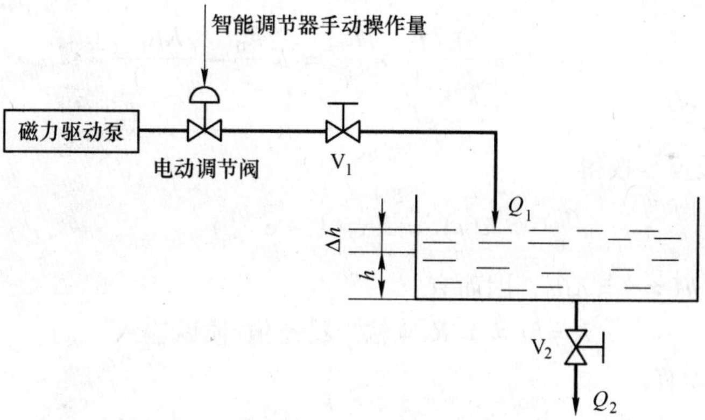

图 10-1　单容水箱特性测试结构图

由图 10-1 可知，对象的被控制量为水箱的液位 h，控制量（输入量）是流入水箱中的流量 Q_1，手动阀 V_1 和 V_2 的开度都为定值，Q_2 为水箱中流出的流量。根据物料平衡关系，在平衡状态时

$$Q_{10} - Q_{20} = 0 \tag{10-1}$$

动态时，则有

$$Q_1 - Q_2 = \frac{dV}{dt} \tag{10-2}$$

式中，V 为水箱的贮水容积；$\frac{dV}{dt}$ 为水贮存量的变化率，它与 h 的关系为

$$dV = A\,dh \quad \frac{dV}{dt} = A\frac{dh}{dt} \tag{10-3}$$

A 为水箱的底面积。把式（10-3）代入式（10-2）得

$$Q_1 - Q_2 = A\frac{\mathrm{d}h}{\mathrm{d}t} \tag{10-4}$$

基于 $Q_2 = \frac{h}{R_S}$，R_S 为阀 V_2 的液阻，则上式可改写为

$$Q_1 - \frac{h}{R_S} = A\frac{\mathrm{d}h}{\mathrm{d}t}$$

即

$$AR_S\frac{\mathrm{d}h}{\mathrm{d}t} + h = KQ_1$$

或写作

$$\frac{H(s)}{Q_1(s)} = \frac{K}{Ts+1} \tag{10-5}$$

式中，$T = AR_S$，它与水箱的底面积 A 和 V_2 的 R_S 有关；$K = R_S$。

式（10-5）就是单容水箱的传递函数。

若令 $Q_1(s) = \frac{R_0}{s}$，R_0 = 常数，则式（10-5）可改为

$$H(s) = \frac{K/T}{s+\frac{1}{T}} \times \frac{R_0}{s} = K\frac{R_0}{s} - \frac{KR_0}{s+\frac{1}{T}}$$

对上式取拉氏反变换得

$$h(t) = KR_0(1 - e^{-t/T}) \tag{10-6}$$

当 $t\to\infty$ 时，$h(\infty) = KR_0$，因而有

$$K = h(\infty)/R_0 = \text{输出稳态值/阶跃输入}$$

当 $t = T$ 时，则有

$$h(T) = KR_0(1 - e^{-1}) = 0.632KR_0 = 0.632h(\infty)$$

式（10-6）表示一阶惯性环节的响应曲线是一单调上升的指数函数，如图 10-2 所示。当由实验求得图 10-2 所示的阶跃响应曲线后，该曲线上升到稳态值的 63%。

所对应的时间，就是水箱的时间常数 T。该时间常数 T 也可以通过坐标原点对响应曲线作切线，切线与稳态值交点所对应的时间就是时间常数 T，由响应曲线求得 K 和 T 后，就能求得单容水箱的传递函数。如果对象的阶跃响应曲线如图 10-3 所示，则在此曲线的拐点 D 处作一切线，它与时间轴交于 B 点，与响应稳态值的渐近线交于 A 点。图中 OB 即为对象的滞后时间τ，BC 为对象的时间 T 为常数，所得的传递函数为：$H(s) = \frac{Ke^{-\tau s}}{1+Ts}$。

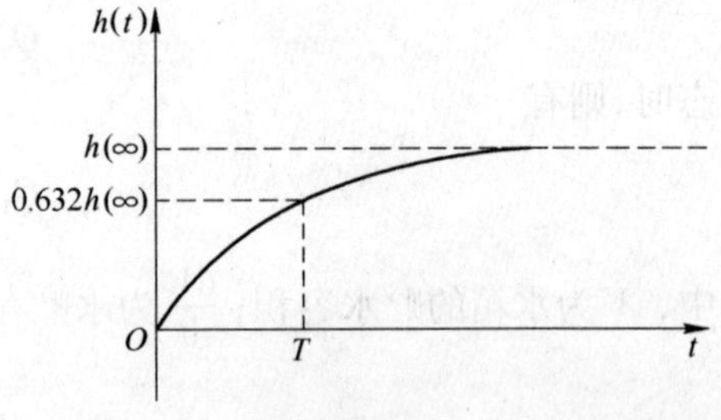

图 10-2 单容水箱的单调上升指数曲线

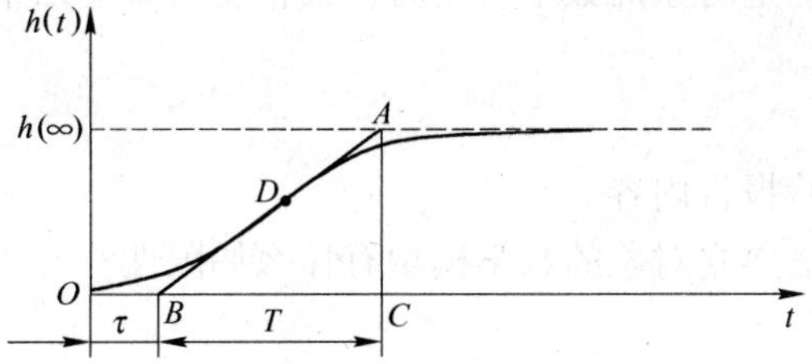

图 10-3　单容水箱的阶跃响应曲线

10.1.3　实验设备

THJ-2 型高级过程控制系统实验装置、计算机及相关软件、万用电表一只。

10.1.4　实验内容与步骤

（1）按图 10-1 接好实验线路，并把阀 V_1 和 V_2 开至某一开度，且使 V_1 的开度大于 V_2 的开度。

（2）接通总电源和相关的仪表电源，并启动磁力驱动泵。

（3）把调节器设置于手动操作位置，通过调节器增/减的操作改变其输出量的大小，使水箱的液位处于某一平衡位置。

（4）手动操作调节器，使其输出有一个正（或负）阶跃增量的变化（此增量不宜过大，以免水箱中水溢出），于是水箱的液位便离开原平衡状态，经过一定的调节时间后，水箱的液位进入新的平衡状态，如图 10-4 所示。

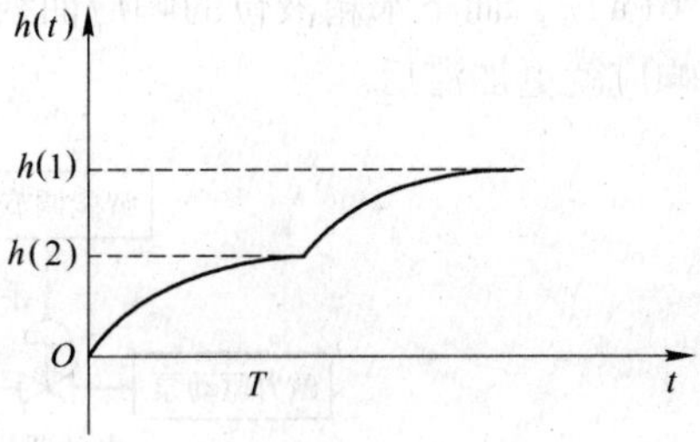

图 10-4　单容箱特性响应曲线

（5）启动计算机记下水箱液位的历史曲线和阶跃响应曲线。

（6）把由实验曲线所得的结果填入表 10-1 中。

表 10-1　实验数据

参数值 / 测量值	液位 h		
	K	T	τ
正向输入			
负向输入			
平均值			

10.1.5　问题思考

（1）做本实验时，为什么不能任意改变出水口阀开度的大小？

（2）用响应曲线法确定对象的数学模型时，其精度与哪些因素有关？

10.1.6　实验作业

（1）写出常规的实验报告内容。

（2）分析用上述方法建立对象的数学模型有什么局限性？

10.2　双容水箱特性的测试

10.2.1　实验目的

（1）熟悉双容水箱的数学模型及其阶跃响应曲线。

（2）根据由实际测得双容液位的阶跃响应曲线，确定其传递函数。

10.2.2　实验原理

由图 10-5 所示，被控对象由两个水箱相串联连接，由于有两个贮水的容积，故称其为双容对象。被控制量是下水箱的液位，当输入量有一阶跃增量变化时，两水箱的液位变化曲线如图 10-6 所示。由图 10-6 可见，上水箱液位的响应曲线为一单调的指数函数[图 10-6(a)]，而下水箱液位的响应曲线则呈 S 形状[图 10-6(b)]。显然，多了一个水箱，液位响应就更加滞后。

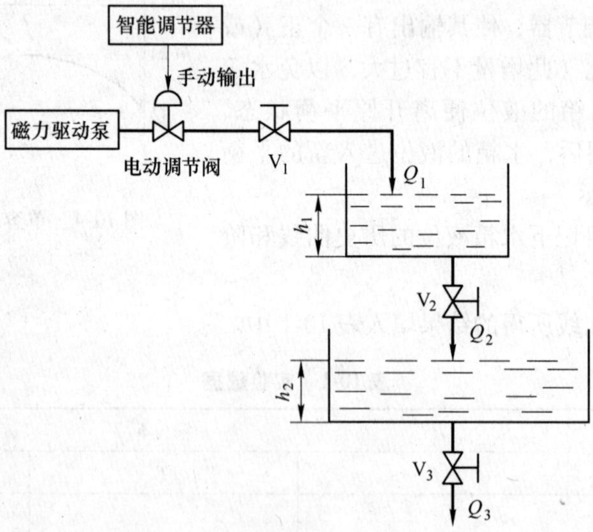

图 10-5　双容水箱对象特性结构图

由 S 形曲线的拐点 P 处作一切线，它与时间轴的交点为 A，OA 则表示了对象响应的滞后时间。至于双容对象两个惯性环节的时间常数可按下述方法来确定。

在图 10-7 所示的阶跃响应曲线上求取：

（1）$h_2(t)\big|_{t=t_1=0.4h_2(\infty)}$ 时曲线上的点 B 和对应的时间 t_1。

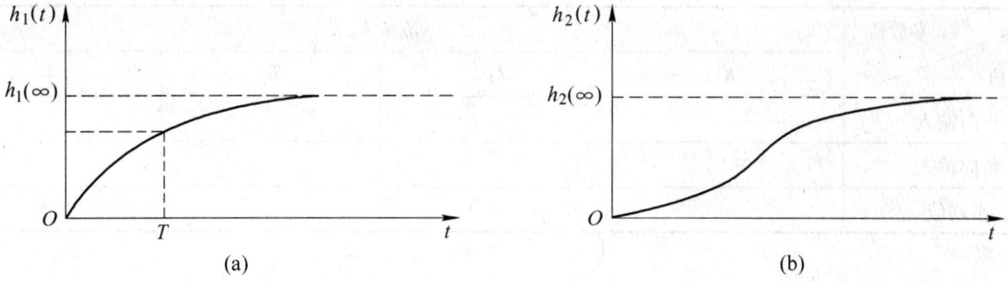

图 10-6 双容液位阶跃响应曲线（一）

（2）$h_2(t)\big|_{t=t_2=0.8h_2(\infty)}$时曲线上的点 C 和对应的时间 t_2。

然后，利用下面的近似公式计算：

$$K=\frac{h_2(\infty)}{R_0}=\frac{\text{输入稳态值}}{\text{阶跃输入量}}$$

$$T_1+T_2\approx\frac{t_1+t_2}{2.16}$$

由上述两式中解出 T_1 和 T_2，于是求得：

$$\frac{T_1T_2}{(T_1+T_2)^2}\approx\left(1.74\frac{t_1}{t_2}-0.55\right)(0.32<t_1/t_2<0.46)$$

双容（二阶）对象的传递函数为：

$$G(s)=\frac{K}{(T_1s+1)(T_2s+1)}e^{-\tau s}$$

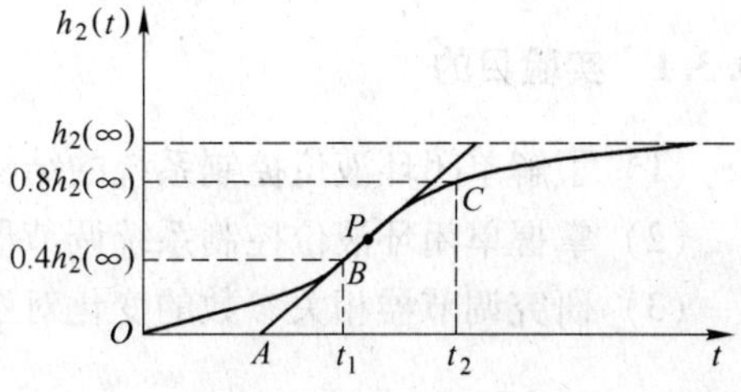

图 10-7 双容液位阶跃响应曲线（二）

10.2.3 实验设备

THJ-2 型高级过程控制系统实验装置，计算机、MCGS 工控组态软件、RS232/485 转换器 1 只、串口线 1 根，万用表 1 只。

10.2.4 实验内容与步骤

（1）接通总电源和相关仪表的电源。

（2）接好实验线路，打开手动阀，并使它们的开度满足下列关系：

V_1 的开度 > V_2 的开度 > V_3 的开度

（3）把调节器设置于手动位置，按调节器的增/减，改变其手动输出值，使下水箱的液位处于某一平衡位置（一般为水箱的中间位置）。

（4）按调节器的增/减按钮，突增/减调节器的手动输出量，使下水箱的液位由原平衡状态开始变化，经过一定的调节时间后，液位 h_2 进入另一个平衡状态。

（5）上述实验用计算机实时记录 h_2 的历史曲线和在阶跃扰动后的响应曲线。

（6）把由计算机作用的实验曲线进行分析处理，并把结果填入表 10-2 中。

表 10-2　实验数据

参数值 / 测量值	液位 h			
	K	T_1	T_2	τ
正向输入				
负向输入				
平均值				

10.2.5　问题思考

（1）在本实验中，为什么对出水阀不能任意改变其开度？

（2）引起双容对象的滞后特性是什么？

10.2.6　实验作业

（1）完成常规实验报告内容。

（2）对实验的数据进行分析。

10.3　上水箱（中水箱或下水箱）液位定值控制系统

10.3.1　实验目的

（1）了解单闭环液位控制系统的结构与组成。

（2）掌握单闭环液位控制系统调节器参数的整定。

（3）研究调节器相关参数的变化对系统动态性能的影响。

10.3.2　实验原理

本实验系统的被控对象为上水箱，其液位高度作为系统的被控制量。系统的给定信号为一定值，它要求被控制量上水箱的液位在稳态时等于给定值。由反馈控制的原理可知，应把上水箱的液位经传感器检测后的信号作为反馈信号。图 10-8 为本实验系统的结构图，图 10-9 为控制系统的方框图。为了实现系统在阶跃给定和阶跃扰动作用下无静差，系统的调节器应为 PI 或 PID。

10.3.3　实验设备

THJ-2 型高级过程控制系统装置，计算机、上位机 MCGS 组态软件、RS232-485 转换器 1 只、串口线 1 根，万用表 1 只。

10.3.4　实验内容与步骤

（1）按图 10-8 要求，完成系统的接线。

（2）接通总电源和相关仪表的电源。

（3）打开阀 F1-1、F1-2、F1-6 和 F1-9，且把 F1-9 控制在适当的开度。

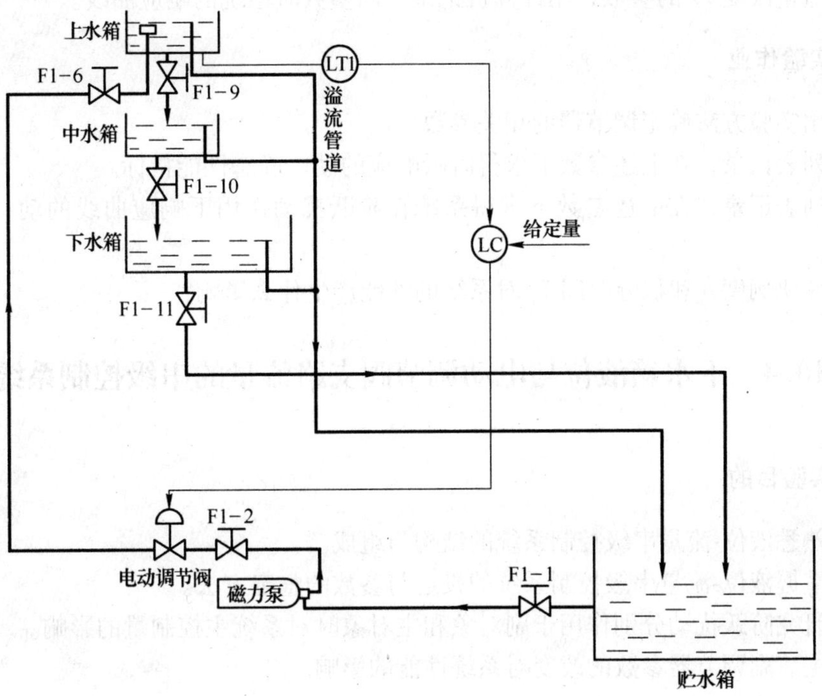

图 10-8 上水箱液位定值控制结构图

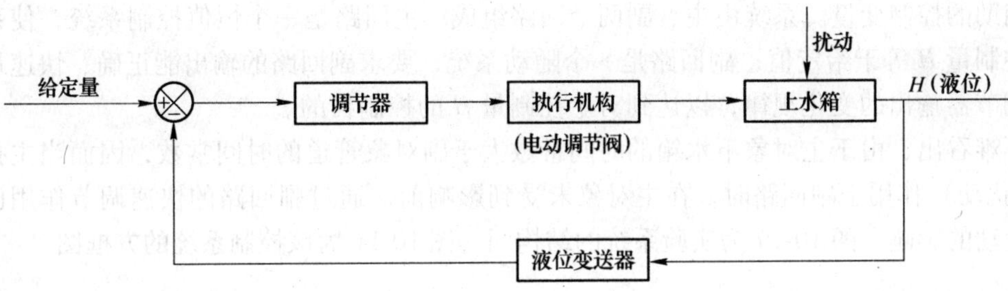

图 10-9 上水箱液位定值控制方框图

（4）选用单回路控制系统实验中所述的某种调节器参数的整定方法整定好调节器的相关参数。

（5）设置好系统的给定值后，用手动操作调节器的输出，使电动调节阀给上水箱打水，待其液位达到给定量所要求的值，且基本稳定不变时，把调节器切换为自动，使系统投入自动运行状态。

（6）启动计算机，运行 MCGS 组态软件，并进行下列实验：

1）当系统稳定运行后，突加阶跃扰动（将给定量增加 5% ~15%），观察并记录系统的输出响应曲线。

2）待系统进入稳态后，适量改变阀 F1-6 的开度，以作为系统的扰动，观察并记录在阶跃扰动作用下液位的变化过程。

（7）适量改变 PI 的参数，用计算机记录不同参数时系统的响应曲线。

10.3.5 实验作业

（1）用实验方法确定调节器的相关参数。

（2）列表记录，在上述参数下求得阶跃响应的动、静态性能指标。

（3）列表记录，在上述参数下求得系统在阶跃扰动作用下响应曲线的动、静态性能指标。

（4）变比例度 δ 和积分时间 T_I 对系统的性能产生什么影响？

10.4 下水箱液位与电动调节阀支路流量的串级控制系统

10.4.1 实验目的

（1）熟悉液位-流量串级控制系统的结构与组成。

（2）掌握液位-流量串级控制系统的投运与参数的整定方法。

（3）研究阶跃扰动分别作用于副对象和主对象时对系统主控制量的影响。

（4）主、副调节器参数的改变对系统性能的影响。

10.4.2 实验原理

本实验系统的主控量为下水箱的液位高度 H，副控量为电动调节阀支路流量 Q，它是一个辅助的控制变量。系统由主、副两个回路组成。主回路是一个恒值控制系统，使系统的主控制量 H 等于给定值；副回路是一个随动系统，要求副回路的输出能正确、快速地复现主调节器输出的变化规律，以达到对主控制量 H 的控制目的。

不难看出，由于主对象下水箱的时间常数大于副对象管道的时间常数，因而当主扰动（二次扰动）作用于副回路时，在主对象未受到影响前，通过副回路的快速调节作用已消除了扰动的影响。图 10-10 为实验系统的结构图，图 10-11 为该控制系统的方框图。

10.4.3 实验设备

THJ-2 型高级过程控制系统实验装置，计算机、上位机 MCGS 组态软件、RS232-485 转换器 1 只、串口线 1 根，万用表 1 只。

10.4.4 实验内容与实验步骤

（1）按图 10-10 要求，完成实验系统的接线。

（2）接通总电源和相关仪表的电源。

（3）打开阀 F1-1、F1-8，并把阀 F1-11 固定于某一合适的开度。

（4）按经验数据预先设置好副调节器的比例度。

（5）调节主调节器的比例度，使系统的输出响应呈 4∶1 的衰减度，记下此时的比例度 δ_S 和周期 T_S。按查表所得的 PI 参数对主调节器的参数进行整定。

（6）手动操作主调节器的输出，控制电动调节阀给下水箱打水，待下水箱液位相对稳

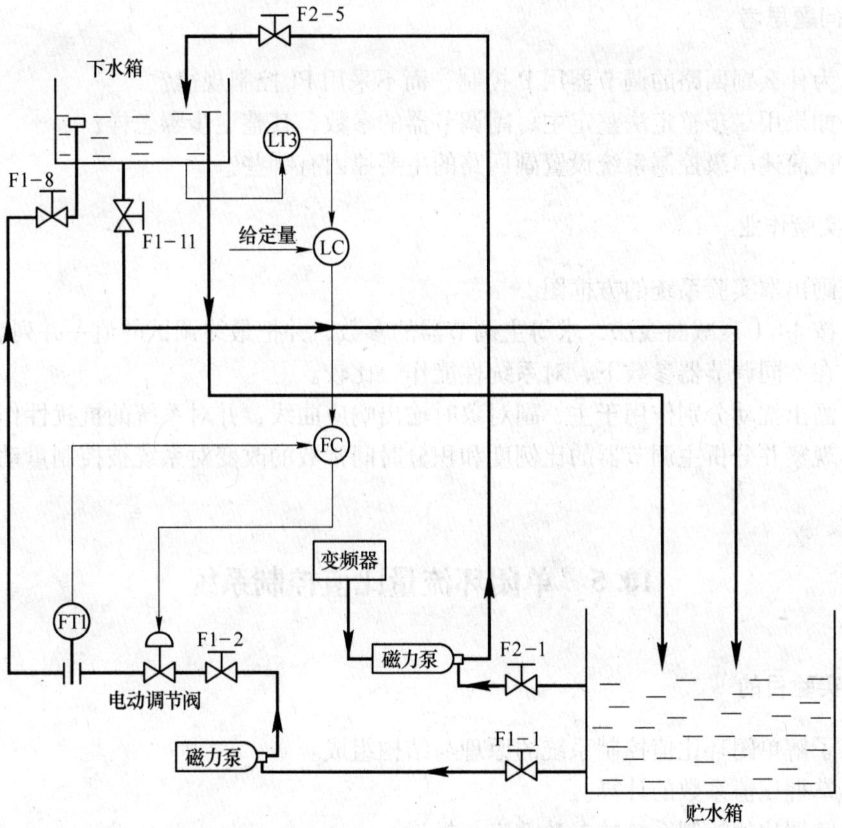

图 10-10　液位-流量串级控制系统的结构图

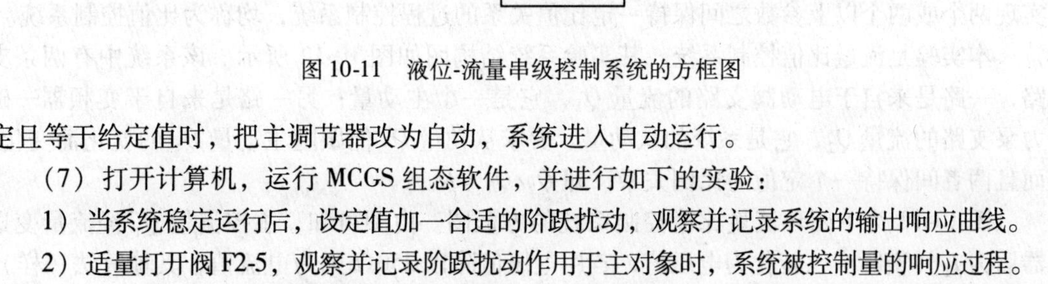

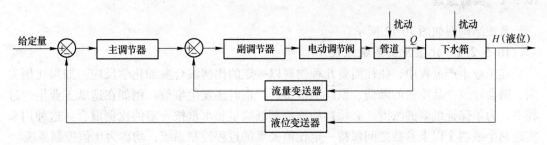

图 10-11　液位-流量串级控制系统的方框图

定且等于给定值时，把主调节器改为自动，系统进入自动运行。

（7）打开计算机，运行 MCGS 组态软件，并进行如下的实验：

1）当系统稳定运行后，设定值加一合适的阶跃扰动，观察并记录系统的输出响应曲线。

2）适量打开阀 F2-5，观察并记录阶跃扰动作用于主对象时，系统被控制量的响应过程。

3）关闭阀 F2-5，待系统稳定后，适量打开电动阀两端的旁路阀 F1-3，观察并记录阶跃扰动作用于副对象时系统被控制量的影响。

（8）通过反复对主、副调节器参数的调节，使系统具有较满意的动、静态性能。用计算机记录此时系统的动态响应曲线。

10.4.5　问题思考

（1）为什么副回路的调节器用 P 控制，而不采用 PI 控制规律?

（2）如果用二步整定法整定主、副调节器的参数，其整定步骤怎样?

（3）试简述串级控制系统设置副回路的主要原因有哪些?

10.4.6　实验作业

（1）画出本实验系统的方框图。

（2）按 4：1 衰减曲线法，求得主调节器的参数，并把最终调试的值一并列表表示。

（3）在不同调节器参数下，对系统性能作一比较。

（4）画出扰动分别作用于主、副对象时输出响应曲线，并对系统的抗扰性作出评述。

（5）观察并分析主调节器的比例度和积分时间常数的改变对系统被控制量动态性能的影响。

10.5　单闭环流量比值控制系统

10.5.1　实验目的

（1）了解单闭环比值控制系统的原理与结构组成。

（2）掌握比值系数的计算。

（3）掌握比值控制系统的参数整定与投运。

10.5.2　实验原理

系统结构图如图 10-12 所示。

10.5.2.1　比值控制系统原理

在工业生产过程中，往往需要几种物料以一定的比例混合参加化学反应。如果比例失调，则会导致产品质量的降低、原料的浪费，严重时还发生事故。例如在造纸工业生产过程中，为了保证纸浆的浓度，必须自动地控制纸浆量和水量按一定的比例混合。这种用来实现两个或两个以上参数之间保持一定比值关系的过程控制系统，均称为比值控制系统。

本实验是流量比值控制系统。其实验系统结构图如图 10-12 所示。该系统中有两条支路，一路是来自于电动阀支路的流量 Q_1，它是一个主动量；另一路是来自于变频器—磁力泵支路的流量 Q_2，它是系统的从动量。要求从动量 Q_2 能跟随主动量 Q_1 的变化而变化，而且两者间保持一个定值的比例关系，即 $Q_2/Q_1=K$。

图 10-13 为单闭环流量比值控制系统的方框图。由图可知，主控流量 Q_1 经流量变送器后为 I_1（实际中已转化为电压值，若用电压值除以 250Ω 则为电流值，其他算法一样），如假设比值器的比值为 K，则流量单闭环系统的给定量为 KI_1。如果系统采用 PI 调节器，则在稳态时，从动流量 Q_2 经变送器的输出为 I_2，不难看出，$KI_1=I_2$。

10.5.2.2　比值系数的计算

设流量变送器的输出电流与输入流量间呈线性关系，当流量 Q 由 $0\rightarrow Q_{max}$ 变化时，相

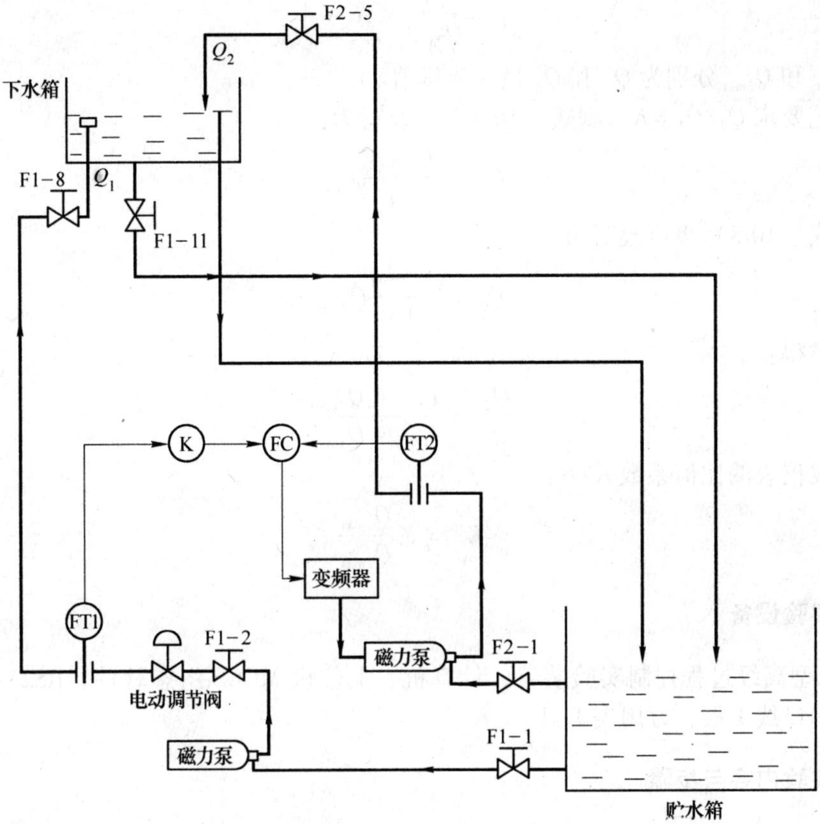

图 10-12 单闭环流量比值控制系统结构图

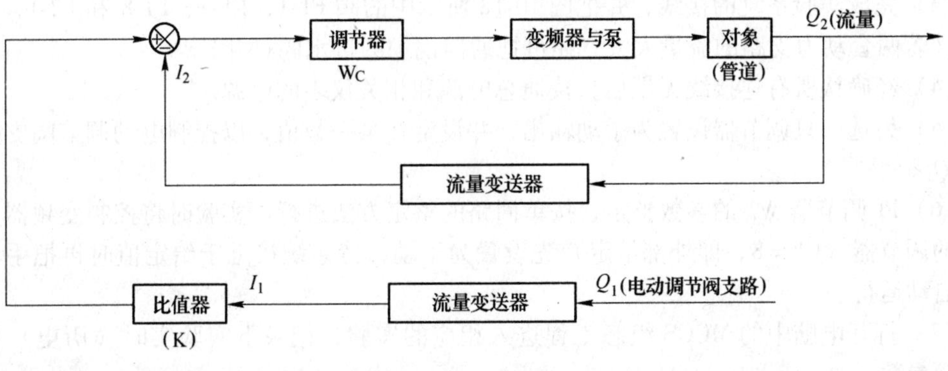

图 10-13 单闭环流量比值控制系统方框图

应变送器的输出电流为 4→20mA。由此可知，任一瞬时主动流量 Q_1 和从动流量 Q_2 所对应变送器的输出电流分别为：

$$I_1 = \frac{Q_1}{Q_{1\max}} \times 16 + 4 \tag{10-7}$$

$$I_2 = \frac{Q_2}{Q_{2\max}} \times 16 + 4 \tag{10-8}$$

式中，$Q_{1\max}$和$Q_{2\max}$分别为Q_1和Q_2最大流量值。

设工艺要求$Q_2/Q_1 = K$，则式（10-7）可改写为：

$$Q_1 = \frac{I_1 - 4}{16} Q_{1\max} \tag{10-9}$$

同理式（10-8）也可改写为：

$$Q_2 = \frac{I_2 - 4}{16} Q_{2\max} \tag{10-10}$$

于是求得：

$$\frac{Q_2}{Q_1} = \frac{I_2 - 4}{I_1 - 4} \frac{Q_{2\max}}{Q_{1\max}} \tag{10-11}$$

折算成仪表的比值系数K'为：

$$K' = K \frac{Q_{1\max}}{Q_{2\max}} \tag{10-12}$$

10.5.3 实验设备

THJ-2型高级过程控制实验装置，计算机、上位机MCGS组态软件、RS232-485转换器1只、串口线1根，万用表1只。

10.5.4 实验内容与步骤

（1）按图10-12所示的实验结构图组成一个为图10-13所要求的单闭环流量比值控制系统。

（2）确定Q_2与Q_1的比值K，并测定$Q_{1\max}$和$Q_{2\max}$，按式（10-12）计算比值器的比例系数K'（实验中可把电压转化为电流再计算）。

（3）完成实验系统的接线，并把图10-12所示中的阀F1-1，F1-2、F1-8和F2-1，F2-5打开（若两套动力支路的流量太大，还可把通向锅炉的进水阀打开）。

（4）经确认所有连接线无误后，接通总电源和相关仪表的电源。

（5）另选一只调节器设置为手动输出，并设定在某一数值，以控制电动调节阀支路的流量Q_1。

（6）PI调节器W_C的参数整定，按单回路的整定方法进行。实验时将控制变频器支路流量的调节器（CF=8，即外部给定）先设置为手动，待系统接近于给定值时再把手动切换为自动运行。

（7）打开电脑中的MCGS组态工程进入相应的实验，记录下实验实时（历史）曲线及各项参数。

（8）等系统的从动流量Q_2趋于不变时（系统进入稳态），适量改变主动流量Q_1的大小，然后观察并记录从动流量Q_2的变化过程。

（9）改变比值器的比例系数K'，观察从动流量Q_2的变化，并记录相应的动态曲线。

10.5.5 问题思考

（1）如果$Q_1(t)$是一斜坡信号，试问在这种情况下Q_1与Q_2还能保持原比值关系？

（2）试根据工程比值系数确定仪表比值系数？

10.5.6 实验作业

（1）根据实验系统的结构图，画出它的方框图。

（2）根据实验要求，实测比值器的比值系数，并与设计值进行比较。

（3）列表表示主控量 Q_1 变化与从动量 Q_2 之间的关系。

10.6 双闭环流量比值控制系统

10.6.1 实验目的

（1）通过实验，进一步了解双闭环比值控制系统的原理与组成。

（2）掌握双闭环比值控制的参数整定与投运方法。

（3）比较双闭环比值控制与单闭环比值控制有何不同。

10.6.2 实验原理

系统结构图如图 10-14 所示。

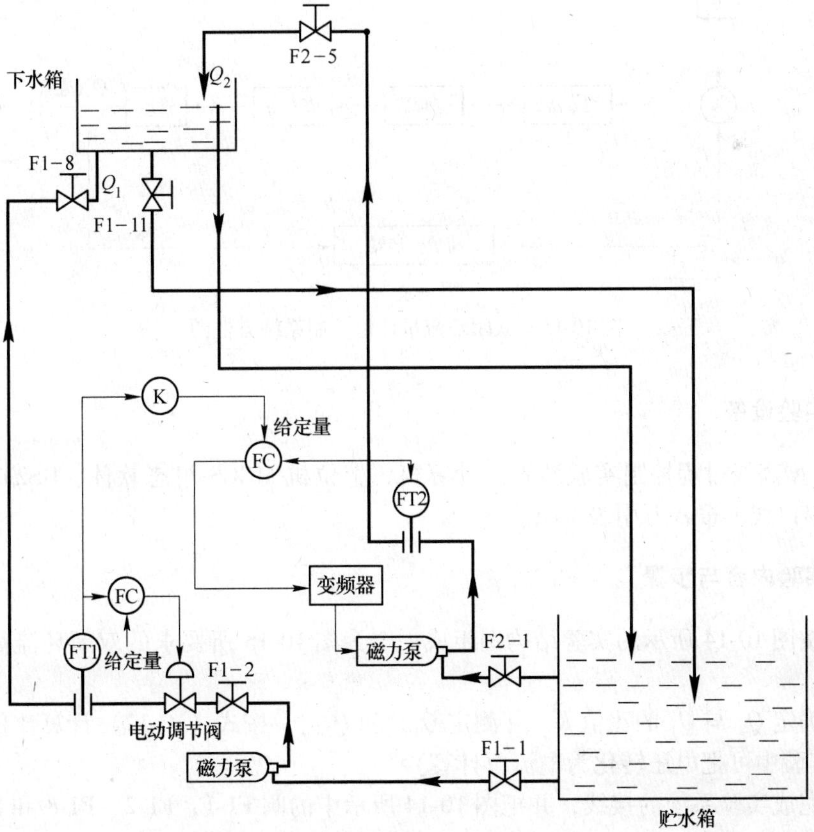

图 10-14 双闭环流量比值控制系统结构图

（1）双闭环比值控制系统的原理。单闭环比值控制系统仅能实现从动量 Q_2 与主动量 Q_1 间的比值为一常量，但这种系统的不足之处是主控量的自发振荡不能消除，从而导致了从动量跟着主动量的波动而变化，使该系统控制后的总流量不是一个定值。这一点对于高要求的生产过程是不允许的。双闭环比值控制系统就是为了克服单闭环比值控制系统的上述缺点而产生的。

图 10-15 为该控制系统方框图。由图中可知，主动量 Q_1 和从动量 Q_2 都是由独立的闭环系统实现定值控制，且两者间通过比值器实现定比值的关系。即主动量控制回路的输入 Q_1，经变送器变换为 I_1，它乘以比例系数 K 后，作为从动量 Q_2 控制回路的给定值 KI_1。如果两个回路中的调节器均采用 PI 或 PID，当系统在稳态时，则有 $I_2 = KI_1$。

（2）比值器的比例系数计算。请参照 10. 5 节中关于比值器的比例系数的计算部分。

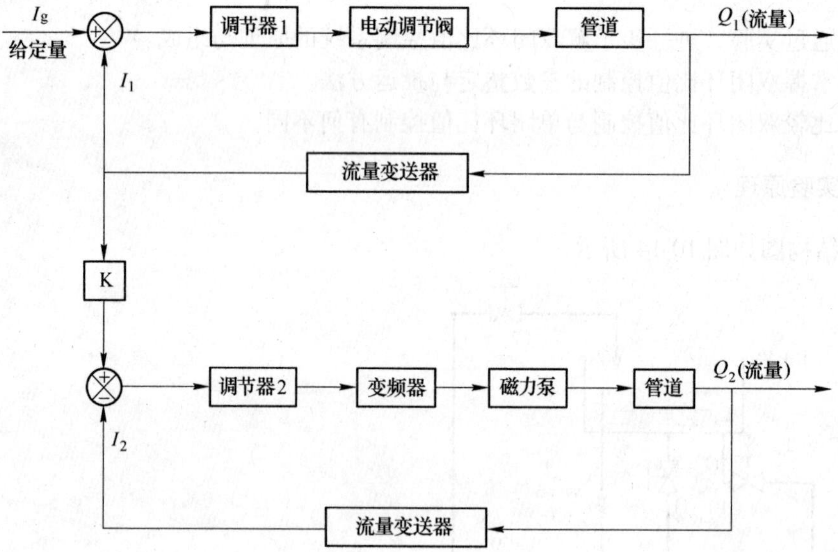

图 10-15　双闭环流量比值控制系统方框图

10. 6. 3　实验设备

THJ-2 型高级过程控制实验装置，计算机、上位机 MCGS 组态软件、RS232-485 转换器 1 只、串口线 1 根，万用表 1 只。

10. 6. 4　实验内容与步骤

（1）按图 10-14 所示的实验结构图组成一个为图 10-15 所要求的双闭环流量比值控制系统。

（2）确定 Q_2 与 Q_1 的比值 K，并测定 Q_{1max} 和 Q_{2max}，按式（10-12）计算比值器的比例系数 K'（实验中可把电压转化为电流再计算）。

（3）完成实验系统的接线，并把图 10-14 所示中的阀 F1-1，F1-2、F1-8 和 F2-1，F2-5 打开（若两套动力支路的流量太大，还可把通向锅炉的进水阀打开）。

（4）经确认所有连接线无误后，接通总电源和相关仪表的电源。

(5) 进行调节器的参数整定。按单回路的整定方法(先手动后自动的原则)分别整定调节器1、2的PID参数(也可按经验设置参数),但在具体操作中应先整定调节器1的参数,待主回路系统稳定后,再整定从动回路中的调节器2(CF=8,即外部给定)的参数。

(6) 在实验时打开电脑中的MCGS组态工程,进入相应的实验,记录下实验中的实时(历史)曲线及各项参数。

(7) 等系统的被控制量趋于不变时(系统进入稳态),适量改变主控量给定值的大小,然后观察并记录主动量 Q_1 的稳定情况以及从动量 Q_2 的变化过程。

(8) 改变比值器的比例系数 K',观察从动流量 Q_2 的变化,并记录相应的动态响应曲线。

10.6.5 问题思考

(1) 本实验在哪种情况下,主动量 Q_1 与从动量 Q_2 之比等于比值器的仪表系数?

(2) 双闭环流量比值控制系统与单闭环流量控制系统相比有哪些优点?

10.6.6 实验作业

(1) 根据实验系统的结构图画出它的控制方框图。

(2) 根据实验要求,实测比值器的比值系数,并与设计值进行比较。

(3) 列表表示主动量 Q_1 变化与从动量 Q_2 之间的关系。

10.7 下水箱液位的前馈-反馈控制系统

10.7.1 实验目的

(1) 通过实验进一步了解前馈-反馈控制系统的原理和结构。

(2) 掌握前馈补偿器的设计方法。

(3) 掌握前馈-反馈控制系统参数的整定与投运。

10.7.2 实验原理

10.7.2.1 前馈-反馈控制系统的原理

反馈控制是按照被控参数与给定值之差进行控制的。它的特点是,调节器必须在被控参数出现偏差后才能对它进行调节,补偿干扰对被控参数的影响。基于过程控制系统总具有滞后特性,因而从干扰的产生到被控参数的变化,需要一定长的时间后,才能使调节器产生对它进行调节的作用,从而对干扰产生的影响得不到及时地抑止。为了解决这个问题,提出一种与反馈控制在原理上完全不同的控制方法。由于这种方法是一种开环控制,因而它只对干扰进行及时的补偿,而不会影响控制系统的动态品质。即当扰动一产生,补偿器立即根据扰动的性质和大小,改变执行器的输入信号,从而消除干扰对被控量的影响。由于这种控制是在扰动发生的瞬时,而不是在被控制量产生变化后进行的,故称其为前馈控制。

前馈-反馈控制系统中的主要扰动由前馈部分进行补偿，这种扰动能测定，其他所有扰动对被控制量所产生的影响均由负反馈系统来消除。这样就能使系统的动态误差大大减小。

10.7.2.2　前馈补偿器的设计

图 10-16 为本实验的系统结构图，被控制量是下水箱的液位，扰动为流量 F。图 10-17 为该控制系统的方框图。

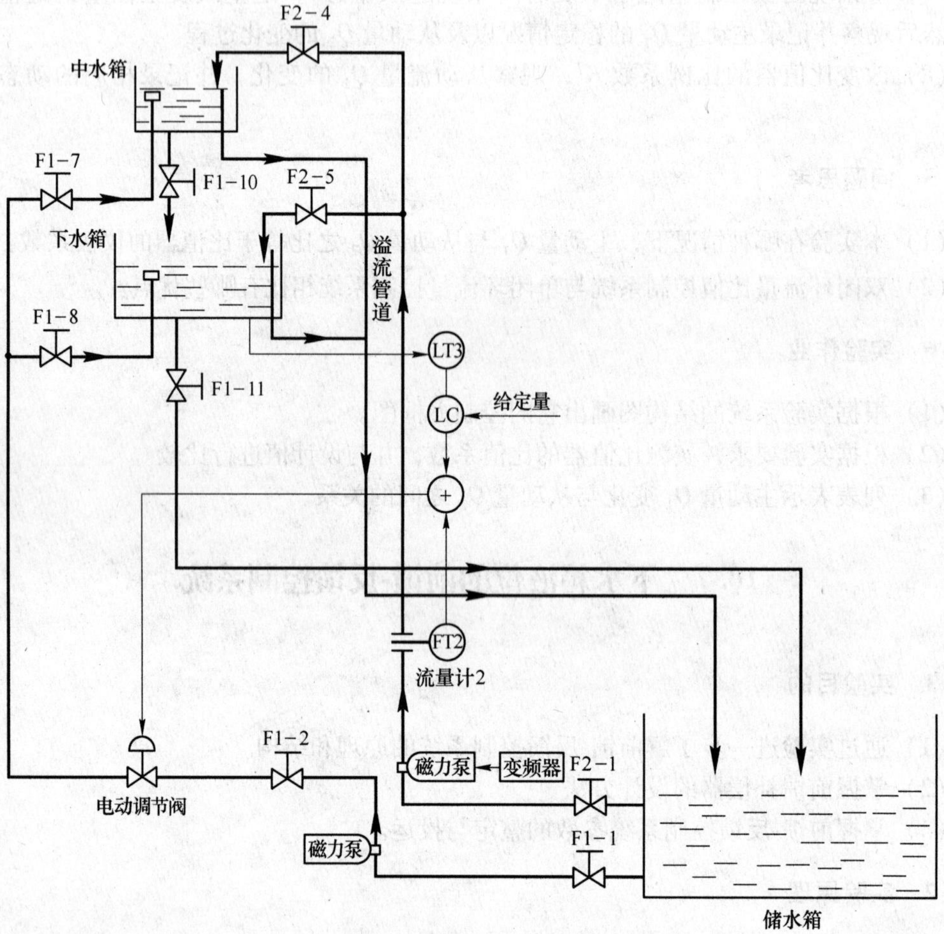

图 10-16　前馈-反馈控制系统的结构图

图 10-17 中 $G_c(s)$ 为调节器，$G_o(s)$ 为电动调节阀、中水箱与下水箱，$G_f(s)$ 为干扰通道的传递函数，$G_B(s)$ 为前馈补偿器，$H(s)$ 为液位变送器。由图 10-17 可知，扰动 $F(s)$ 得到全补偿的条件为

$$F(s)G_f(s) + F(s)G_B(s)G_o(s) = 0$$

$$G_B(s) = -\frac{G_f(s)}{G_o(s)} \tag{10-13}$$

上式给出的条件由于受到物理实现条件的限制，显然只能近似地得到满足，即前馈控

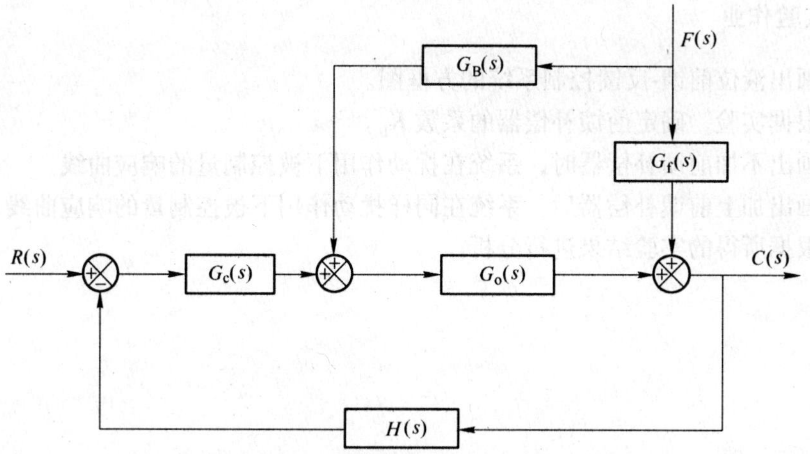

图 10-17 控制系统的方框图

制不能全部消除扰动对被控制量的影响，但如果它能去掉扰动对被控制量的大部分影响，则认为前馈控制已起到了应有的作用。为使补偿器简单起见，$G_B(s)$用比例器来实现，其值按下式来计算：

$$K_B = -\frac{K_f}{K_0}$$

式中，K_f 为干扰通道的静态放大倍数；K_0 为控制通道的静态放大倍数。

10.7.3 实验设备

THJ-2 高级过程控制系统实验装置，计算机、上位机 MCGS 组态软件、RS232-485 转换器 1 只、串口线 1 根，万用表 1 只。

10.7.4 实验内容及步骤

（1）按图 10-16 所示的结构组成液位前馈反馈控制系统，并完成系统的接线。

（2）合上总电源和相关仪表的电源。

（3）按单回路参数的整定方法整定 PI 调节器的参数。

（4）利用前馈-反馈控制参数的整定方法，实时求出补偿器的 K_B 值。

（5）在不加扰动时，先用手动使系统的输出量液位接近于稳态值，然后投入自动运行。

（6）加一适量扰动（变频器支路定值打水），观察并记录被控制量 H 的变化过程。

（7）引入前馈补偿器后，再加同样大小的扰动，观察并记录被控制量 H 的变化过程。

10.7.5 问题思考

（1）试证明前馈补偿器是一种开环控制。

（2）有了前馈补偿器后，试问反馈控制系统部分是否还具有抗扰动的功能？

10.7.6 实验作业

（1）画出液位前馈-反馈控制系统的方框图。

（2）根据实验，确定前馈补偿器的系数 K_B。

（3）画出不加前馈补偿器时，系统在扰动作用下被控制量的响应曲线。

（4）画出加上前馈补偿器后，系统在同样扰动作用下被控制量的响应曲线。

（5）根据所得的实验结果进行分析。

11 现代控制理论基础

11.1 系统的传递函数阵和状态空间表达式的转换

11.1.1 实验目的

（1）学习多变量系统状态空间表达式的建立方法、了解系统状态空间表达式与传递函数相互转换的方法。

（2）通过编程、上机调试，掌握多变量系统状态空间表达式与传递函数相互转换方法。

11.1.2 实验原理

设系统的模型如式（11-1）所示。

$$\begin{cases} \dot{x} = Ax + Bu \\ y = Cx + D \end{cases} \quad x \in R^n \quad u \in R^m \quad y \in R^p \tag{11-1}$$

式中，A 为 $n \times n$ 维系数矩阵；B 为 $n \times m$ 维输入矩阵；C 为 $p \times n$ 维输出矩阵；D 为传递阵（一般情况下为0，只有 n 和 m 维数相同时，$D=1$）。系统的传递函数阵和状态空间表达式之间的关系如式（11-2）所示。

$$G(s) = \frac{\text{num}(s)}{\text{den}(s)} = C(sI - A)^{-1}B + D \tag{11-2}$$

式中，num(s)表示传递函数阵的分子阵，其维数是 $p \times m$；den(s)表示传递函数阵的按 s 降幂排列的分母。

11.1.3 实验设备

PC 计算机 1 台（要求 P4-1.8G 以上），MATLAB6. X 软件 1 套。

11.1.4 实验内容

（1）根据所给系统的传递函数（或 A、B、C 阵），依据系统的传递函数阵和状态空间表达式之间的关系如式（11-2）所示，采用 MATLA 的 file. m 编程。注意：ss2tf 和 tf2ss 是互为逆转换的指令。

（2）在 MATLA 界面下调试程序，并检查是否运行正确。

【例 11-1】 已知 SISO 系统的状态空间表达式为式（11-3），求系统的传递函数。

$$\begin{bmatrix} \dot{x}_1 \\ \dot{x}_2 \\ \dot{x}_3 \end{bmatrix} = \begin{bmatrix} 0 & 1 & 0 \\ 0 & 0 & 1 \\ -4 & -3 & -2 \end{bmatrix} \begin{bmatrix} x_1 \\ x_2 \\ x_3 \end{bmatrix} + \begin{bmatrix} 1 \\ 3 \\ -6 \end{bmatrix} u \qquad y = \begin{bmatrix} 1 & 0 & 0 \end{bmatrix} \begin{bmatrix} x_1 \\ x_2 \\ x_3 \end{bmatrix} \tag{11-3}$$

程序：

```
%首先给 A、B、C 阵赋值；
A=[0 1 0;0 0 1; -4 -3 -2];
B=[1;3; -6];
C=[1 0 0];
D=0;
%状态空间表达式转换成传递函数阵的格式为[num,den]=ss2tf(a,b,c,d,u)
[num,den]=ss2tf(A,B,C,D,1)
```

程序运行结果：

```
num =
        0    1.0000    5.0000    3.0000

den =
    1.0000    2.0000    3.0000    4.0000
```

从程序运行结果得到：系统的传递函数为：

$$G(s) = \frac{s^2 + 5s + 3}{s^3 + 2s^2 + 3s + 4} \tag{11-4}$$

【例 11-2】 从系统的传递函数式（11-4）求状态空间表达式。

程序：

```
num=[0 1 5 3];   %在给 num 赋值时,在系数前补0,使 num 和 den 赋值的个数相同;
den=[1 2 3 4];
[A,B,C,D]=tf2ss(num,den)
```

程序运行结果：

```
A =
    -2   -3   -4
     1    0    0
     0    1    0
B =
     1
     0
     0
C =
     1    5    3
D =
     0
```

由于一个系统的状态空间表达式并不唯一，例 11-2 程序运行结果虽然不等于式

(11-3)中的 A、B、C 阵，但该结果与式（11-3）是等效的。不妨对上述结果进行验证。

【例 11-3】 对上述结果进行验证编程

```
%将例 11-2 上述结果赋值给 A、B、C、D 阵；
A=[ -2  -3  -4;1 0 0; 0 1 0];
B=[ 1; 0; 0];
C=[ 1  5  3];
D=0;
[num,den] = ss2tf(A,B,C,D,1)
```

程序运行结果与例 11-1 完全相同。

11.1.5 实验作业

在运行以上程序的基础上，应用 MATLAB 对式（11-5）系统仿照例 11-2 编程，求系统的 A、B、C 阵；然后再仿照例 11-3 进行验证。并写出实验报告。

$$G(s) = \frac{\begin{bmatrix} s+2 \\ s^2+5s+3 \end{bmatrix}}{s^3+2s^2+3s+4} \tag{11-5}$$

提示：num＝［0 0 1 2；0 1 5 3］。

11.2 状态空间控制模型系统仿真及状态方程求解

11.2.1 实验目的

（1）熟悉线性定常离散与连续系统的状态空间控制模型的各种表示方法。

（2）熟悉系统模型之间的转换功能。

（3）利用 MATLAB 对线性定常系统进行动态分析。

11.2.2 实验设备

PC 计算机 1 台（要求 P4-1.8G 以上），MATLAB6.X 软件 1 套。

11.2.3 实验内容

（1）给定系统 $G(s)\dfrac{s^3+2s^2+s+3}{s^3+0.5s^2+2s+1}$，求系统的零极点增益模型和状态空间模型，并求其单位脉冲响应及单位阶跃响应。

```
num=[1 2 1 3];den=[1 0.5 2 1];sys=tf(num,den);sys1=tf2zp(sys);sys2=tf2ss(sys);
impulse(sys2);step(sys2)
sys=tf(num,den)
 Transfer function:
  s^3+2s^2+s+3
 ----------------
s^3+0.5s^2+2s+1
```

```
sys1 = tf2zp(num,den)
sys1 =
  -2.1746
   0.0873 + 1.1713i
   0.0873 - 1.1713i
[a,b,c,d] = tf2ss(num,den)
a =   -0.5000   -2.0000   -1.0000
       1.0000         0         0
            0    1.0000         0
b =    1
       0
       0
c =    1.5000   -1.0000    2.0000
d =    1
```

单位脉冲响应如图 11-1 所示。

单位阶跃响应如图 11-2 所示。

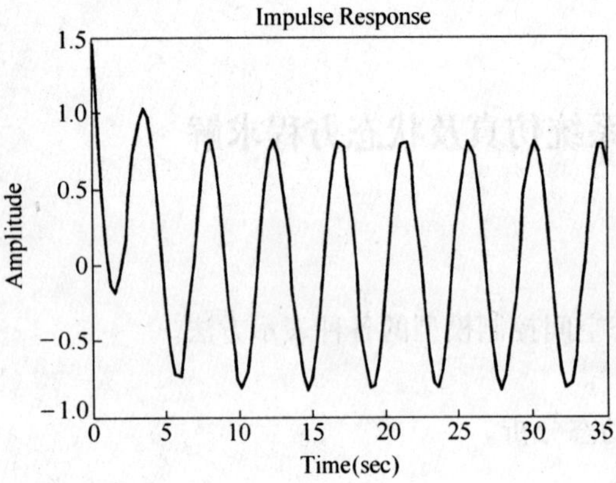

图 11-1 系统的单位脉冲响应

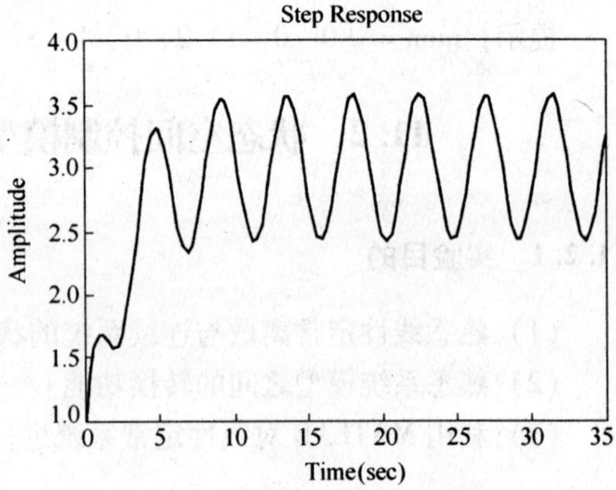

图 11-2 系统的单位阶跃响应

（2）已知离散系统状态空间方程：

$$\begin{cases} x(k+1) = \begin{bmatrix} -1 & -2 & 2 \\ 0 & -1 & 1 \\ 1 & 0 & -1 \end{bmatrix} x(k) + \begin{bmatrix} 2 \\ 0 \\ 1 \end{bmatrix} u(k) \\ y(k) = \begin{bmatrix} 1 & 2 & 0 \end{bmatrix} x(k) \end{cases}$$

采样周期 $T_s = 0.05s$。在 Z 域和连续域对系统性能进行仿真、分析。

```
g =  -1    -3    -2
      0     2     0
      0     1     2
≫h = 2
      1
```

```
-1
≫c=1    0    0
≫d=0
≫u=1;
≫dstep(g,h,c,d,u)
```

Z 域性能仿真图形如图 11-3 所示。

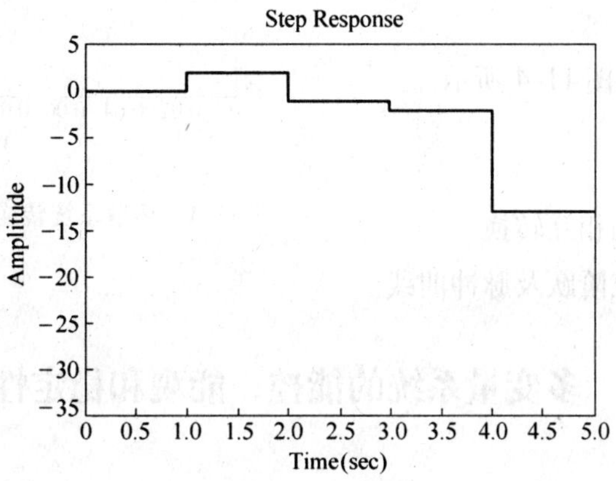

图 11-3 离散系统的阶跃响应

```
sysd = ss(g,h,c,d,0.05)
a =      x1    x2    x3
   x1    -1    -3    -2
   x2     0     2     0
   x3     0     1     2
b =  x1      2
     x2      1
     x3     -1
 c =      x1   x2   x3
     y1    1    0    0
d =        u1
     y1    0
 Sampling time:0.05
Discrete-time model.
≫sysc = d2c(sysd,'zoh')
a =               x1            x2             x3             x4
   x1     -9.467e-008        -17.45         -9.242          -62.83
   x2      4.281e-015         13.86     3.115e-015      2.733e-015
   x3      -1.41e-014            10          13.86     -1.396e-014
   x4           62.83         48.87          41.89      9.467e-008
b =               u1
   x1     1.035
```

```
    x2     13.86
    x3   -17.73
    x4   -66.32
c =          x1  x2  x3  x4
    y1    1   0   0   0
d =        u1
    y1    0
step(sysc);
```

连续域仿真曲线如图 11-4 所示。

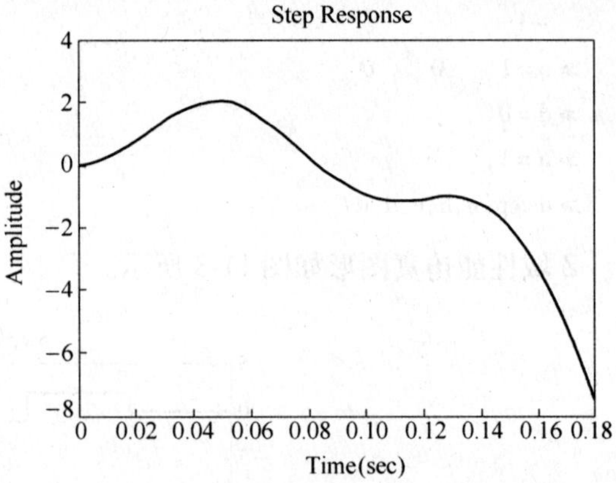

图 11-4 离散系统转连续系统后的阶跃响应

11.2.4 实验作业

（1）进行模型间的相互转换。

（2）绘出系统单位阶跃及脉冲曲线。

11.3 多变量系统的能控、能观和稳定性分析

11.3.1 实验目的

（1）学习多变量系统状态能控性及稳定性分析的定义及判别方法。

（2）学习多变量系统状态能观性及稳定性分析的定义及判别方法。

（3）通过用 MATLAB 编程、上机调试，掌握多变量系统能控性及稳定性判别方法。

11.3.2 实验原理

（1）设系统的状态空间表达式

$$\begin{cases}\dot{x} = Ax + Bu \\ y = Cx + D\end{cases} \quad x \in R^n \quad u \in R^m \quad y \in R^p \tag{11-6}$$

系统的能控分析是多变量系统设计的基础，包括能控性的定义和能控性的判别。

系统状态能控性的定义的核心是：对于线性连续定常系统式（11-6），若存在一个分段连续的输入函数 $U(t)$，在有限的时间（t_1-t_0）内，能把任一给定的初态 $x(t_0)$ 转移至预期的终端 $x(t_1)$，则称此状态是能控的。若系统所有的状态都是能控的，则称该系统是状态完全能控的。

（2）系统输出能控性是指输入函数 $U(t)$加入到系统，在有限的时间（t_1-t_0）内，能把任一给定的初态 $x(t_0)$ 转移至预期的终态输出 $y(t_1)$。

能控性判别分为状态能控性判别和输出能控性判别。

状态能控性分为一般判别和直接判别法，后者是针对系统的系数阵 A 是对角标准形或约当标准形的系统，状态能控性判别时不用计算，应用公式直接判断，是一种直接简易法；前者状态能控性分为一般判别是应用最广泛的一种判别法。

输出能控性判别式为：

$$\mathrm{Rank}Q_{cy} = \mathrm{Rank}[CB \quad CAB \quad \cdots \quad CA^{n-1}B] = p \tag{11-7}$$

状态能控性判别式为：

$$\mathrm{Rank}Q_c = \mathrm{Rank}[B \quad AB \quad \cdots \quad A^{n-1}B] = n \tag{11-8}$$

系统的能观分析是多变量系统设计的基础，包括能观性的定义和能观性的判别。

系统状态能观性的定义：对于线性连续定常系统式（11-6），如果对 t_0 时刻存在 t_a，$t_0 < t_a < \infty$，根据 $[t_0, t_a]$ 上的 $y(t)$ 的测量值，能够唯一地确定 S 系统在 t_0 时刻的任意初始状态 x_0，则称系统 S 在 t_0 时刻是状态完全能观测的，或简称系统在 $[t_0, t_a]$ 区间上能观测。

状态能观性分为一般判别和直接判别法，后者是针对系统的系数阵 A 是对角标准形或约当标准形的系统，状态能观性判别时不用计算，应用公式直接判断，是一种直接简易法；前者状态能观性分为一般判别是应用最广泛的一种判别法。

状态能控性判别式为：

$$\mathrm{Rank}Q_0 = \mathrm{Rank}[C \quad CA \quad \cdots \quad CA^{n-1}]^T = n \tag{11-9}$$

（3）只要系统的 A 的特征根实部为负，系统就是状态稳定的。式（11-2）又可写成：

$$G(s) = \frac{N(s)}{D(s)} = \frac{\mathrm{num}(s)}{\mathrm{den}(s)} = C(sI - A)^{-1}B + D \tag{11-10}$$

当状态方程是系统的最小实现时，$D(s) = |sI - A|$，系统的状态渐近稳定与系统的 BIBO（有界输入有界输出）稳定等价；

当 $D(s) \neq |sI - A|$ 时，若系统状态渐近稳定则系统一定是 BIBO 稳定的。

11.3.3 实验设备

PC 计算机 1 台（要求 P4-1.8G 以上），MATLAB6.X 软件 1 套。

11.3.4 实验内容

（1）先调试例 11-4、例 11-5 系统能控性、能观性程序，然后根据所给系统的系数阵 A 和输入阵 B，依据能控性、能观性判别式，对所给系统采用 MATLA 的 file.m 编程；在 MATLA 界面下调试程序，并检查是否运行正确。

（2）调试例 11-6 系统稳定性分析程序，验证稳定性判据的正确性。

（3）按实验要求，判断所给的具有两个输入的四节系统的能控性。

【例 11-4】 已知系数阵 A 和输入阵 B 分别如下，判断系统的状态能控性。

$$A = \begin{bmatrix} 6.666 & -10.6667 & -0.3333 \\ 1 & 0 & 1 \\ 0 & 1 & 2 \end{bmatrix} \quad B = \begin{bmatrix} 0 \\ 1 \\ 1 \end{bmatrix}$$

程序：

```
A = [  6.6667    -10.6667    -0.3333
       1.0000          0          1
          0      1.0000           2];
```

```
B = [0; 1 ;1 ];
      q1 = B;
      q2 = A * B;                 % 将 AB 的结果放在 q2 中
      q3 = A^2 * B;               % 将 A^2B 的结果放在 q3 中
      Qc = [q1q2q3]               % 将能控矩阵 Qc 显示在 MATLAB 的窗口
      Q = rank(Qc)                % 能控矩阵 Qc 的秩放在 Q
```

程序运行结果：

```
Qc =
      0   -11.0000  -85.0003
  1.0000   1.0000   -8.0000
  1.0000   3.0000    7.0000
Q = 3
```

从程序运行结果可知，能控矩阵 Q_c 的秩为 $n=3$，所以系统是状态能控性的。

【例 11-5】 已知系数阵 A 和输入阵 C 分别如下，判断系统的状态能观性。

$$A = \begin{bmatrix} 6.666 & -10.6667 & -0.3333 \\ 1 & 0 & 1 \\ 0 & 1 & 2 \end{bmatrix} \qquad C = \begin{bmatrix} 1 & 0 & 2 \end{bmatrix}$$

程序：

```
A = [    6.6667   -10.6667   -0.3333
         1.0000       0          1
            0      1.0000        2];
    C = [1 0 2];
    q1 = C;
    q2 = C * A;                 % 将 CA 的结果放在 q2 中
    q3 = C * A^2;               % 将 CA^2 的结果放在 q3 中
    Qo = [q1;q2;q3]             % 将能观矩阵 Qo 显示在 MATLAB 的窗口
    Q = rank(Qo)                % 能观矩阵 Qo 的秩放在 Q
```

程序运行结果：

```
Qo =
     1.0000        0      2.0000
     6.6667   -8.6667     3.6667
    35.7782  -67.4450    -3.5553
Q = 3
```

从程序运行结果可知，能控矩阵 Q_o 的秩为 $n=3$，由式（11-9）可知，系统是状态完全能观性的。

【例 11-6】 已知系数阵 A、B 和 C 阵分别如下，分析系统的状态稳定性。

$$A = \begin{bmatrix} 0 & 1 & 0 \\ 0 & 0 & 1 \\ -4 & -3 & -2 \end{bmatrix} \quad B = \begin{bmatrix} 1 \\ 3 \\ -6 \end{bmatrix} \quad C = \begin{bmatrix} 1 & 0 & 0 \end{bmatrix} \tag{11-11}$$

根据题干编程：

```
A=[0 1 0;0 0 1;-4 -3 -2];
B=[1;3;-6];
C=[1 0 0];
D=0;
[z,p,k]=ss2zp(A,B,C,D,1)
step(A,B,C,D);
```

程序运行结果：

```
z =
  -4.3028
  -0.6972
p =
  -1.6506
  -0.1747 +1.5469i
  -0.1747 -1.5469i
k = 1
```

由于系统的零、极点均具有负的实部，则系统是 BIBO 稳定的；又因为状态方程是系统的最小实现，系统的状态渐近稳定与系统的 BIBO 稳定等价，所以系统是状态渐近稳定的。

绘制系统的阶跃响应曲线。

11.3.5 实验作业

（1）在运行以上程序的基础上，编程判别下面系统的能控性。

$$A=\begin{bmatrix}3&0&2&0\\0&1&1&0\\1&1&2&1\\0&1&0&1\end{bmatrix}\qquad B=\begin{bmatrix}0&1\\0&0\\0&1\\1&0\end{bmatrix}\qquad C=[1\quad 0\quad 1\quad 0]$$

提示：从 B 阵看，输入维数 $m=2$，Q_c 的维数为 $n\times(m\times n)=3\times6$，而 $Q=\mathrm{rank}(Q_c)$ 语句要求 Q_c 是方阵，所以先令 $R=Q_c'*Q_c$，然后 $Q=\mathrm{rank}(R)$。

（2）要求调试自编程序，并写出实验报告。

11.4 状态反馈及状态观测器的设计

11.4.1 实验目的

（1）熟悉状态反馈矩阵的求法。

（2）熟悉状态观测器设计方法。

11.4.2 实验原理

设系统的模型如式（11-12）所示。

$$\begin{cases}\dot{x} = Ax + Bu \\ y = Cx + D\end{cases} \quad x \in R^n \quad u \in R^m \quad y \in R^p \tag{11-12}$$

系统状态观测器包括全阶观测器和降阶观测器。设计全阶状态观测器的条件是系统状态完全能观。全阶状态观测器的方程为：

$$\dot{z} = (A - K_z C)z + K_z y + Bu \tag{11-13}$$

11.4.3 实验设备

PC 计算机 1 台（要求 P4-1.8G 以上），MATLAB6.X 软件 1 套。

11.4.4 实验内容

（1）某控制系统的状态方程描述如下，通过状态反馈使系统的闭环极点配置在 P = [－30，－1.2，－2.4±4i] 位置上，求出状态反馈阵 K，并绘制出配置后系统的时间响应曲线。

$$A = \begin{bmatrix} -10 & -35 & -50 & -24 \\ 1 & 0 & 0 & 0 \\ 0 & 1 & 0 & 0 \\ 0 & 0 & 1 & 0 \end{bmatrix} \quad B = \begin{bmatrix} 1 \\ 0 \\ 0 \\ 0 \end{bmatrix} \quad C = \begin{bmatrix} 1 & 7 & 24 & 24 \end{bmatrix}$$

```
>> A = [ -10  -35  -50  -24;1 0 0 0;0 1 0 0;0 0 1 0];
>> B = [1;0;0;0];C = [1 7 24 24];D = [0];
>> disp('原极点的极点为');p = eig(A)'
>> disp('极点配置后的闭环系统为')
```

极点配置后的闭环系统为

```
>> sysnew = ss(A-B * K,B,C,D)
>> step(sysnew/dcgain(sysnew))
```

运算结果为：

原极点的极点为

```
p =
   -4.0000        -3.0000     -2.0000      -1.0000
>> P = [ -30; -1.2; -2.4 + sqrt( -16); -2.4 - sqrt( -16)];
>> K = place(A,B,P)
K =
   26.0000   172.5200   801.7120   759.3600
>> disp('配置后系统的极点为')
```

配置后系统的极点为

```
≫p = eig(A - B * K)'
p =
-30.0000                  -2.4000 - 4.0000i    -2.4000 + 4.0000i    -1.2000
a =
              x1          x2          x3          x4
   x1        -36      -207.5      -851.7      -783.4
   x2          1           0           0           0
   x3          0           1           0           0
   x4          0           0           1           0
b =
       u1
   x1   1
   x2   0
   x3   0
   x4   0
c =
       x1   x2   x3   x4
   y1   1    7   24   24
d =
        u1
   y1    0
```

极点配置后的阶跃响应曲线如图 11-5 所示。

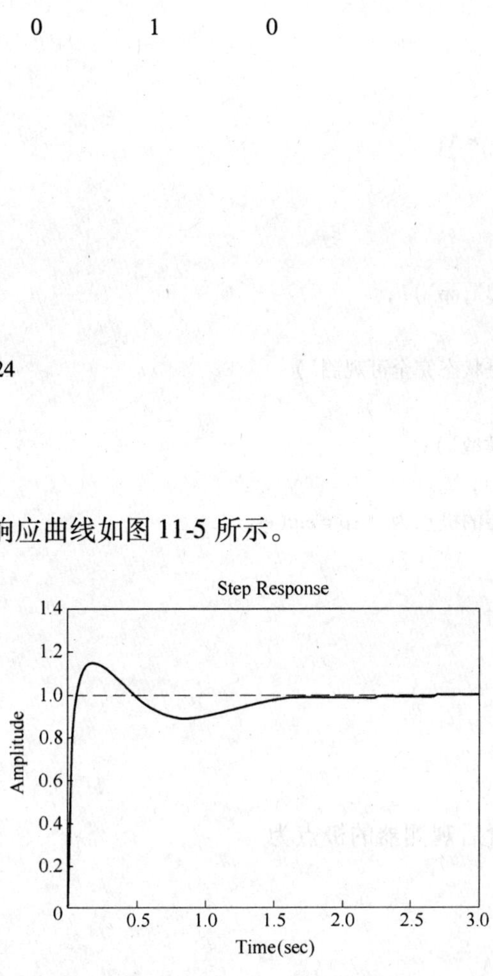

图 11-5　极点配置后系统的阶跃响应曲线

(2) 考虑下面的状态方程模型，要求选出合适的参数状态观测器（设观测器极点为 op = [-100; -102; -103]）。

$$A = \begin{bmatrix} 0 & 1 & 0 \\ 980 & 0 & -2.8 \\ 0 & 0 & -100 \end{bmatrix} \quad B = \begin{bmatrix} 0 \\ 0 \\ 100 \end{bmatrix} \quad C = [1 \quad 0 \quad 0] \quad D = 0$$

程序如下：

```
A = [0 1 0;980 0 -2.8;0 0 -100];
```

```
B = [0;0;100];
C = [1 0 0];
D = [0];
op = [ -100; -102; -103];
sysold = ss(A,B,C,D);
disp('原系统的闭环极点为');
p = eig(A)
n = length(A);
Q = zeros(n);
Q(1,:) = C;
for i = 2:n
    Q(i,:) = Q(i-1,:) * A;
end
m = rank(Q);
    if m = = n
        H = place(A',C',op')';
    else
        disp('系统不是状态完全可观测')
    end
    disp('状态观测器模型');
    est = estim(sysold,H);
    disp('配置后观测器的极点为');p = eig(est)
```

运行结果：

原系统的闭环极点为

```
p =
   31.3050
  -31.3050
 -100.0000
```

状态观测器模型配置后观测器的极点为

```
p =
 -103.0000
 -102.0000
 -100.0000
```

11.4.5 实验作业

（1）求出系统的状态空间模型。

（2）依据系统动态性能的要求，确定所希望的闭环极点 P。

（3）利用上面的极点配置算法求系统的状态反馈矩阵 K。

（4）检验配置后的系统性能。

12 微型计算机控制技术

12.1 A/D、D/A 转换实验（一）

12.1.1 实验目的

（1）熟悉模/数转换的电路工作原理。

（2）熟悉数/模转换的电路工作原理。

（3）掌握模/数转化的量化特性。

12.1.2 实验基本原理

（1）实验线路原理图如图 12-1 所示。

CPU 的 DPCLK 信号与 ADC0809 单元电路的 CLOCK 相连作为 ADC0809 的时钟信号。ADC0809 芯片输入选通地址码 A、B、C 为“1”状态，选通输入通道 IN7。通过电位器 W41 给 A/D 变换器输入 -5 ~ +5V 的模拟电压。8253 的 2 号口用于 5ms 定时输出 OUT2 信号启动 A/D 变换器。由 8255A 口为输入方式。A/D 转换的数据通过 A 口采入计算机，送到显示器上显示，并由数据总线送到 D/A 变换器 0832 的输入端。选用 CPU 的地址输入信号 IOY0 为片选信号（ $\overline{CS}$ ），XIOW 信号为写入信号（ $\overline{WR}$ ），D/A 变换器的口地址为 00H。

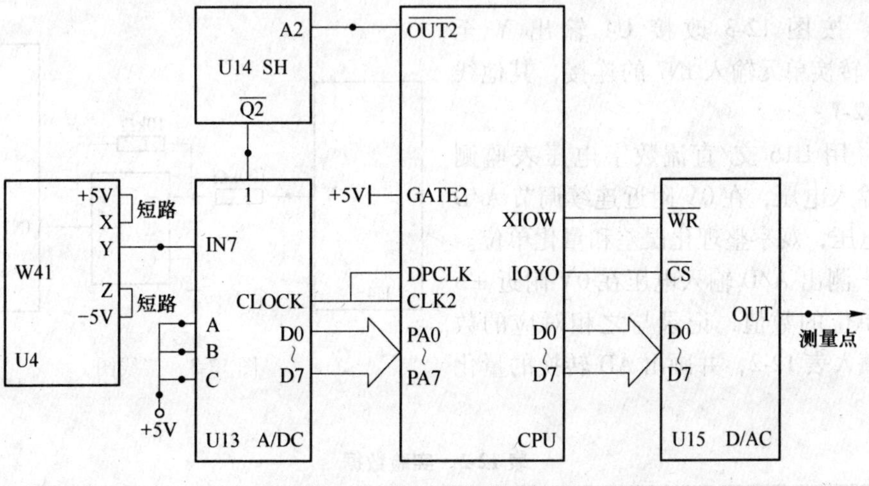

图 12-1 实验线路原理

调节 W41 即可改变输入电压，可从显示器上看 A/D 变换器对应输出的数码，同时这个数码也是 D/A 变换器的输入数码。

（2）A/D、D/A 转换程序流程如图 12-2 所示。对应下面的流程，已编好了程序放在 CPU 的监控中，可用 U（反汇编）命令查看。当然对于学生来说，应试着自己编写调试所有控制程序。

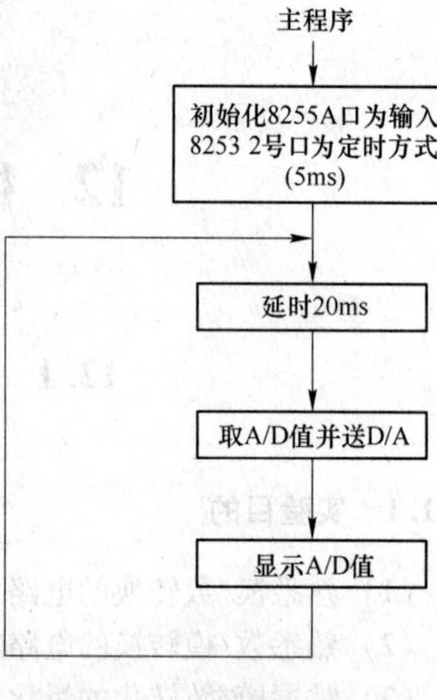

图 12-2　程序流程图

12.1.3　实验设备

PC 机 1 台、TKKL-4 教学实验箱 1 台。

12.1.4　实验内容与步骤

（1）按图 12-1 接线。用“短路块”分别将 U1 单元中的 ST 与 +5V 短接；U4 单元中的 X 与 +5V 短接，Z 与 -5V 短接。其他画“·”的线需自行连接。连接好后，接通电源，然后按使用说明中对 U15D/A 转换单元进行调零。

（2）将 W41 输出调至 -5V，执行监控中的程序（G = F000：1100 ↘）。如果程序正确执行，将在显示器上显示“00”。

（3）将 W41 依次调节，用 U16 交/直流数字电压表分别检测 A/D 的输入电压和 D/A 的输出电压。观察显示器，记下相应的数码及 D/A 的输出模拟电压，填入表 12-1 中。

表 12-1　实验数据

模拟量输入/V	-5	-4	-3	-2	-1	0	1	2	3	4	5
数字量/H											
模拟量输出/V											

（4）按图 12-3 改接 U4 输出 Y 至 U13A/D 转换单元输入 IN7 的连接，其他线路同图 12-1。

（5）用 U16 交/直流数字电压表监测 A/D 的输入电压，在 0V 附近连续调节 A/D 的输入电压，观察整理化误差和量化单位。

（6）测出 A/D 输入电压在 0V 附近 ±5 个量化单位的数值，记录与之相对应的数字量，填入表 12-2，并画出 AD 转换的量化特性图。

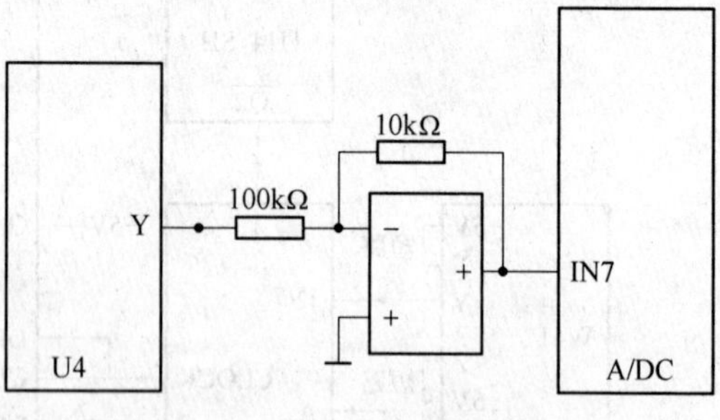

图 12-3　接线图

表 12-2　实验数据

模入电压/mV	-196	-156.8	-117.6	-78.4	-39.2	0	39.2	78.4	117.6	156.8	196
数字量/H											

A/D 转换的量化特性图，如图 12-4 所示。

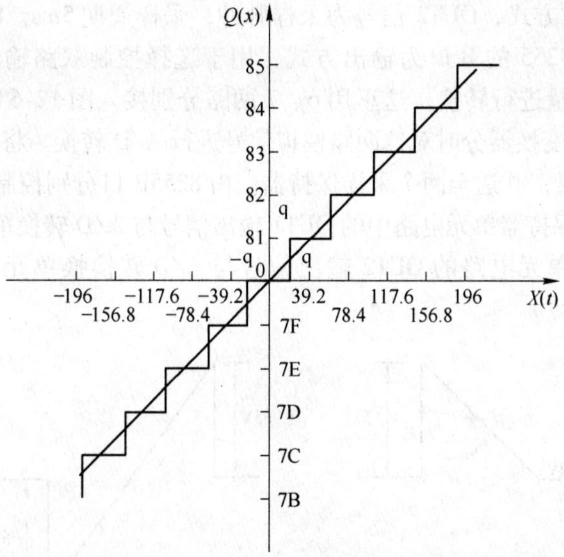

图 12-4 A/D 转换的量化特性图

12.2 A/D、D/A 转换实验（二）

12.2.1 实验目的

（1）熟悉模/数转换的电路工作原理。

（2）熟悉数/模转换的电路工作原理。

（3）熟悉多路模/数转换电路的工作原理。

12.2.2 实验基本原理

（1）实验线路原理图如图 12-5 所示。

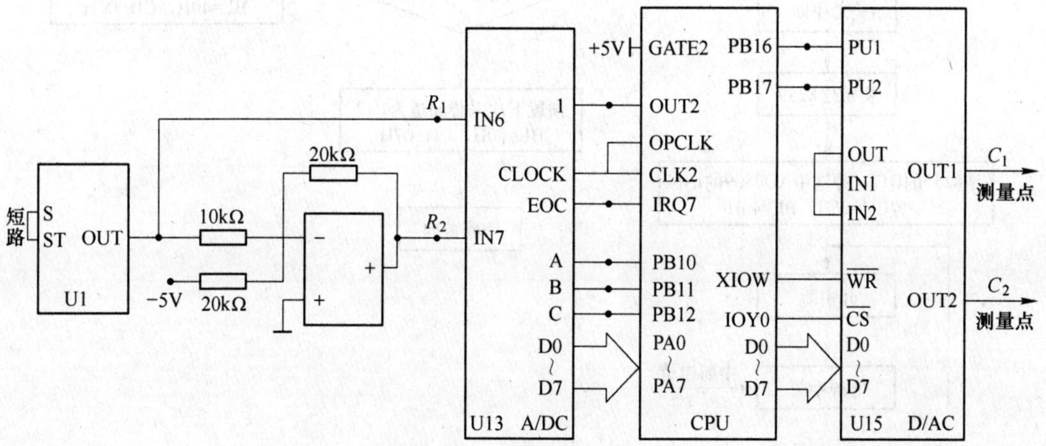

图 12-5 实验线路原理

设置8255为定时方式，OUT2信号为采样脉冲，采样周期5ms。8255的A口为输入方式，用于采入数据。8255的B口为输出方式，用于选择控制双路输入输出通道。A/D转换单元可对多路模拟量进行转换，这里用6、7两路分别接入图12-6所示信号。

计算机控制A/D变换器分时对这两路模拟信号进行A/D转换。将转换的数字量送至D/A变换器还原成模拟量，并送至两个采样保持器。由8255B口分别控制两个采样保持器的采样开关，以保证采样保持器单元电路中的OUT1输出信号与A/D转换单元U13的IN6输入信号一致；采样保持器单元电路的OUT2输出信号与A/D转换换单元U13的IN7输入信号一致。

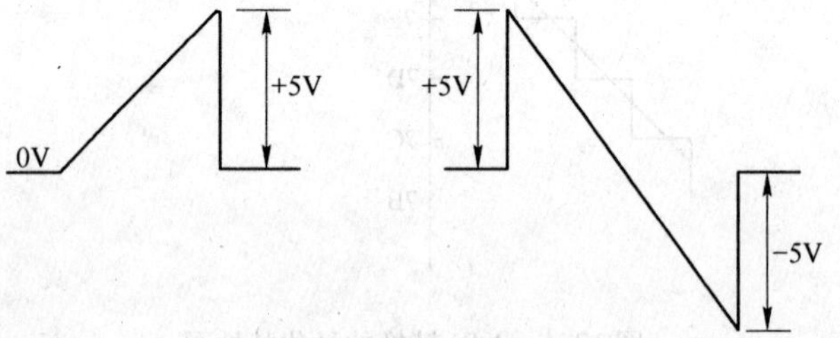

图12-6 接入信号图

（2）程序流程如图12-7所示。

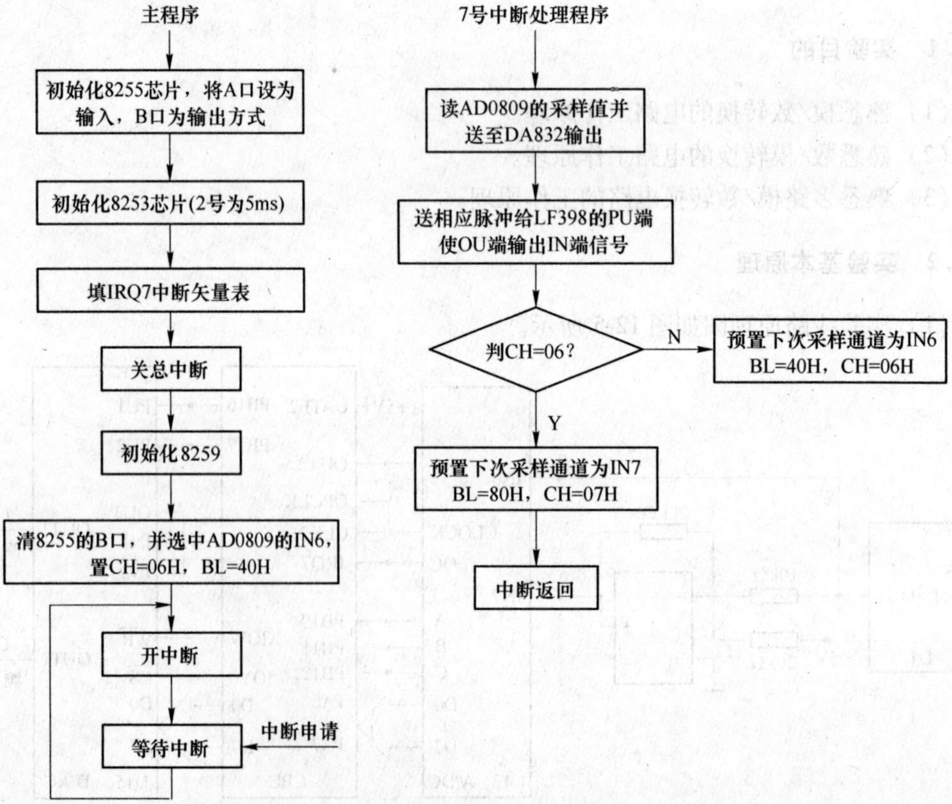

图12-7 实验流程图

12.2.3 实验设备

PC 机 1 台、TKKL-4 教学实验箱 1 台。

12.2.4 实验内容与步骤

（1）按图 12-5 接线。将 U1 的信号选择开关 S_{11} 放到斜坡位置。用短路块将 U1 的 S 与 ST 短接。置 S_{12} 为下档，将 W11 旋到最大，使信号周期最小。调 W12 使输出信号不大于 5V。

（2）执行程序（G = F000：1151 ↘）。

（3）用示波器同时观察输入与输出信号。如果程序正确执行，A/D 转换单元 U13 的 IN6 输入信号应与 U15DAC 单元中的采样保持输出 OUT1 信号一致；U13 的 IN7 输入信号与 U15 单元中的采样保持输出 OUT2 信号一致，画出对应波形并用示波器测量波形的幅值。

（4）在 U15DAC 转换单元的 OUT 端用示波器观察计算机分时控制的输出波形。

12.3 采 样 实 验

12.3.1 实验目的

（1）掌握模/数、数/模采样电路的工作原理。

（2）掌握采样周期 T_k 对采样信号还原的影响。

12.3.2 实验基本原理

（1）信号发生器 U1 单元的 OUT 端输出抛物线信号，通过 A/D 转换单元 U13 的 IN7 端输入。计算机在采样时刻启动 A/D 转换器，转换得到数字量送至教学机 8255A 口，A 口设成输入方式。CPU 将输入的数字量直接送到 D/A 转换单元 U15，在 U15 单元的 OUT 端则输出相应的模拟信号。

如图 12-8 所示，在时间 τ 以外，计算机输出零至 D/A 并使其转换，所以 τ 以外输出为零。τ 为 10ms。

（2）接线图如图 12-9 所示。

（3）采样周期 T 的设置。计算机用 8253 产生定时中断信号，定时 10ms，并在 2F60H 单元存放倍数 T_k 可取 01H ~ FFH，采样周期 $T = T_k \times 10$ms，所以 T 的范围为 10 ~ 2550ms，改变 T_k 即可以确定 T。

（4）实验程序流程如图 12-10 所示。

12.3.3 实验设备

PC 机 1 台、TKKL-4 教学实验箱 1 台。

12.3.4 实验内容与步骤

（1）按图 12-9 连线，首先将 U1 信号发生器单元中的 S_{11} 置抛物线档，S_{12} 置下档。用

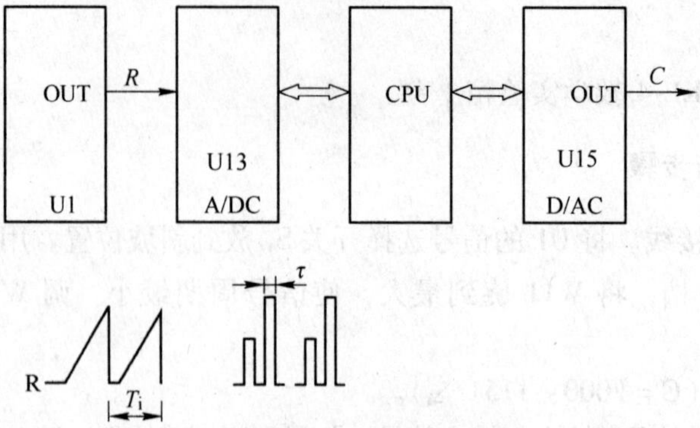

图 12-8 原理图

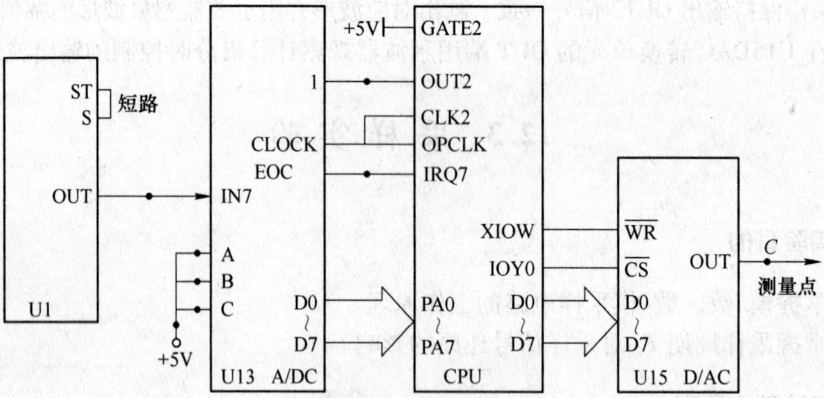

图 12-9 接线图

短路块短接 S 与 ST。

（2）用示波器观察 U1 单元的 OUT 端的波形，调 W12 使其不高于 5V，调 W11 使 T_1 约 2s。

（3）选定 T_k = 04H。

（4）将 2F60H 单元存入 T_k，启动采样程序（G = F000：11A2 ↘）。

（5）用示波器对照观察 U1 单元的 OUT 端与 U15 单元的 OUT 端波形，观察完停机。

（6）选择若干 T_k 值，重复（4）、(5)，观察不同采样周期 T 时的输出波形，并记录。

（7）调节 U1 信号发生器单元的 W11，使 T_1 约 0.3s，调 W12，使其不高于 5V，重复步骤(4)、(5)，并记录输出波形。

12.3.5 问题思考

通过实验步骤，可明显地观察到，当 T_k = 01H ~ 26H 时，U15 单元的 OUT 端的输出波形为 IN7 的采样波形，但当 T_k 再增大时，U15 单位的 OUT 端的输出波形将采样失真。从这看出，似乎采样周期 T 取得越小，对信号恢复越有利，一般来说，T 必须满足 $t_{A/D} + t_{处理} \leqslant T \leqslant T_{香农/2}$，在此前提下，$T$ 越小越好（$t_{A/D}$ 为 A/D 转换时间，$t_{处理}$ 为计算机对信息进行处理所用的时间）。

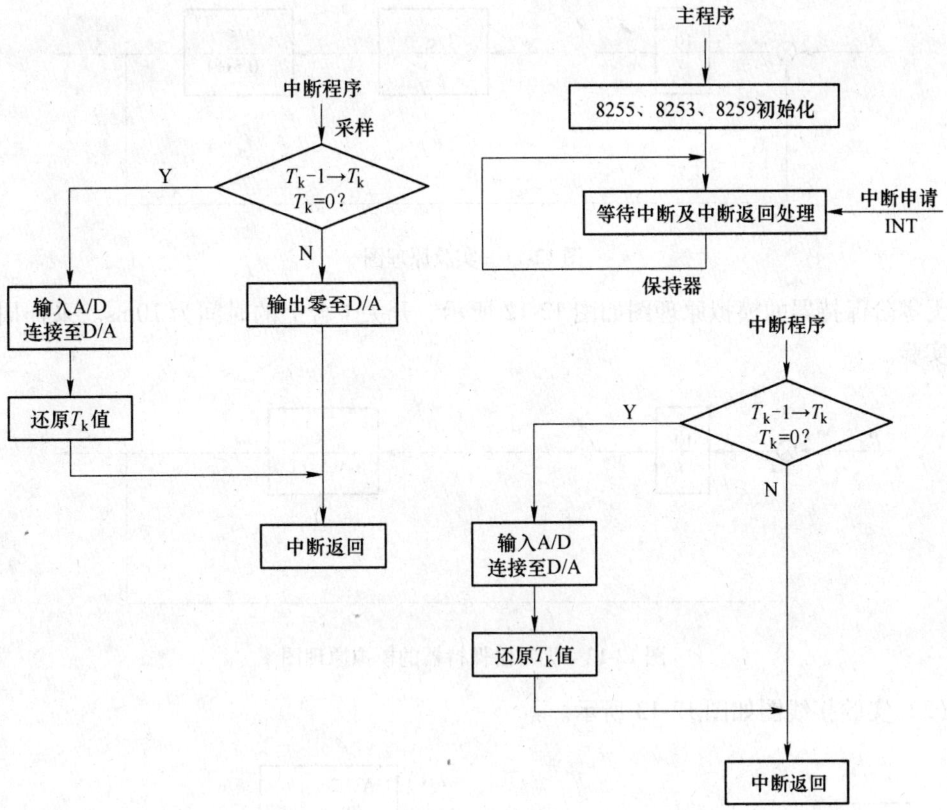

图 12-10　程序流程图

那么既然 A/D 采样本身具有保持功能，那是不是不管模拟量在 A/D 转换时变化多大，都可不加保持器呢？不一定，因为 A/D 在采样时，对模拟量的变化频率有限制。一般在十几 Hz 左右，如果信号变化太快，就会使采样信号失真，所以必须加采样保持器。

12.4 保持实验

12.4.1 实验目的

（1）掌握模/数、数/模保持电路的工作原理。

（2）熟悉零阶保持器在采样电路中的作用。

12.4.2 实验基本原理

（1）计算机（CPU）用 8253 定时，在采样时刻计算机给 A/D 器件启动信号，这时 A/D 器件（ADC0809）将模拟器转换成数字量并通过 A 口输入，计算机直接把这些数字量输出给 D/A 器件，D/A 器件（DAC0832）则输出相应的模拟量，并且一直保持到输入新值。原理如图 12-11 所示，采样周期设置同采样实验。

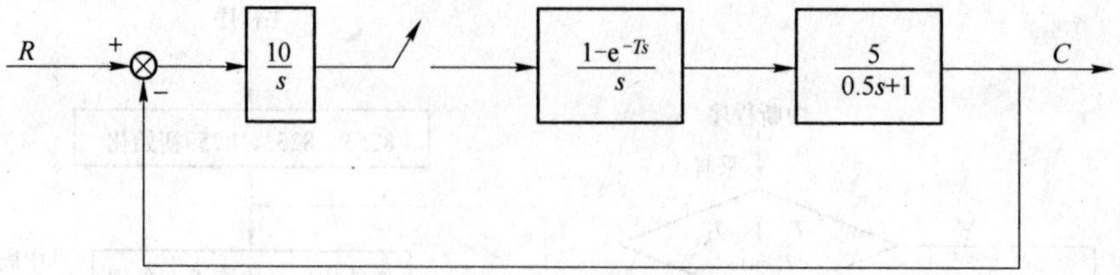

图 12-11　实验原理图

无零阶保持器的模拟原理图如图 12-12 所示。开关 τ 合上的时间为 10ms。采样周期同采样实验。

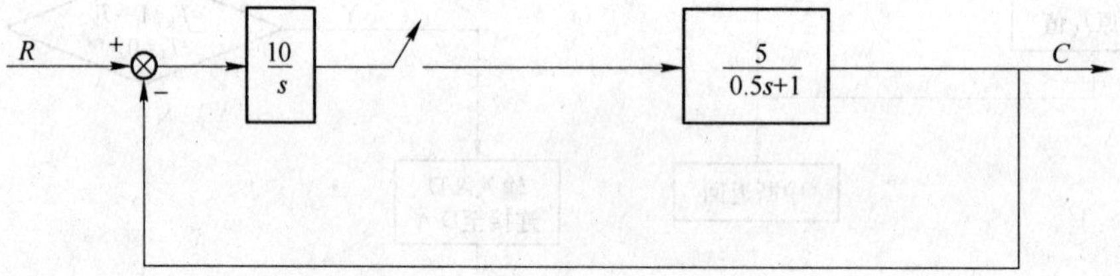

图 12-12　无零阶保持器的模拟原理图

（2）实验接线图如图 12-13 所示。

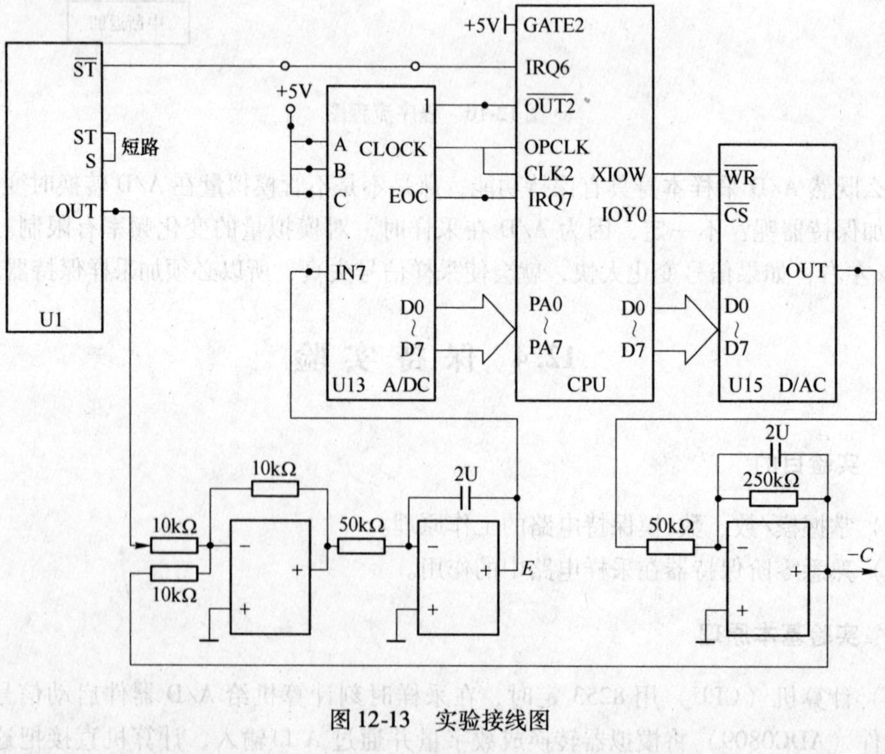

图 12-13　实验接线图

R 为输入，C 为输出。U15 单元的 OUT 端为 IN7 端的离散化信号。

（3）实验程序流程如图 12-10 所示。

12.4.3 实验设备

PC 机 1 台、TKKL-4 教学实验箱 1 台。

12.4.4 实验内容与步骤

（1）按图 12-13 接线，S_{11} 置方波挡，S_{12} 置下挡，调 W12 使 U1 单元的 OUT 端为 1V，调 W11 使周期为 5s。选 T_k 为 02H。

（2）2F60H 单元存入 T_k 值，启动采样保持程序（G = F000：11E5 ↙），用示波器对照观察 U13 单元的 IN7 与 U15 端波形，观察输出 OUT，停机。

（3）更换 T_k，重复（2）。

（4）增大 T_k，存入 2F60H 单元，启动采样保持器程序，观察输出 C 波形，停机。重复几次，直至系统不稳定，记下 T_k 值，并换算出相应的采样周期 T。将实验结果填入表 12-3 中。

表 12-3 实验数据

T_k/H	采样周期 T/s	$T = T_k \times 10\text{ms}$
02		
04		
08		
10		

说明：当 T_k = 02H 时，启动采样程序，此时无零阶保持器，系统的输出波形将失真，因为在计算机控制系统中若无零阶保持器将导致控制不稳定，即在采样点间短暂失控，系统输出波形将失真。

（5）在表 12-3 中选取一个 T_k 值（不要选为 01H），T_k 存入 2F60H 单元，启动采样程序（G = F000：11A2 ↘），观察无零阶保持器系统的输出波形 C。

（6）减小输入信号幅度，增大采样周期，重复（2），观察离散化噪声及系统的输出。再将 S_{11} 拨至斜坡，抛物线档，作进一步观察。

12.5 积分分离 PID 控制实验

12.5.1 实验目的

（1）熟悉 PID 控制方法的控制规律。

（2）掌握用临界比例带法整定 PID 控制参数的方法。

（3）掌握不同 P、I、D 参数对控制系统的影响。

（4）掌握采样时间变化对系统的影响。

（5）掌握积分分离值对系统的影响。

12.5.2 实验基本原理

（1）原理。如图 12-14 所示，R 为输入，C 为输出，计算机不断采入误差 E，进行积分判别与 PID 运算，然后判结果是否溢出（若溢出则取最大或最小值），最后将控制量输送给系统。

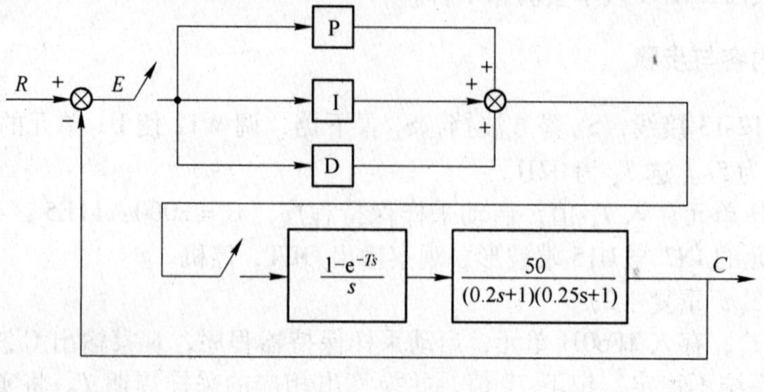

图 12-14　实验原理图

（2）运算原理。PID 控制规律为：

$$U(t) = K_p\left[e(t) + \frac{1}{T_I}\int_1^t e(t) + T_D\frac{de(t)}{dt}\right]$$

$e(t)$ 为控制器输入；$U(t)$ 为控制器输出。用矩阵法算积分，用向后差分代替微分，采样周期为 T，算法为：

$$U(K) = K_p\left\{E(K) + \frac{T}{T_I}\sum_{i=1}^{K}E(i) + \frac{T_D}{T}[E(K) - E(K-1)]\right\}$$

$$= K_pE(K) + \frac{K_pT}{T_I}\sum_{i=1}^{K}E(i) + \frac{K_pT_D}{T}[E(K) - E(K-1)]$$

简记为　　$U_K = PE_K + I\sum_{i=1}^{K}E_i + D(E_K - E_{K-1})$

P、I、D 范围为：-0.9999 ~ +0.9999，计算机分别用相邻三个字节存储其 BCD 码。最低字节存符号，00H 为正，01H 为负。中间字节存前 2 位小数，最高字节存末 2 位小数。比例系数 P 为 0.1234，I 为 0.04s，D 为 0，则内存如下：

		地址	内容
	T_K	0240：0000H	10H
	E_I	0240：0001H	7FH
低字节	P	0240：0002H	00H
中间字节	P	0240：0003H	12H
高字节	P	0240：0004H	34H
	I	0240：0005H	00H
	I	0240：0006H	04H
	I	0240：0007H	00H
	D	0240：0008H	00H
	D	0240：0009H	00H
	D	0240：000AH	00H

计算机存有初始化程序，把十进制小数转换成二进制小数，每个小数用两个字节表示。在控制计算程序中按定点小数进行补码运算，对运算结果设有溢出处理。当运算结果超出 00H 或 FFH 时则用极值 00H 或 FFH 作为计算机控制输出，在相应的内存中也存入极值 00H 与 FFH。

积分项运算也设有溢出处理，当积分运算溢出时控制量输出取极值，相应内存中也存入极值。计算机还用 0001H 内存单元所存的值数作为积分运算判定值 E_I，误差 E 有绝对值小于 E_I 时积分，大时不积分。E_I 的取值范围：00H ~ 7FH。

控制量 U_K 输出至 D/A，范围：00H ~ FFH，对应 −5 ~ +4.96V，误差 E_I 模入范围与此相同。

（3）整定调节参数与系统开环增益。可用临界比例法整定参数。设采样周期为 50ms，先去掉微分与积分作用，只保留比例控制，增大 K_p，直至系统等振幅，记下振荡周期 T_u 和振荡时所用比例值 K_{pu}，按以下公式整定参数。

1）只用比例调节：$K_p = 0.5K_{pu}(P = K_p = 0.5K_{pu})$；

2）用比例、积分调节（T 取 $\frac{1}{5}T_u$）：比例 $K_p = 0.36K_{pu}$（即 $P = K_p = 0.36K_{pu}$），积分时间 $T_I = 1.05T_u$（即 $I = \frac{K_pT}{T_I} = 0.07K_{pu}$）；

3）用比例、积分、微分调节（T 取 $\frac{1}{6}T_u$）：比例 $K_p = 0.27K_{pu}$（即 $P = K_p = 0.27K_{pu}$），积分时间 $T_I = 0.4T_u$（即 $I = \frac{K_pT}{T_I} = 0.11K_{pu}$），微分时间 $T_D = 0.22T_u$（即 $D = \frac{K_PT_D}{T} = 0.36K_{pu}$）。

PID 系数不可过小，因为这会使计算机控制输出也较小，从而使系统量化误差变大，甚至有时控制器根本无输出而形成死区。这时可将模拟电路开环增益适当减小，而使 PID 系数变大。例：PID 三个系数都小于 0.2，模拟电路开环增益可变为 $K/5$，PID 系数则都相应增大 5 倍。另一方面 PID 系数不可等于 1，所以整个系统功率增益补偿是由模拟电路实现。例如若想取 $P = 5.3$，可取 0.5300 送入，模拟电路开环增益亦相应增大 10 倍。

（4）接线与线路原理如图 12-15 所示。

8253 的 OUT2 定时输出 OUT2 信号，经单稳整形，正脉冲打开采样保持器的采样开关，负脉冲启动 A/D 转换器。

系统误差信号 E→U14、IN；U14、OUT→U13、IN7：采样保持器对系统误差信号进行采样，将采样信号保持并输出给 A/D 第 7 路输入端 IN7。

计算溢出显示部分：图 12-15 虚框内。当计算控制量的结果溢出时，计算机并 B 口的 PB17 输出高电平，只要有一次以上溢出便显示。这部分线路只为观察溢出而设，可以不接，对于控制没有影响。

（5）采样周期 T。

计算机 8253 产生定时信号，定时 10ms，采样周期 T 为：$T = T_k \times 10\text{ms}$。

T_k 事先送入 0000H 单元，范围是 01H ~ FFH，则采样周期 T 的范围为 10 ~ 2550ms。

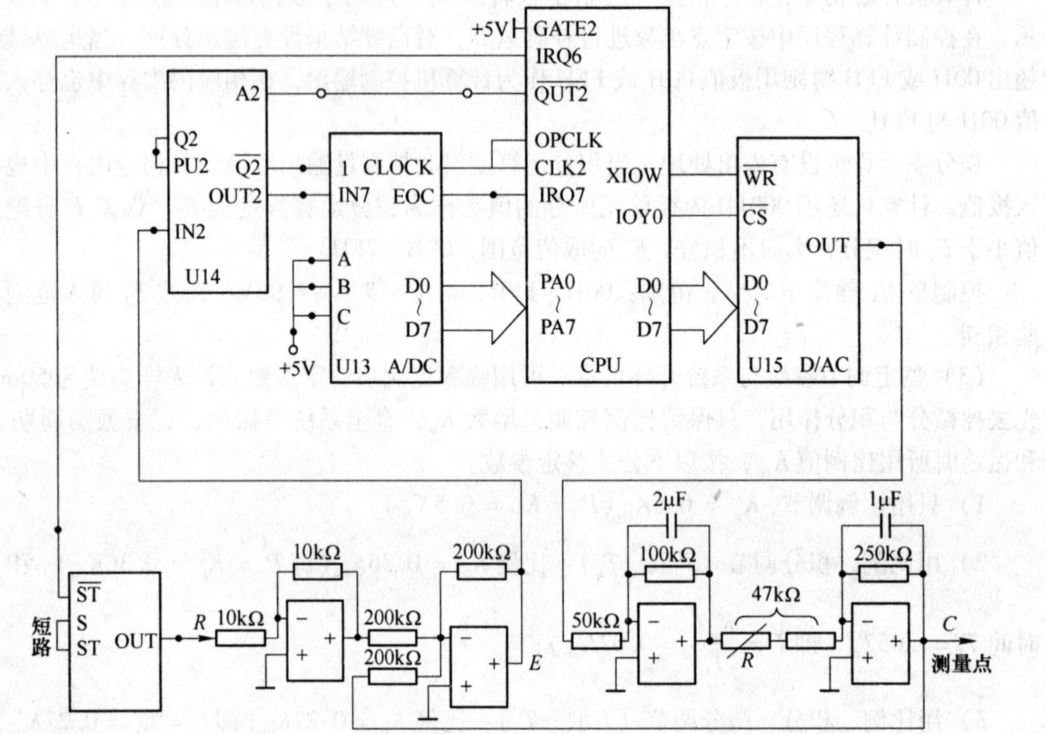

图 12-15 线路原理图

按 T_u 计算出的 T 如果不是 10ms 的整数倍，可以取相近的 T_k。

（6）实验程序流程如图 12-16 所示。

12.5.3 实验设备

PC 机 1 台、TKKL-4 教学实验箱 1 台。

12.5.4 实验内容与步骤

（1）按图 12-15 接线，用短路块将 S 与 ST 短接，S_{11} 置方波挡，S_{12} 置下挡，调 W11 使信号周期为 5s，调 W12 约为 3V。

（2）装入程序 TH4-1. EXE，用 U2000 命令查看程序数据段段地址为 0240，键入（E0240：0000↙），在 T_k（0000H）、E_I（0001H）、K_P、K_I、K_D（其中 $K_I=K_D=0$）的相应地址中存入表中的数据。启动 PID 位置式算法程序，用示波器观察输出。

（3）选不同的 K_P，直到等幅振荡，记下 T_U 和 K_{PU}，T_U。（或 K_P 取 0.99 仍不振荡则应增大采样周期或增大模拟电路增益，增大增益可调整图 12-15 中电位器 R）

T = <u>05H</u>　KPU = <u>0.905</u>　TU = <u>0.5S</u>

（4）根据临界比例法计算 PID 三参数，修改 K_P、K_I、K_D（若系数过大过小可配合改变模拟电路增益），积分分离值 E_I 取 7FH 存入 0001H 单元，启动程序（G=0000：2000

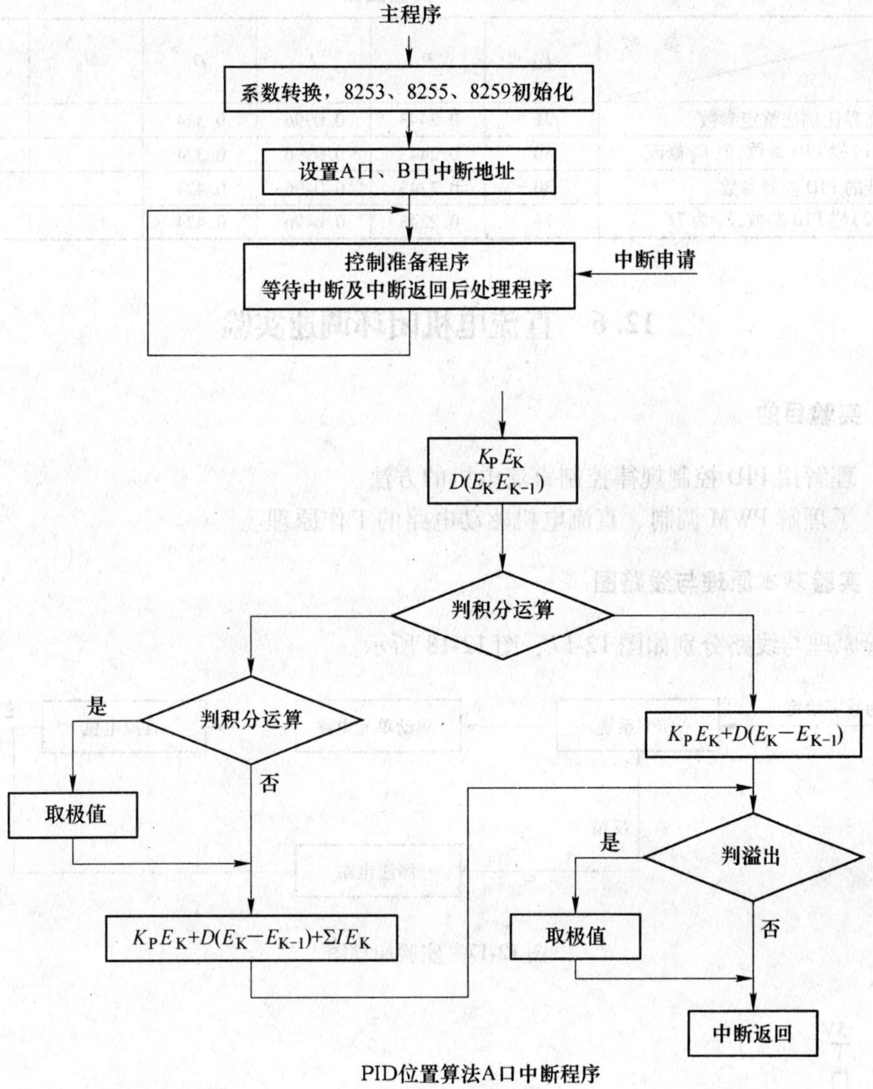

图 12-16 程序流程图

↙)，用示波器测出 M_P、t_S。

（5）改变积分分离值 E_I，启动程序（G = 0000：2000 ↙），对照输入观察输出 C，看 M_P、t_S 有无改善，并记录 M_P、t_S。

（6）根据 PID 三个系数的不同的控制作用，适当加以调整，同时可配合改变 E_I 值，重新存入，启动程序（G = 0000：2000 ↙），对照输入观察输出，记录 M_P、t_S。

按上述方法重复做几次，直到使 $M_P < 20\%$，$t_S < 1s$，在表 12-4 中填入此时的各参数和结果。

（7）用表 12-4 中的最佳 PID 参数，但积分分离值改为 7FH 并存入，在输入 R 为零时启动程序，将参数和结果填入表 12-4 中。

表 12-4 实验数据

项目 \ 参数	E_I	P	I	D	M_P	t_S
(1)用临界比例法整定参数	7F	0.2443	0.0996	0.324		
(2)用(1)栏 PID 参数,但 E_I 修改	30	0.2443	0.0996	0.324		
(3)较佳的 PID 控制参数	30	0.2243	0.0496	0.424		
(4)用(2)栏 PID 参数,E_I 为 7F	7F	0.2243	0.0496	0.424		

12.6 直流电机闭环调速实验

12.6.1 实验目的

(1) 理解用 PID 控制规律控制直流电机的方法。

(2) 了理解 PWM 调制、直流电机驱动电路的工作原理。

12.6.2 实验基本原理与线路图

实验原理与线路分别如图 12-17、图 12-18 所示。

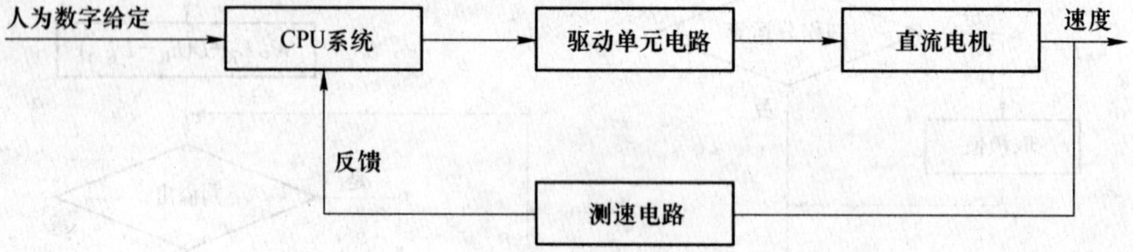

图 12-17 实验原理图

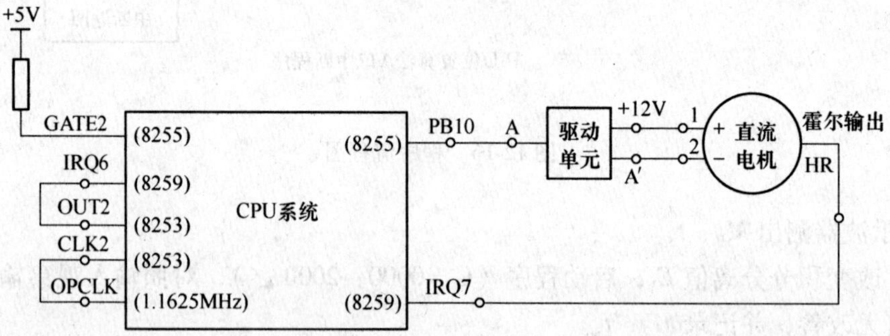

图 12-18 线路图

(1) CPU 系统的 8255PB10 脉冲信号为控制量，经驱动电路驱动电机运转。霍尔测速元件输出的脉冲信号记录电机转速构成反馈量，在参数给定情况下，经 PID 运算，电机可在控制量作用下，按给定转速闭环运转。其中 OPCLK 为 1.1625MHz 时钟信号，经 8253 的 2 号通道分频输出 1ms 的方波，接入 8259 产生 IRQ6 中断，作为系统采样时钟；PB10 产生

PWM 脉冲计时及转速累加，8259 的 IRQ7 中断用于测量电机转速。

（2）实验流程图如图 12-19、图 12-20 所示。

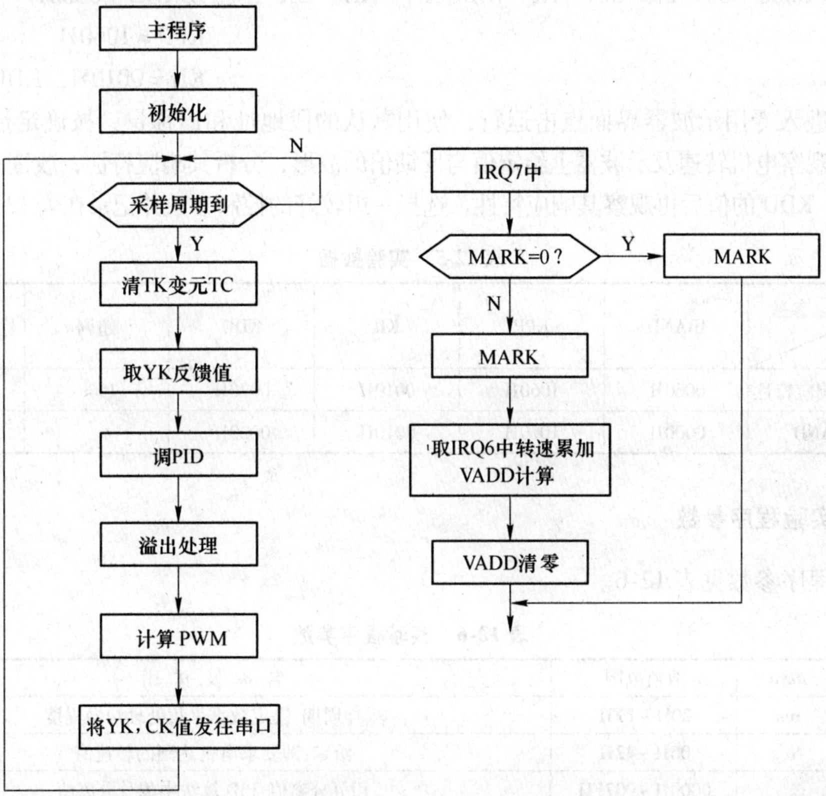

图 12-19 8259 IRQ7 中断程序

12.6.3 实验设备

PC 机 1 台、TKKL-4 教学实验箱 1 台。

12.6.4 实验内容与步骤

（1）按图 12-22 接线。

（2）装入程序 CS1. EXE。其中段地址为：0000，偏移地址：2000。使用 U0000：2000 命令查看第一、二条指令为 MOV AX，0259、MOV DS，AX 由此可知数据段段地址为 0259。用 D0259：0000 命令可查看到数据段中所放 TS、SPEC、IBAND、KPP 等参数值（对于双字节 DW，低位在前）已按顺序排好，并与初始化值相符。用 E0259：0000 命令可从 TS 第一个数据开始修改这些值，按空格继续修改下一个值，按减号修改上一个值，按回车确认并停止修改（DEBUG 命令的详细使用方法详见软件系统中的帮助文档中的常见命令说明部分）。

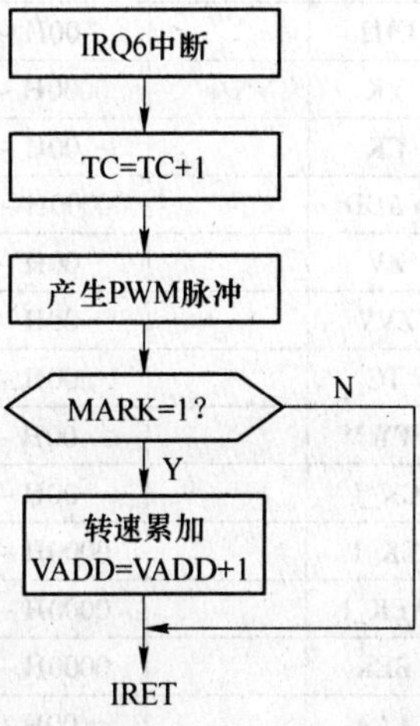

图 12-20 8259 IRQ6 中断程序

【例 12-1】 D0259：0000（回车）可看到：

0259：0000 14 30 00 60 00 60 10 10 即：TS = 14H，SPEC = 0030H，

0259：0008 00 20 00 XX XX XX XX XX IBAND = 0060H

KPP = 1060H

KII = 0010H，KDD = 0020H

（3）进入专用示波器界面点击运行，使用默认的段地址和偏移量，按确定运行示波。

（4）观察电机转速及示波器上给定值与反馈值的波形，分析其响应特性，改变参数 Iband、KPP、KII、KDD 的值后再观察其响应特性，选择一组较好的控制参数并记录在表 12-5 中。

表 12-5 实验数据

参数 / 项目	IBAND	KPP	KII	KDD	超调	稳定 <2% 时间
例程中参数响应特性	0060H	1060H	0010H	0020H	15%	4.8%
去掉 IBAND	0000H	1060H	0010H	0020H		

12.6.5 实验程序参数

实验程序参数见表 12-6。

表 12-6 实验程序参数

符号	单位	取值范围	名 称 及 作 用
TS	ms	00H ~ FFH	采样周期：决定数据采集处理快慢程度
SPEC	N/s	06H ~ 42H	给定：即要求电机达到的转速值
IBAND		0000H ~ 007FH	积分分离值：PID 算法中积分分离值
KPP		0000H ~ 1FFFH	比例系数：PID 算法中比例项系数值
KII		0000H ~ 1FFFH	积分系数：PID 算法中积分项系数值
KDD		0000H ~ 1FFFH	微分系数：PID 算法中微分项系数值
CH1		00H ~ FFH	通道 1 值：在示波器功能中所显示值需放入此单元中，然后再调用 PUT_COM 发送子程序
CH2		00H ~ FFH	通道 2 值：（同上）
YK	N/s	0000H ~ 0042H	反馈：通过霍尔元件反馈算出的电机转速反馈值
CK		00H ~ FFH	控制量：PID 算法产生用于控制的量
VADD		0000H ~ FFFFH	转速累加单元：记录霍尔输出脉冲用于转速计算
ZV		00H ~ FFH	转速计算变量
ZVV		00H ~ FFH	转速计算变量
TC		00H ~ FFH	采样周期变量
FPWM		00H ~ 01H	PWM 脉冲中间标志位
CK_1		00H ~ FFH	控制量变量：记录上次控制量值
EK_1		0000H ~ FFFFH	PID 偏差：$E(K) = SPEC(K) - YK(K)$
AEK_1		0000H ~ FFFFH	$\Delta E(K) = E(K) - E(K-1)$
BEK		0000H ~ FFFFH	$\Delta^2 E(K) = \Delta E(K) - \Delta E(K-1)$
AAA		00H ~ FFH	用于 PWM 脉冲高电平时间计算
VAA		00H ~ FFH	AAA 变量

续表 12-6

符号	单位	取值范围	名称及作用
BBB		00H ~ FFH	用于 PWM 脉低冲电平时间计算
VBB		00H ~ FFH	BBB 变量
MARK		00H ~ 01H	
R0 ~ R8			PID 计算用变量

12.7 温度闭环控制实验

12.7.1 实验目的

（1）理解温度控制的基本原理。

（2）了解温度传感器的使用方法。

（3）学习温度系统中 PID 控制器参数的调整。

12.7.2 实验基本原理与线路图

CPU 系统的 8255PB10 口输出的 PWM 脉冲信号控制量，经驱动电路驱动加热器工作。温度测量使用了 10kΩ 热敏电阻，经 A/D 转换构成反馈量，在参数给定的情况下，经 PID 运算产生相应的控制量，使加热器温度稳定在给定值。其中 OPCLK 为 1.1625MHz 时钟信号，经 8253 的 2 号通道分频输出 10ms 的方波，一方面作为 A/D 的定时启动信号，一方面接入 8259 产生 IRQ6 中断，作为系统采样时钟。实验原理如图 12-21 所示，接线图如图 12-22 所示。

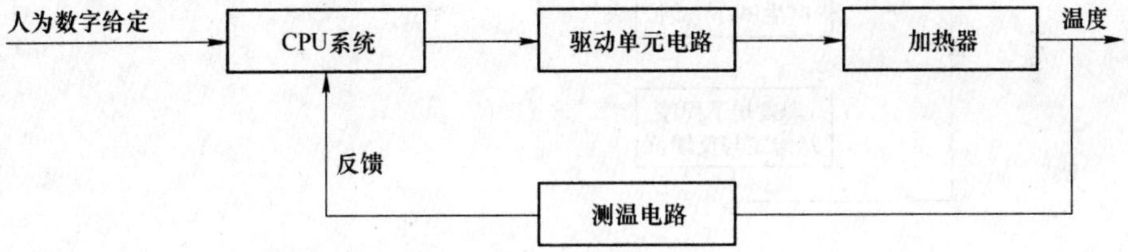

图 12-21 实验原理图

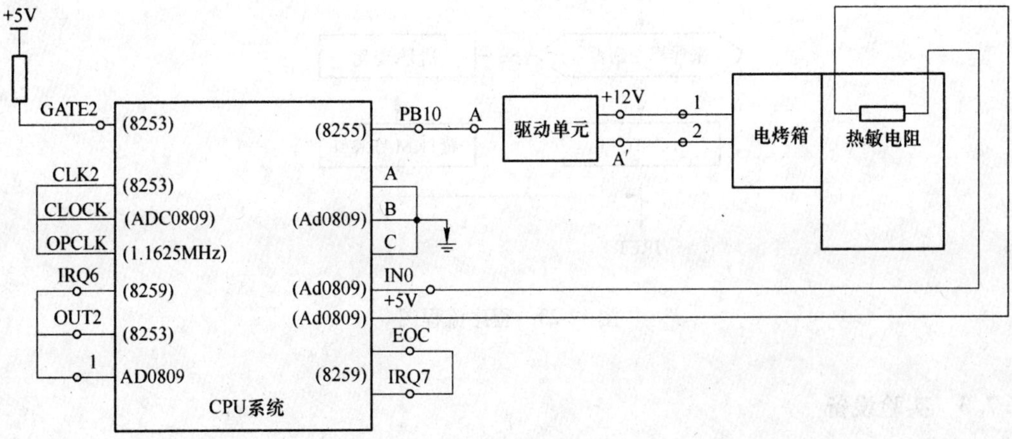

图 12-22 接线图

实验流程如图 12-23 所示。

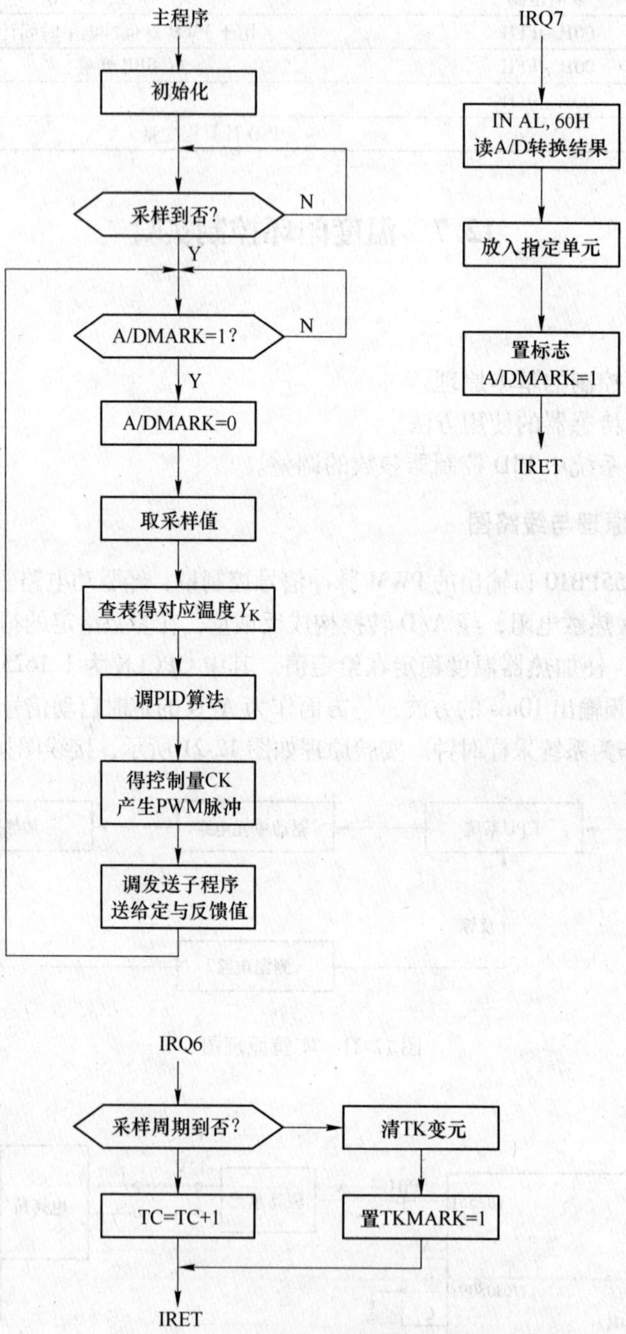

图 12-23　程序流程图

12.7.3　实验设备

PC 机 1 台、TKKL-4 教学实验箱 1 台。

12.7.4 实验内容与步骤

（1）按图 12-22 接线。

（2）装入程序 CS2.EXE。其中段地址为：0000，偏移地址为：2000。可用 U0000：2000 命令查看第一、二条指令为 MOV AX，0256、MOV DS，AX 由此可知数据段段地址为 0256。用 D0256：0000 命令可查看到数据段中所放 TS、SPEC、IBAND、KPP 等参数值（对于双字节 DW，低位在前）已按顺序排好，并与初始化值相符。用 E0256：0000 命令可从 TS 第一个数据开始修改这些值，按空格继续修改下一个值，按减号修改上一个值，按回车确认并停止修改（DEBUG 命令的详细使用方法请详见软件系统中的帮助文档中的常见命令说明部分）。

【例 12-2】 D0256：0000（回车）可看到：

0256：0000　64　64　00　60　00　60　1F　10　即：TS = 64H，SPEC = 0064H，
0256：0008　00　20　00　XX　XX　XX　XX　XX　　IBAND = 0060H
KPP = 1F60H
KII = 0010H，KDD = 0020H

（3）进入专用示波器界面，点击运行，使用默认的段地址和偏移量，并按确定按钮（示波器功能的详细使用方法在软件帮助文档中示波器使用部分。）

（4）观察响应曲线，对应温度计比较一下。如有偏差可能是程序中表值不准，可试着修改。

（5）退出示波器功能，用步骤（2）中介绍的 E 命令修改 PID 参数 IBAND、KPP、KII、KDD 可再重复步骤(3)、(4)，观察实验现象，找出合适参数并记录在表 12-7 中。

表 12-7　实验数据

参数 / 项目	IBAND	KPP	KII	KDD	超调	稳定 <2% 时间
例程中参数响应特性	0060H	1F60H	0010H	0020H		
去掉 IBAND	0000H	1060H	0010H	0020H		

12.7.5 实验程序参数

实验程序参数见表 12-8。

表 12-8　实验程序参数

符号	单位	取值范围	名 称 及 作 用
TS	10ms	00H ~ FFH	采样周期：决定数据采集处理快慢程度
SPEC	℃	14H ~ FAH	给定：即要求达到加热器的温度值
IBAND		0000H ~ 007FH	积分分离值：PID 算法中积分分离值
KPP		0000H ~ 1FFFH	比例系数：PID 算法中比例项系数值
KII		0000H ~ 1FFFH	积分系数：PID 算法中积分项系数值
KDD		0000H ~ 1FFFH	微分系数：PID 算法中微分项系数值
CH1		00H ~ FFH	通道 1 值：在示波器功能中所显示值需放入此单元中，然后再调用 PUT_COM 发送子程序

续表 12-8

符号	单位	取值范围	名 称 及 作 用
CH2		00H ~ FFH	通道 2 值:(同上)
YK	℃	0014H ~ 00FAH	反馈:通过热敏电阻反馈算出的加热器温度反馈值
CK		00H ~ FFH	控制量:PID 算法产生用于控制的量
TKMARK		00H ~ 01H	采样标志位
ADMARK		00H ~ 01H	A/D 转换结束标志位
ADVALUE		00H ~ FFH	A/D 转换结果寄存单元
TC		00H ~ FFH	采样周期变量
FPWM		00H ~ 01H	PWM 脉冲中间标志位
CK_1		00H ~ FFH	控制量变量:记录上次控制量值
EK_1		0000H ~ FFFFH	PID 偏差:E(K) = SPEC(K) - YK(K)
AEK_1		0000H ~ FFFFH	$\Delta = E(K) = E(K) - E(K-1)$
BEK		0000H ~ FFFFH	$\Delta^2 E(K) = \Delta E(K) - \Delta E(K-1)$
AAA		00H ~ FFH	用于 PWM 脉冲高电平时间计算
VAA		00H ~ FFH	AAA 变量
BBB		00H ~ FFH	用于 PWM 脉低冲电平时间计算
VBB		00H ~ FFH	BBB 变量
R0 ~ R8			PID 计算用变量

12.8 步进电机调速实验

12.8.1 实验目的

(1) 了解步进电机的工作原理。

(2) 理解步进电机的转速控制方式和调速方法。

12.8.2 实验基本原理与线路图

12.8.2.1 步进电机工作原理简介

步进电机是一种能将电脉冲信号转换成机械角位移或线位移的执行元件，它实际上是一种单相或多相同步电机。步进电机的励磁绕组按照一定的顺序轮流接通来自环形分配器的电脉冲。由于励磁绕组在空间中按一定的规律排列，轮流和直流电源接通后，就会在空间形成一种阶跃变化的旋转磁场，使转子转过一定角度（称为步距角）。在正常运行情况下，电机转过的总角度与输入的脉冲数成正比；电机的转速与输入脉冲频率保持严格的对应关系，步进电机的旋转同时与相数、分配数、转子齿轮数有关；电机的运动方向由脉冲相序控制。因为步进电机不需要 A/D 转换，能够直接将数字脉冲信号转化成为角位移，被认为是理想的数控执行元件。它广泛应用于数控机床、打印绘图仪等数控设备中。

不过步进电机在控制的精度、速度变化范围、低速性能方面都不如传统的闭环控制的直流伺服电动机。在精度不是需要特别高的场合就可以使用步进电机，可以发挥其结构及驱动电路简单、可靠性高和成本低的特点。使用恰当的时候甚至可以和直流伺服电动机性能相媲美。

本实验使用四相八拍电机，电压为 DC12V，其励磁线圈及励磁顺序如图 12-24 所示。

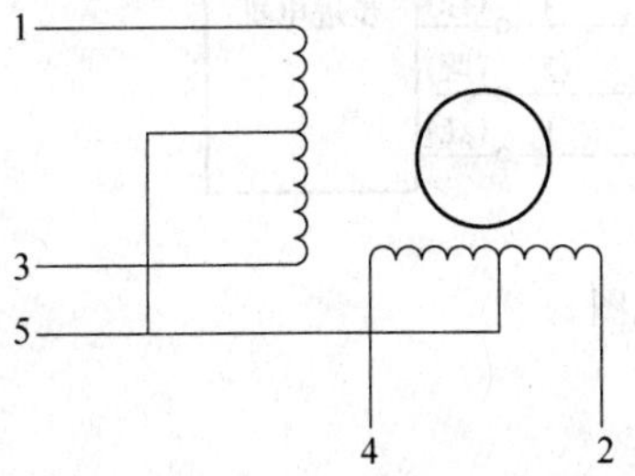

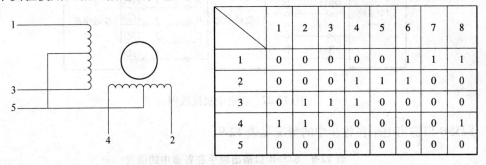

	1	2	3	4	5	6	7	8
1	0	0	0	0	0	1	1	1
2	0	0	0	1	1	1	0	0
3	0	1	1	1	0	0	0	0
4	1	1	0	0	0	0	0	1
5	0	0	0	0	0	0	0	0

图 12-24 励磁线圈及励磁顺序

12.8.2.2 步进电机驱动电路原理

步进电机和普通电机的主要区别就在于其脉冲驱动的形式，必须使用专用的步进电机驱动控制器。这个特点步进电机和现代的数字控制技术紧密结合。如图 12-25 所示，它一般有脉冲发生单元、脉冲分配单元、功率驱动单元保护和反馈单元组成。除功率驱动单元以外，其他部分越来越趋向用软件来实现。

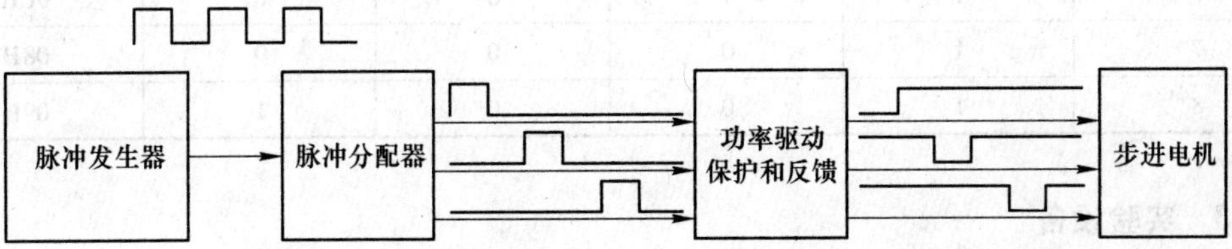

图 12-25 步进电机系统的驱动框图

12.8.2.3 软件控制方法（并行控制）

并行控制是指用硬件或软件方法实现脉冲分配器功能，得出多相脉冲信号，经功率放大后驱动各绕组。其控制框图如图 12-26 所示。

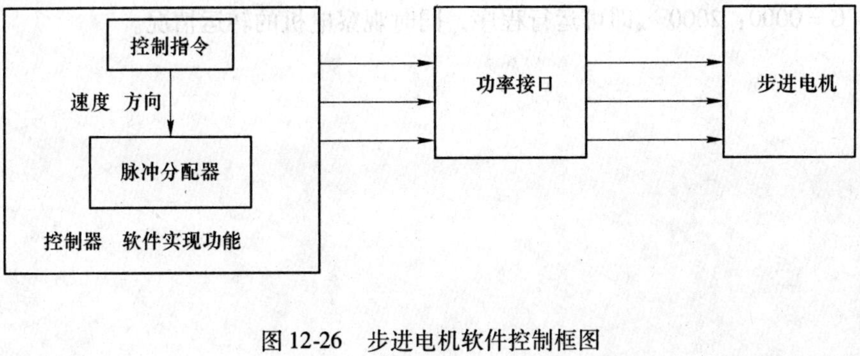

图 12-26 步进电机软件控制框图

该实验系统中的脉冲分配器由软件实现的，由 8255 的 PB0 ~ PB3 作为并行驱动四相反应式步进电机。如电机以四相八拍方式工作，正转时相状态是：A AB B BC C CD D DA A。

实验线路如图 12-27 所示。

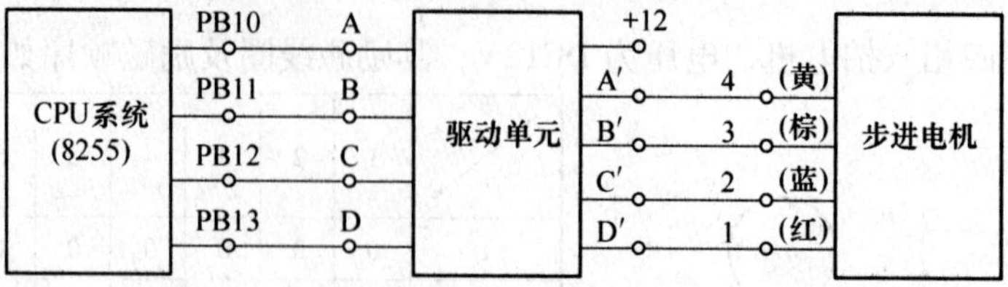

图 12-27 步进电机接线图

8255B 口输出电平在各步中的情况见表 12-9。

表 12-9 8255B 口输出电平在各步中的情况

步 序	PB13	PB12	PB11	PB10	对应 B 口输出值
1	0	0	0	1	01H
2	0	0	1	1	03H
3	0	0	1	0	02H
4	0	1	1	0	06H
5	0	1	0	0	04H
6	1	1	0	0	0CH
7	1	0	0	0	08H
8	1	0	0	1	09H

12.8.3 实验设备

PC 机 1 台、TKKL-4 教学实验箱 1 台。

12.8.4 实验内容与步骤

（1）按图 12-27 接线。

（2）装载 CS3. EXE 程序，请使用默认值。

（3）G＝0000：2000 ↘即可运行程序，同时观察电机的转运情况。

参 考 文 献

[1] 万百五. 自动化（专业）概论（第3版）[M]. 武汉：武汉理工大学出版社，2010.
[2] 尹明. 电路原理实验教程[M]. 哈尔滨：哈尔滨工业大学出版社，2013.
[3] 刘玉成. 21世纪高等学校电子信息工程规划教材：电路原理实验教程[M]. 北京：清华大学出版社，2014.
[4] 徐国华. 模拟及数字电子技术实验教程[M]. 北京：北京航空航天大学出版社，2004.
[5] 查丽斌，胡体玲，张凤霞. 模拟电子技术习题及实验指导[M]. 北京：电子工业出版社，2013.
[6] 丁红，贾玉瑛. 自动控制原理实验教程[M]. 北京：北京大学出版社，2015.
[7] 杨平，余洁，徐春梅，等. 自动控制原理：实验与实践篇[M]. 北京：中国电力出版社，2011.
[8] 熊晓君. 自动控制原理实验教程：硬件模拟与MATLAB仿真[M]. 北京：机械工业出版社，2009.
[9] 栗华. 单片机原理与应用实验教程[M]. 济南：山东大学出版社，2015.
[10] 赵琳. 单片机原理及应用实验教程[M]. 成都：西南交通大学出版社，2013.
[11] 孙淑艳. 数字电子技术实验指导书[M]. 北京：高等教育出版社，2014.
[12] 李朝生. 电机与电力电子实验及仿真指导书[M]. 北京：中国电力出版社，2012.
[13] 廖常初. S7-200PLC编程及应用（第2版）[M]. 北京：机械工业出版社，2014.
[14] 毛永明. 电机与拖动实验教程[M]. 北京：人民邮电出版社，2013.
[15] 陈够喜，邵坚婷，张军. 微机原理应用实验教程[M]. 北京：人民邮电出版社，2006.